U0290357

哈尔滨理工大学制造科学与技术系列专著

高速重载静压推力轴承润滑技术

于晓东 著

科学出版社

北 京

内 容 简 介

本书主要内容包括绪论,静压推力轴承润滑理论及分类,高速重载静压推力轴承润滑理论,润滑性能数值计算方法,高速重载静压推力轴承结构效应,高速重载静压支承摩擦副变形计算,高速重载匹配关系及摩擦学失效,动静压润滑推力轴承工作原理及控制方程,以及高速重载静压推力轴承润滑性能实验等。

本书可供润滑与摩擦领域的研究人员参考,也可作为高等学校相关专业研究生的教材。

图书在版编目(CIP)数据

高速重载静压推力轴承润滑技术 / 于晓东著. —北京:科学出版社,
2019.6
(哈尔滨理工大学制造科学与技术系列专著)
ISBN 978-7-03-061314-1

Ⅰ. ①高… Ⅱ. ①于… Ⅲ. ①高速轴承-静压轴承-推力轴承-
润滑 Ⅳ. ①TH133.3

中国版本图书馆 CIP 数据核字(2019)第 102864 号

责任编辑:裴 育 朱英彪 赵晓廷 / 责任校对:王 瑞
责任印制:赵 博 / 封面设计:蓝 正

科 学 出 版 社 出版
北京东黄城根北街 16 号
邮政编码:100717
http://www.sciencep.com

北京中石油彩色印刷有限责任公司印刷
科学出版社发行 各地新华书店经销
*
2019 年 6 月第 一 版 开本:720×1000 B5
2024 年 1 月第四次印刷 印张:15 1/2
字数:310 000
定价:**128.00 元**
(如有印装质量问题,我社负责调换)

前　言

静压推力轴承由于能够满足高精度、低功耗、低功率驱动、良好吸振性能、长工作寿命和高稳定性的运行要求，已成为能源、交通、重型机械、航空航天、舰船制造和国防等国家重点行业领域大型数控装备的核心部件。在高速重载工况下，油膜剪切发热和支承压力增大，油膜急剧变薄，局部形成边界润滑或干摩擦，进而出现摩擦学失效现象。提高重型数控装备静压推力轴承的旋转速度和承载能力，是目前亟待解决的瓶颈问题。

本书针对静压推力轴承高速重载效应及摩擦学失效问题，系统研究润滑性能与油腔结构参数之间的关系及其影响规律；建立考虑热变形和弹性变形的间隙油膜润滑性能预测模型，研究润滑性能预测的关键技术，从而实现润滑性能的预测；系统研究高速和重载对润滑性能的作用机制，揭示润滑性能的关键影响因素和影响规律，获得高速重载静压推力轴承的润滑性能和摩擦学失效预测、控制的理论与方法，从而实现静压推力轴承的高速重载稳定运行。

本书是在国家自然科学基金项目(51375123、51075106)的资助下，作者及研究团队近二十年来在静压推力轴承润滑性能研究方面技术成果的总结，相关成果已实现了技术转化，并在实际生产中得到具体应用，取得了良好的社会效益和经济效益，其中部分成果获 2014 年黑龙江省科技进步奖二等奖和 2016 年黑龙江省科技进步奖三等奖各 1 项。

本书由于晓东撰写，在撰写过程中，得到了哈尔滨理工大学润滑理论与轴承研究所、齐重数控装备股份有限公司等单位的大力支持，在此表示感谢。邵俊鹏教授、姜辉总工、石志民总工、张艳芹教授、李永海研究员在研究上对作者给予了指导和帮助，孙丹丹、隋甲龙、吴晓刚、王梓璇、耿磊、郑小军、左旭、刘超、曲航、李代阁、袁腾飞、郑旭航等研究生在模型建立、模拟仿真、实验研究等方面做了大量工作，在此向他们表示感谢。

由于作者水平有限，书中难免存在不妥之处，敬请广大读者批评指正。

目　　录

第1章 绪 论

1.1 高速重载静压推力轴承润滑性能研究意义及现状

从 1880 年英国最先开始生产轴承至今，世界轴承工业已经经历了漫长的风雨。随着人类文明的不断前进和科学技术的高速发展，轴承工业从弱小起步，艰难创业，曲折发展，由昔日少数几家小厂发展到现今遍布全球的规模，取得了惊人的成就。早在公元前 1100 年前后，古代埃及人在修建吉萨大金字塔时就采用滑板搬运巨大的石料和石雕[1]。他们在巨大的木板下摆放圆柱形的滚木，并使用很像水的润滑剂进行润滑，形成了早期的直线运动轴承形式。

中国是世界上较早发明轴承的国家之一。战国时期出现的车，就采用了金属材料制作的轴瓦，其滑动轴承由木材与金属组合而成。滚动轴承出现得比较晚，它是由我国元代科学家郭守敬发明的。在他发明的一种测量天体位置的仪器——简仪中，为了减少固定的百刻环与游旋的赤道环之间的摩擦阻力，两环之间安装了 4 个小圆柱体，这种结构与近代滚柱轴承的原理相同。由此可见，轴承很早就被人们应用于生产生活之中。

进入 21 世纪，随着现代工业的发展，重型数控加工设备越来越趋于高速和大功率化，与此同时，重型数控加工设备主要服务于能源、交通、机械、航空航天、舰船制造和国防等国家重点行业领域，是我国装备制造业具有代表性的产品。静压推力轴承又是重型数控加工设备的关键部件，它的性能优劣直接影响设备的加工质量和运行效率，故对轴承各方面的性能要求越来越高，从而促进轴承技术快速发展。润滑性能是静压推力轴承的主要性能参数，对轴承性能的优劣起着决定性影响，得到了世界各国研究人员的广泛关注。

1.1.1 静压推力轴承润滑性研究方面

在国内，2007 年，于晓东等采用有限元法(finite element method, FEM)对高速重载设备中所应用的圆形可倾瓦推力轴承的润滑性能问题进行了热弹流分析。通过软件模拟出不同工况下高速圆形可倾瓦推力轴承瓦面的油膜形状分布、油膜压力分布和油膜温度分布，以及功率损耗、流量等参数，并与不考虑离心力时的数据进行了比较，得出离心力对高速圆形可倾瓦推力轴承润滑性能的影响不能忽略的结论[2]。

2007 年，于晓东等采用数值分析方法研究了重型机械装备中扇形推力轴瓦的润滑性能问题，计算了单个扇形推力轴瓦瓦面的油膜形状、油膜压力和油膜温度的分布规律，以及功率损失和流量等参数。对不同工况下扇形推力轴瓦的润滑参数进行计算，可以实现扇形推力轴瓦润滑性能的预测，这为扇形推力轴瓦设计和润滑性能研究提供了参考[3]。

2009 年，张艳芹等针对重型装备中所应用的大尺寸工作台静压推力轴承的润滑问题进行了研究，建立了模拟静压轴承本体及导轨内部三维流动的数学模型及边界条件，并利用计算流体动力学(computational fluid dynamics, CFD)原理，采用Fluent 软件和有限体积法(finite volume method, FVM)对扇形腔静压轴承内部的流体压力场及速度场进行了仿真和计算，得到了静压轴承内部的压力及流速分布。通过该仿真程序可以模拟出不同参数下静压轴承的润滑性能，提前实现对大尺寸静压轴承润滑特性的预测[4]。

2010 年，刘赵淼等采用有限体积法，模拟计算了引入黏-温及黏-压关系式时油腔内部流体的承载能力及温升变化情况。计算结果表明，黏-温特性及黏-压特性在很大程度上影响油腔内的承载能力和温升。引入黏-温及黏-压关系式的计算模型更符合实际工况，计算结果对于液体静压支承系统中润滑油的选择等有指导意义[5]。

2011 年，杨淑燕等利用自行研发的面接触光干涉油膜厚度测量系统，对表面凹槽滑块的流体动压润滑油膜厚度进行了实验测量，实验中以静止的微型凹槽滑块平面和旋转的光学透明圆盘平面构成润滑副，两润滑平面始终保持平行；在一定的载荷(速度)条件下，对油膜厚度-速度(载荷)曲线进行测量。结果表明，凹槽的宽度、深度、方向和位置等因素对油膜厚度有着重要影响。同时，采用经典雷诺方程对油膜厚度进行了理论计算，结果表明理论值在某些条件下并不能解释实验结果[6]。

2015 年，刘明勇等考虑弹性变形、油膜黏性和可压缩性的影响，建立重载和偏斜工况下恒定流量静压导轨单油腔润滑模型，采用多重网格法进行数值求解。通过与经验结果对比论证了数值模型的正确性，并讨论了不同导轨面运动速度时弹性变形和油腔偏斜对静压导轨润滑特性的影响。结果表明，随着载荷增大，刚体模型和弹性模型计算封油边膜厚与流量的差异增大；导轨面偏斜仅对偏斜方向的封油边膜厚与流量产生影响，且不同方向的导轨面偏斜影响规律类似[7]。

2015 年，叶仪等基于理论分析，研究静压支承系统中的静压油垫承载力和刚度特性。利用 Coons 曲面法建立壁面粗糙形貌符合高斯分布的油膜三维模型，采用数值模拟手段从微观的角度分析粗糙度对密封边油膜性能的影响。研究结果表明，设计参数 η_0 存在一个理论最优值使油垫承载刚度达到最大。受粗糙度影响，油膜压力分布呈现随机波动性。油膜承载力与流动速度保持线性增加关系，但随着厚度的增加而逐渐降低，降低幅度不断减小。相对粗糙度越大，油膜承载力越高，且承载力的增加量几乎不受油膜厚度变化的影响，而流动速度变化时，承载能力基本不变[8]。

2015 年，陈园等为了研究高转速下润滑流体特性对静压滑动轴承润滑性能的影响，通过考虑热效应下润滑流体的黏度、密度和比热容对轴承性能进行分析，提出了一种结合自定义程序引入润滑流体热效应关系来求解 Navier-Stokes(N-S) 方程的方法。以某高速滑动轴承为例，计算分析了润滑流体各个因素对轴承性能的影响，并与不计及润滑流体特性的情况进行了对比。计算结果表明，计及润滑流体热效应的油膜特性分布，随着温度分布的不同有显著的变化；黏度对轴承性能起关键性的作用，但是在考虑热效应时，密度对最大油膜压力有一定的降低作用，而比热容对最大油膜温度和轴颈摩擦功耗的影响较大，需要综合考虑才能更符合实际工况。计算结果对于研究热效应下油腔结构对流体特性的影响以及润滑油的选择等有指导意义[9]。

在国外，2002 年，Sharma 等研究了等面积的圆形腔、矩形腔、椭圆形腔、环形腔静压推力轴承的压力、流量、承载能力和刚度等润滑性能参数，验证了油腔形状对静压推力轴承润滑性能的影响，并对不同形状油腔的润滑性能参数进行对比，认为欲获得静压推力轴承的最优性能，油腔几何形状的选择尤为重要[10]。

2006 年，Hemmi 等对静压推力轴承采用不均匀供油，通过 CFD 软件仿真得到液压油的流动状态以及温度分布，再通过结构分析，发现液压油流动状态对轴瓦变形有很大的影响[11]。

2006 年，Severson 等研究了润滑失效的两种可能，一是润滑剂本身性质；二是在高负载的情况下，润滑剂被大量挤压甩出后润滑失效[12]。

2010 年，Garg 等在深入探析润滑油热特性以及流变对小孔入口混合特性的影响后，利用有限元法、能量方程、节流流动方程和合适的迭代方法求解了润滑油流动的雷诺方程，评估了润滑油温度升高以及其非牛顿特性导致的黏度变化对轴承特性的影响[13]。

2010 年，Horvat 等通过流体力学分析软件 ANSYS CFX 进行数值模拟，获得了速度场和压力场的分布情况，研究了磁流体动力学(magnetohydrodynamics, MHD) 现象对液体静压推力轴承润滑性能的影响[14]。

1.1.2　静压推力轴承温度场研究方面

2008 年，张艳芹等为了能够数值模拟出较详细和较准确的大尺寸静压轴承内部流体的温升分布，以重型装备中广泛应用的大尺寸静压轴承为研究对象，建立了模拟静压轴承本体及轴承内部三维流动的数学模型与边界条件；利用 CFD 原理，采用有限体积法并选取 Fluent 软件中的分离式求解器进行求解，得到了轴承周期端面较准确的不对称温度分布，并分析了部分重要参数对温度分布的影响。研究结果对大尺寸静压轴承的结构设计及工作台运行的可靠性分析有指导意义[15]。

2012 年，周建芳通过研究发现，动静压轴承在工作过程中由于主轴转速的不断提高或受到较大载荷冲击作用，轴承温升急剧增加，进而影响轴承的润滑效果，导致轴承内部零件表面灼伤甚至相互胶合、咬死而报废，后果严重。因此，对动静压轴承内部油膜温升机理及温度场分布的研究具有较大的理论意义和工程应用价值。另外，分析了流体的特性、流体运动的类型、流体的运动轨迹，建立流体力学的基本控制方程，对控制方程进行离散，分析了球磨机动静压轴承的工作原理，研究动静压轴承油膜及回油槽的布置、油膜宽径比、供油压力和过圆环面的流速，对相关参数进行计算，建立动静压油膜轴承的三维造型；探讨动静压轴承温升的原因，建立剪切流、压差流及脉冲载荷产生温升的数学模型，对压差流与剪切流温升比值进行分析；建立动静压轴承流场数值模拟的模型，分析了流气耦合状态下的压力场、温度场和流动轨迹[16]。

2012 年，郝胜强等针对球磨机静压轴承经常发生的烧瓦现象，基于热传导理论，对静压轴承油膜建立数值分析模型，并利用有限元分析软件 ANSYS 得到了油膜温度场分布。研究表明，三维数值模拟分析可以揭示轴瓦瓦面油膜温度分布，解决实际工程中因油膜很薄而使静压轴承内部温度场无法直接测量获得的问题。油膜产生温升主要是受到剪切及系统发热的影响，油膜温度升高使油液黏度变小，从而造成油膜的刚度和承载力等性能的改变。温度峰值区出现在靠近油膜边界处，为防止温升过大，可采取风冷、降低轴瓦比压等措施。分析结果对深入研究静压轴承运行过程中油膜的动态变化、传热机理具有十分重要的意义[17]。

2013 年，邱志新以高速重载立式数控车床静压推力轴承为研究对象，根据实际尺寸建立环形腔结构静压推力轴承的三维模型，推导油腔的承载能力、油腔的压力、油腔的总功耗和油膜的温升等方程，根据静压技术和计算流体动力学理论，应用 ANSYS CFX 软件对间隙油膜温度场和压力场进行数值模拟，根据静压推力轴承的实际工况，计算不同转速下工作台和底座的对流换热系数。以工作台和底座的十二分之一模型作为仿真对象，依据摩擦学、传热学和弹塑性变形理论，采用 ANSYS Workbench 软件把间隙润滑油膜的压力场和温度场作为体载荷，分别施加到工作台和底座的相应接触面上，施加约束和边界条件，得到不同转速下静压支承的热-力耦合变形。根据工作台和底座的总变形，给出实际工作中间隙油膜真实形状的预测模型，为以后油膜润滑机理的研究和变形问题的解决奠定良好基础。在齐重数控装备股份有限公司进行的 5m 立车工作台提速实验中，采集不同转速下工作台和底座的温度数据，把仿真结果与实验数据采集结果进行对比分析，验证仿真分析的准确性[18]。

2014 年，于晓东等针对重型立式数控装备中所用的大尺寸静压推力轴承的润滑问题，建立了模拟静压推力轴承本体及间隙油膜三维流动的数学模型及边界条件，采用 ANSYS ICEM CFD 软件对环形腔的静压推力轴承内部流体温度场进行仿真模拟,获得了旋转速度与间隙油膜温度的关系,得到了其温度场的分布规律。结果表明,间隙油膜温度随着工作台旋转速度的增加而增加,最高温度出现在半径内侧与外侧封油边和油腔形成的阶梯附近,最低温度出现在回油槽处[19]。

2015 年,衡凤琴等针对数控立车液体静压转台油膜发热控制难题,采用 Fluent 软件数值模拟油膜的温度场分布;讨论了转速及黏度对油膜温度场的影响,得到油膜温升最大点主要集中在沿径向封油边外侧;利用 MATLAB 软件对其黏度因素进行优化以求得最小功耗下的油膜黏度,得到在黏度为 0.0617Pa·s 时静压系统功耗最低同时油膜温升也小的预测结论,仿真结果为工程实际油膜温度控制提供了理论依据[20]。

2016 年,程左以圆形可倾瓦推力轴承润滑性能研究为目标,对轴承润滑的基本理论进行分析,建立能够准确反映圆形可倾瓦推力轴承润滑性能的数学模型,主要包含雷诺方程、能量方程、油膜厚度方程、弹性变形方程和热传导方程,以及它们的边界条件。通过 ANSYS 软件建立圆形可倾瓦推力轴瓦的有限元模型,联立求解雷诺方程、能量方程以及轴瓦变形所组成的方程组,运用有限元法求解油膜节点压力值和温度值,加载到轴瓦的有限元分析模型中,通过仿真计算分别求出瓦块的弹性变形和热变形,进行耦合叠加求出轴瓦总体变形,对总体变形情况进行分析,并在油膜润滑性能研究中加入轴瓦变形对油膜润滑性能的影响。利用 ANSYS 软件参数化设计语言(ANSYS parametric design language, APDL)编制宏文件,设计交互界面,读入编写的 APDL 程序,建立圆形可倾瓦推力轴承润滑性能的分析模块,建立润滑油膜参数化模型,进行网格划分并设置边界条件,对反映油膜润滑性能的压力场和温度场进行求解,得到在特定载荷和转速条件下的油膜压力分布和温度分布情况。借助分析模块参数可调的优点,分别对四种不同载荷和四种不同转速条件下的油膜进行润滑性能仿真分析,并对仿真结果数据做进一步的对比分析,得出轴承载荷、工作转速对油膜压力场、温度场的影响规律。通过对比计入轴瓦变形前后油膜的压力场和温度场的变化,得出轴瓦变形对油膜润滑性能的影响规律[21]。

2016 年,于晓东等为了研究静压支承摩擦副温度场,基于摩擦学和传热学理论,采用流固耦合方法对圆形腔静压支承摩擦副的温度分布规律及其速度特性进行研究,并进行实验验证。结果表明,间隙油膜在挤压和剪切以及泵功耗联合作用下产生热,产生的热通过流固耦合方式传递给静压导轨和油垫,进而扩散到整个旋转工作台和底座。间隙油膜接触处摩擦副温度最高,向四周扩散温度逐渐降低。随着工作台转速的增加,油膜温度上升,工作台上表面和侧面温度下降,并趋于平缓,底座侧面温度从下到上先升高后降低。当旋转速度由 10r/min 增加至 80r/min 时,工作台最高温升 6.8℃,底座最高温升 3.5℃,因而旋转速度对支承摩擦副温度场的影响不能忽略。将实验结果与模拟值进行比较,温度相对误差均在 4%以下，满足工程实践要求[22]。

1.1.3 静压推力轴承速度场研究方面

2007 年，邵俊鹏等对重型立式数控车床工作台静压导轨进行研究，应用三维造型软件 Pro/Engineer 及 CFD 软件 Fluent，从结构三维造型设计和内部三维流动分析计算两方面对静压轴承进行了综合分析，并对比了不同形状油腔的流速分布及压力分布，揭示了导轨内部流动规律。结果表明，油腔形状不同，其与上工作台的有效接触面积大小就不同，扇形油腔各个方向速度在迭代计算后更容易收敛且更容易趋于稳定，而椭圆形油腔各个方向速度的波动性较大。利用 CFD 技术对液体静压轴承进行三维数值模拟，得到的流场结果与实际吻合，计算结果能够有效反映轴承内的流动状态[23]。

2013 年，于晓东等分析扇形腔多油垫静压推力轴承润滑性能受速度的显著影响，发现设计不当会引起润滑油膜破裂和干摩擦，严重时导致静压支承摩擦失效。针对此问题，运用流体力学和润滑理论对油腔压力、油腔流量、油膜厚度等参数的速度特性进行数值分析，得到了速度对扇形腔多油垫静压推力轴承润滑参数的影响规律，由此可避免静压支承摩擦失效的发生。研究结果表明，随着工作台转速的升高，惯性带油和离心力作用而甩出的润滑油油量增加，流出油腔的油流量增多，引起油腔压力下降，致使油膜厚度变薄，出现油膜破裂和干摩擦，导致静压支承摩擦失效。该研究为静压推力轴承的设计、润滑和实验提供了基础数据，实现了对静压推力轴承润滑性能速度特性的预测，可达到减少经济损失的目的[24]。

2015 年，王志强使用三维建模软件 UG 对单向动静压油垫油膜和双向动静压油垫油膜进行模型建立，利用 ANSYS 软件对油膜几何体划分网格，再对油膜模型进行边界条件等参数设定。首先确定动静压油垫的结构尺寸，为了使动压效应最优，考虑动压楔形长度和高度的影响，通过 ANSYS CFX 软件分析相同转速和承载工况下，动静压油垫油楔的长度和高度不同时油膜的压力场、温度场和速度场的变化情况，并比较其分析结果，得到动静压油垫油楔长度和高度的最优尺寸。然后通过 ANSYS CFX 软件分析不同转速和承载工况下，上述两种动静压油垫油膜的压力场、温度场和速度场的变化规律，并比较其分析结果，揭示转速和载荷对润滑性能的影响。为了验证理论计算和模拟分析的正确性，在齐重数控装备股份有限公司 Q1-205 型立式数控车床上进行了实验研究。实测了相同载荷不同转速下动静压油垫油膜的温度数据，分析转速与温度的关系；实测油膜不同位置的温度数据，分析动静压油垫不同位置处油膜的温度变化，验证了理论分析及仿真结果的正确性[25]。

2015 年，陈源针对静压实验台设计需求，依据功能将其总体分为轴承、传感器、数据采集显示和动力加载四个部分。在静压实验台前期方案基础之上，主要对轴承部分进行详细分析，进而通过仿真手段分析轴承的各项性能特征。基于轴承内流场的特点，对其进行简化，并用流体静力学的理论做关于流量的计算推导。在模型简化基础上，采用分块逼近的方式建立轴承内流场的有限元结构化网格模型，并对网格质量进行控制。在这些基础上，针对轴承的温升问题进行详细的仿真分析，主要以转速和设计油膜厚度作为变量，分析了影响温升的主要因素以及各因素的权重，得到轴承温升受转速影响最大，相对于转速来说设计油膜厚度的影响很小的结论。这样，可以近似认为在相同转速下的温升情况相同，从而将温升引起的变黏度条件引入压力速度场的仿真中。依据压力速度场的仿真数据，主要针对轴承的液压油流量、转动阻力和承载能力这三个重要性能参数各自的影响因素进行详细的分析，最终优化了前期实验台方案中不确定的项目，完成了实验台的安装工作[26]。

2015 年，陈瑶以多油垫静压支承为研究对象，基于流体润滑技术，在不同润滑油黏度下对静压支承油膜特性进行研究。基于液体静压润滑原理，推导静压支承油膜的流速方程、流量方程、承载能力方程、油膜刚度方程、温升公式，同时根据计算流体动力学对静压支承间隙流体数值模拟控制方程进行了推导。选择五种液压系统常用润滑油，对润滑油黏-温特性进行研究，分别建立五种润滑油的黏-温数学模型。基于静压支承实际工程模型建立润滑油膜三维仿真模型，利用GAMBIT 软件进行网格划分和确定合理的边界条件。运用 Fluent 软件对其进行仿真模拟，探究五种润滑油的压力场、温度场和速度场的分布特性。探讨润滑油黏度对静压支承性能影响的规律。为了验证间隙油膜流态仿真模拟的正确性，基于现有实验设备进行静压支承油膜稳态实验研究，并对仿真模拟值和实验结果进行对比分析。通过关于润滑油黏度对静压支承油膜性能影响的综合分析，得出了五种常用润滑油的静压支承具体性能参数，研究成果为工程实际中静压支承润滑油型号及黏度的选择提供了有价值的理论依据[27]。

1.1.4　静压推力轴承压力场研究方面

2006 年，张君安等为解决空气推力轴承气膜压力分布问题，研制了一种新型气体润滑止推轴承性能测试实验台。该实验台利用弹簧拉伸、压缩平衡原理对气浮块加力，利用力传感器测定施加载荷大小，采用精密数控 X-Y 工作台实现压力分布的连续测量，实验结果与气体压力分布的数值分析结果吻合。结果表明，该实验台能够自动测试轴承间隙内的压力分布，且数据采集自动化程度高，测量精度便于控制等[28]。

2010 年，李红梅首先总结了静压轴承的国内外研究现状，分析了重型静压轴承的润滑机理。然后针对大尺寸多油垫静压轴承，在考虑变黏度和油流惯性的条件下，推导润滑油的黏-温公式、旋转坐标系下的控制方程，以及静压轴承缝隙流体的流量、温升、压力计算公式，建立不同工况下静压支承间隙油膜三维流动的数学模型。接着根据工厂实际工况条件，计算静压轴承缝隙流体由层流到紊流的临界入口流量及转速，并采用数值模拟方法进行计算，证实计算结果的可靠性。最后基于 CFD 原理，采用有限元法、有限体积法数值模拟了重型静压轴承间隙油膜的流场、压力场和温度场，并和理论计算值进行对比分析，结果吻合较好。这些分析和研究揭示了静压轴承支承间隙油膜的流动规律，找出影响静压轴承温升的两个主要参数，通过对静压轴承缝隙流体的一系列数值模拟计算探讨了两个主要参数的影响规律。此研究为此类支承的设计提供了理论计算方法，为变黏度流体的特性研究提供了一定的理论基础，为设计结构合理、性能优良的液体静压支承提供了理论依据[29]。

2011 年，唐军等为了解决大重型数控转台的单油腔静压推力轴承无法承受偏载荷的问题，首先提出了单油腔静压支承与静压径向轴承复合设计方案；同时，为了方便静压径向轴承油腔加工，提出了一种新式回形槽油腔结构，该结构的油腔加工区域仅占单油腔总面积的 10%，而承载区域达到 75% 以上。然后，综合应用三维造型软件 Pro/Engineer 和 CFD 软件 Fluent，模拟分析圆环形静压支承和回形槽油腔的流速分布及压力分布，揭示了两种油腔结构内部的油液流动规律，并计算各自的静态性能，实验验证表明了该设计方案的正确性与合理性[30]。

2013 年，于晓东等为了解决立式车床环形腔多油垫静压推力轴承的变形问题，开展了对于环形腔多油垫静压推力轴承压力场的研究，利用 ANSYS CFX 软件的有限体积法计算静压支承摩擦副间的油膜压力场；基于计算流体动力学和润滑理论研究了旋转速度对静压支承压力性能的影响，解释了压力分布规律，并进行实验验证，实验数据和模拟数据吻合较好[31]。

2014 年，刘豪杰以深浅腔动静压轴承为研究对象，采用 GAMBIT 软件建立了轴承与轴颈之间油膜的三维模型并做了网格划分；编写了纳入雷诺边界条件和实现偏位角迭代的用户自定义函数(user defined function, UDF)程序；采用 Fluent 软件对该深浅腔动静压轴承进行数值计算，得到了不同工况下油膜的压力场、温度场、承载力和温升等特性参数并分析了这些参数随转速、偏心率的变化规律；在理论计算的基础上搭建了深浅腔动静压轴承实验台，测量了油膜的压力和温度并与 Fluent 软件计算结果进行对比，结果趋势一致[32]。

2015 年，范立国以多油垫扇形腔静压轴承为研究对象，结合流体力学、热力耦合技术及数值模拟相关理论知识，利用 ANSYS 软件和流固耦合技术，对其进行热力耦合仿真研究。根据静压轴承的实际结构尺寸建立三维几何模型和间隙油膜模型，推导油腔的流量、承载能力、油腔压力、油膜的总功耗和温升等方程。应用 Fluent 软件对不同载荷条件下的间隙润滑油膜进行温度场和压力场仿真分析，间隙油膜温度场和压力场的模拟结果为下一步进行热力耦合提供前提条件；

基于摩擦学、传热学和弹塑性变形理论，利用 ANSYS Workbench 软件对静压轴承进行热力耦合分析，得到载荷分别为 15tf[①]、30tf、45tf、60tf、75tf、90tf、105tf、120tf、135tf 和 150tf 的油膜温度场，以及静压轴承的热力耦合变形场，并对不同载荷条件下的计算结果数据进行了详细讨论；根据工作台和底座的总变形，分析获取不同载荷条件下热力耦合变形后的间隙油膜模型和油膜厚度-载荷曲线，变形后的油膜整体上呈楔形，径向方向扇形油膜外侧高于内侧，随着载荷的增加，内侧容易发生干摩擦致使润滑失效，可为静压轴承设计提供理论依据[33]。

1.1.5 静压推力轴承结构优化研究方面

2000 年，刘基博等从矩形平面支承静压润滑的计算出发，给出球磨机采用开式静压轴承时液压系统有关参数的计算方法，同时对轴瓦支承面与油腔结构参数的优化进行了探讨[34]。

2000 年，Grabovskii 采用变分法对气体静压推力轴承间隙进行了优化设计。针对给定的外压和不同的轴颈转速，解决了给定最大承载能力的间隙形状的变分问题。在气体润滑近似的基础上，在油垫高度有约束和无约束的情况下，确定了最佳结构，并与最佳液体轴承进行了比较[35]。

2003 年，Johnson 等对腔深进行研究，与以往不同的是，实验采用浅油腔，最终得出油腔深度对静压推力轴承性能有影响的结论[36]。Arafa 等分析了层流时的静压轴承承载特性，采用恒压供油方式向各个油腔供油，并在各个油腔的入口处放置节流器，分析了供油压力不同时油腔压力与轴承特性的关系，对油腔个数以及油腔位置的排列方式进行了优化，得到理论压力值及流量值的最优值，提高了轴承刚度和承载能力[37]。郭力对不同油腔形状对动静压轴承性能的影响方面进行了分析，主要以正方形油腔、三角形油腔、圆形油腔、角向小孔四种油腔为例，讨论了不同腔形对高速液体动静压轴承性能的影响，结果表明角向小孔轴承具有最优性能，在将来发展高速旋转机械中会被广泛应用[38]。

2005 年，Johnson 等使用 ABAQUS 软件分析了封闭支承承载面的表面变形对支承的压力分布、流量、承载能力等性能的影响，结果表明承载面的凹变形提高了支承的流量和承载能力[39,40]。车建明对矩形油腔静压向心轴承的油腔结构进行了研究，设计了一种复合式结构(以矩形腔为基础的门形油腔和回字形油腔的复合式结构)来提高动压效应，结果表明静压向心轴承的承载能力和油膜刚度与以前相比有所提高[41]。刘涛等研究了静动压轴承油膜厚度变化对带钢厚度精度的影响，对静动压轴承油膜的形成机理进行分析，推导出适合现场应用的数学模型，并进行了现场空压测试实验[42]。

---

① 1tf≈9.8kN，本书中为便于计算，取 1tf=10kN。

2006 年，Canbulut 利用自己设计的实验装置，分析了几何参数和工作参数对环形静压推力轴承性能的影响，实验表明表面粗糙度、相对速度、轴承支承面积大小、供油压力和节流毛细管直径等参数对摩擦功率损失和泄漏损失都有影响[43]。Chen 等在静压结构方面做了深入研究，讨论了有无压力腔对气体静压轴承性能的影响[44]。

2007 年，Li 等对静压轴承几何参数进行深入分析，结果表明压力腔直径对静态性能有影响[45]。邵俊鹏等使用 Fluent 软件对扇形腔和椭圆形腔静压支承间隙流体的温度场和压力场进行了数值模拟，结果表明椭圆形腔静压支承温升更高，同时比较了相同工况下有效承载面积相同时不同油腔形状的温度场分布和压力场分布[46,47]。Brecher 等提出了关于液体静压轴承较新的设计和优化理念，不仅可以分析出高速静压轴承的流量变化，而且可以优化静压轴承的几何尺寸、节流装置的大小和主要机械部件的模型大小[48]。于晓东等结合流体润滑理论，采用微积分计算方法优化了静压推力轴承间隙油膜的形状，并得到了不同旋转速度下静压推力轴承的最大承载能力[49]。

2009 年，于晓东等在恒流条件下基于计算流体动力学，采用有限体积法，对圆形腔和扇形腔静压推力轴承间隙流体进行了数值模拟，并比较了其压力场和速度场，得出油腔形状对轴承性能提高至关重要的结论[50]。

2010 年，何胜帅等研究了某大型水平滑台的强度和振动模型，提出一种计算滑板一阶轴向固有频率的新模型，并利用大型水平滑台进行超重物体的振动实验，从结构优化角度出发，为今后的研究奠定基础[51]。郝大庆等对立柱导轨的结构进行研究，对气体阻塞条件予以分析并给出了气体压力分布图，最终按照导轨尺寸计算出了其承载力和刚度[52]。孙仲元等对重型恒流静压轴承油膜进行流态仿真，采用 Fluent 软件模拟了三维压力分布及流场分布，对进出口区域的流速进行重点分析，发现进口处流速变化剧烈，但不影响整体流动的规律性，油膜整体压力场呈均匀对称分布，与出口位置关系不大[53]。

2011 年，杨正凯等研究了深浅油腔组合的双金属动静压轴承，该轴承具有优良特性，解决了加工 TU 系列发动机曲轴主轴径的多砂轮磨床的维修难题[54]。

2012 年，邻雪涛对 CZ61250 重型车床的主轴轴承进行研究，将原有轴承改为附有耐磨涂层的静压轴承，但腔内油温很高，易使涂层脱落，因此用水冷方法对油进行降温，并对结构进行了改进，既可节约水资源，又减少了机修钳工的劳动强度，提高了生产效率[55]。徐林通过对 M7120 型平面磨床主轴轴承进行结构改进，提高了主轴刚度，增大了承载能力，同时降低了主轴系统的故障率[56]。孔中科等研究了压力腔形状不同对气体静压轴承静态性能的影响，分析了矩形腔、圆形腔和锥形腔的压力分布、气体质量流量和承载能力等静态性能[57]。

由上述介绍可知，人类对于轴承的应用已经有相当长的一段历史，作为轴承之一的静压推力轴承，近些年来得到了广泛的应用与研究，对于其润滑特性的研究成果也是层出不穷。当然，科学研究永无止境，对于静压轴承的改良与优化依然需要广大科技工作者的不懈努力。

1.2 静压支承原理及特点

1.2.1 概述

机械中承担一定载荷的相对运动副(摩擦副)统称为支承。按摩擦性质，支承可分为滑动支承和滚动支承两类，例如，液体摩擦动压滑动支承和滚动支承早已获得广泛应用。同时，还有一些新型支承，如流体摩擦静压滑动支承、固体润滑支承、磁力支承等。

滑动支承按摩擦状态，可分为流体摩擦支承(滑动表面完全被流体润滑膜隔开)、干摩擦支承(滑动表面没有润滑剂)和混合流体摩擦支承(滑动表面不完全被润滑膜隔开)。流体摩擦支承又分为动压滑动支承和静压滑动支承。

动压滑动支承是由摩擦表面间的相对运动和几何形状，借助流体黏性而建立起流体压力膜，又称自建压力支承。

静压滑动支承是靠外部的流体压力源向摩擦表面之间供给一定压力的流体，借助流体静压力来承载，又称外部供压滑动支承。静压支承的特点是流体润滑状态的建立与其相对速度无关，可以在很宽的速度范围(包括静止)和载荷范围内无磨损地工作；静压支承的运动副之间完全被油膜或气膜隔开，显著地减少了因表面加工误差所产生的影响，使该支承具有很高的运动精度。

液体或气体静压支承虽然都具有上述两个特点，但因液体和气体的物理性质不同而各有长处和短处。由于气体的黏度极小(为油类的几百分之一)且具有可压缩性，在设计时不得不取较低的供气压力(很少超过 $6kgf/cm^{2①}$)，以免流量过大，所以气体静压支承与同样尺寸的液体静压支承相比，其承载能力要小得多。气体支承在高速运动时的摩擦功率很小，近似无摩擦运转。此外，气体的可压缩性使气体支承更容易出现不稳定现象，在设计中必须考虑。

液体和气体静压支承的基本工作原理近似，但设计准则、计算方法和结构形式都有不同。本书重点讨论液体静压滑动支承的工作原理及其设计计算方法。

液体静压支承在法国早已应用，但直到 20 世纪中期才逐渐引起人们的重视。1938 年，美国一个大型光学望远镜转台采用了液体静压轴承，在重达 500t 和每

---

① $1kgf/cm^2 = 9.80665×10^4 Pa$。

天一转的极低速情况下，只需 1/12 马力(hp[①])即可驱动，这种新型支承在低速重载下显示出良好的性能。1948 年，法国在磨床上采用液体静压轴承，提高了精度和寿命。

随着科学技术的发展，人们进一步认识了液体静压轴承的原理和特点，逐步扩大了其应用范围。除用于高精度机床外，静压轴承和导轨在高效率机床上也获得应用。液体静压技术不仅用于支承，也用于传动和连接，如静压螺旋、蜗杆-齿条和花键等方面。采用静压轴承与动压滑动轴承混合形式，可以充分发挥各自的优点。例如，轧钢机和球磨机等大型设备已采用这类混合形式的轴承。近年来，正在研究把静压轴承与滚动轴承联合工作的轴承，用于高速涡轮发动机上。此外，液体静压轴承在精密仪器上也得到应用，如圆度仪和轴承波纹度测量仪等。液体静压轴承不但在结构上有改进，应用领域逐步扩大，而且在工作机理和计算方法上也进一步得到发展[58-61]。

1.2.2　静压支承原理

静压支承按供油方式可分为定压供油式静压支承和定量供油式静压支承两类。

1. 定压供油式静压支承工作原理

定压供油式静压支承的最基本形式如图 1-1 所示。

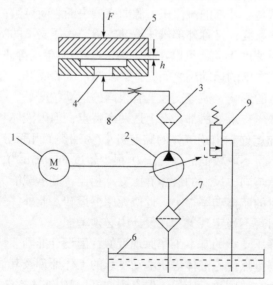

图 1-1　定压供油式静压支承工作原理示意图

1-电动机；2-变量油泵；3-精滤油器；4-进油孔；5-工作台；6-油箱；7-粗滤油器；8-节流器；9-溢流阀

---

① 1hp=745.7W。

一个单腔静压支承由油腔、进油孔及四周封闭的封油面组成。用一个输出压力基本保持不变的油泵供油,将压力为 P_s 的润滑油,通过油路上的节流器(即液压阻尼器),在油腔内形成压力用于支承外载荷。依靠节流器的调压作用,油腔压力 P_r 随载荷的变化而自动调节,从而保持油腔压力与载荷平衡。

当润滑油进入油腔后,油腔压力 P_r 受两部分节流作用的控制:一部分是油腔进油孔前的节流器液阻,即进油液阻 R_z;另一部分是油腔封油边与相对滑动件的间隙 h 所形成的油腔液阻,即出油液阻 R_k。这两个液阻的串联,用液电模拟等效电路,按串联电阻的欧姆定律可得到油腔压力 P_r,即

$$P_r = P_s \frac{R_k}{R_z + R_k} \tag{1-1}$$

在开始形成油腔压力时,由于滑动件的自重和载荷的作用,支承件与滑动件互相贴合,无间隙。此时油腔的出油液阻 R_k 趋于无穷大,油腔压力 P_r 趋近于供油压力 P_s,并随 P_s 的增大而增大。当油腔压力增大到一定程度时,滑动件浮起,润滑油从支承面之间的间隙泄出,并形成一定厚度的压力油,将两个支承面隔开,使它们处于纯液体摩擦状态。依靠封油边的阻尼作用,油腔内能够保持一个压力用于支承滑动件。

当载荷增大时,油腔压力随载荷的变化而变化。载荷由 F 变成 $F+\Delta F$,若进油液阻 R_z 固定不变,则被支承件有下沉的趋势,间隙 h 减小,出油液阻 R_k 增大,油腔压力 P_r 也将增大,直至与增大后的载荷 $F+\Delta F$ 平衡。

载荷减小的情况与载荷增大时相反,当载荷由 F 变成 $F-\Delta F$ 时,被支承件上浮,间隙 h 增大,出油液阻 R_k 减小,油腔压力 P_r 减小,直至与减小后的载荷 $F-\Delta F$ 平衡。

选择合适的节流器、供油压力以及油腔参数,可使被支承件在载荷变化时产生的位移尽可能小,从而保证静压支承的稳定性。

2. 定量供油式静压支承工作原理

定量供油式静压支承的最基本形式如图 1-2 所示。定量供油就是保持液压油的流量恒定地供给到液压油腔中,且不受油腔形状的影响。在静压推力轴承中一个油泵通过分油器给其对应的油腔恒流量地供给液压油,且每个油腔的液压油供给相同。其优点是定量供油能够较好地保持油路畅通,在工作过程中功率损耗低,温升较小,缺点是定量泵的加工与制造比较麻烦[62-64]。

供油系统由于以恒定的流量供油给油腔,油腔压力 P_r 取决于供油的流量 Q_s 和出油液阻 R_k,同样也可以用等效电路欧姆定律来模拟,即

$$P_r = Q_s R_k \tag{1-2}$$

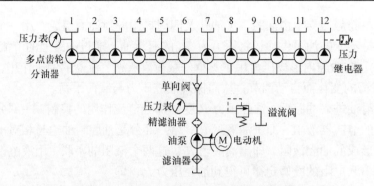

图 1-2　定量供油式静压支承工作原理示意图

当载荷增大时，在流量 Q_s 恒定的情况下，间隙 h 将减小，出油液阻 R_k 将增大，致使油腔压力 P_r 增大以平衡载荷，反之亦然。因此，定量供油式静压支承的承载原理与固定节流静压支承相同，都是依靠出油液阻 R_k 的改变，使油腔压力 P_r 随载荷的变化而变化。

实现定量供油有以下两种方法。

(1) 用定量油泵以恒定的流量 Q_s 直接给油腔供油，油腔压力始终等于油泵压力。

(2) 用定量节流阀，类似于定压式供油，只是用定量节流阀取代节流器，使通往油腔的流量恒定。

油泵压力为 P_s 的润滑油先流经阀芯的节流孔，再经锥形节流缝隙进入油腔。当油腔压力 P_r 变化时，自动调节缝隙，使节流孔两端的压力差保持不变，以达到定量供油的目的。

定量供油式静压支承基本上消除了节流间隙的堵塞现象，工作可靠，且功率损耗小，温升低。但是定量泵(或是定量节流阀)制造复杂，油路较长，受润滑油的压缩性和惯性的影响较大。

1.2.3　液体静压支承的特点

油膜滑动支承受冲击和振动的能力比滚动轴承强。一般情况下，油膜滑动支承运转平稳，工作寿命长，动压滑动支承结构简单，制造方便，成本较低。随着现代机械工程向高速度、高效率、高精度、自动化发展，液体静压轴承的应用将越来越广泛。它具有以下特点。

(1) 工作速度范围很宽。静压导轨低速不爬行，在机床上可与高刚度滚动导轨媲美。由于高速磨削的发展，液体静压轴承的应用得到了推广，但在精密机床上的应用还有待实践考验，动压轴承如短三瓦等新结构正在发展中。至于汽轮机、发电机、离心式压气机等使用的高速轻载轴承，大多为多油楔动压轴承，静压轴承在这方面应用尚少。

(2) 运动精度高。由于运动副之间的压力油膜对误差有"均化"的作用，可使被加工零件的精度大大高于运动副本身的精度，所以液体静压轴承在机床中的应用逐渐增多。机床主轴专用的高精度滚动轴承也取得很大进展，但我国目前供应还不能满足要求。

(3) 摩擦系数和驱动功率较低。液体静压轴承的摩擦系数一般只有 0.0001～0.0008，例如，采用 32 号机械油的静压导轨，其启动摩擦系数仅为 0.0005，因此功耗小，效率高，且在低速条件下不会产生黏滑现象。

(4) 工作寿命长。只要供油装置工作可靠，磨损就很少，能长期保持较高的精度。

(5) 具有良好的静动刚度、吸振性能和稳定性。一般在设计计算中无须考虑动态性能，对于空气静压轴承则必须考虑稳定性方面的问题。

(6) 可利用油腔压差实现自动控制，如恒力切削、自动对刀等。

液体静压支承的最大缺点是要有一套供油装置，因此增加了成本和设备占地面积，一旦装置有问题，静压支承所具有的无磨损、高精度、大承载能力、低摩擦等优点将不再存在。实践证明，提高供油装置的过滤器的质量，增设安全措施，可以保证静压轴承长期正常工作。

可以从以下几个方面对液体静压支承进行改进，从而降低成本，例如：

(1) 采用普通的金属材料和非金属材料代替贵重的合金钢和铜合金。

(2) 改进工艺方法，降低成本。

(3) 用一个主轴实现低速粗加工和高速精加工。

(4) 减少维修停机时间。

(5) 实现轴承元件的系列化、静压主轴的规格化(如内圆磨头、钻削主轴)和供油装置的标准化，提高质量，有利于推广。

液体静压润滑原理和应用作为一门新的技术，已逐步形成了比较完整的体系。本书主要是对静压推力轴承的润滑性能进行实验和研究。

1.3　润滑技术发展趋势

润滑的目的在于用第三种物质(液体、气体、固体等)将两个摩擦表面分开，避免两个摩擦表面直接接触，减小摩擦和磨损。众所周知，摩擦磨损是机械零部件的三种主要破坏形式(磨损、腐蚀、断裂)之一，是机械和工具的效率、准确度降低甚至报废的一个重要原因。随着工业生产的不断发展，人们越来越深刻地认识到摩擦所消耗能量的巨大。有人估计，全世界有 1/3～1/2 的能量消耗在摩擦上，零件的磨损直接影响机器的性能和使用寿命。据统计，大约有 80%的破损零件是由磨损造成的，磨损失效不仅造成大量材料和部件的浪费，还可能导致灾难性的事故后果。为了减少摩擦副间的摩擦和磨损，保证机器设备的安全运行，延长使用寿命，可以对摩擦副间的工作表面进行润滑。正确地利用润滑是减少磨损、提高效率、节约材料及能源的一个有效途径，因此越来越受到人们的重视[65]。

1.3.1　润滑技术的最新发展

润滑技术正朝着高效、节能、环保和金属磨损表面再生技术方向发展。

1. 薄膜技术

随着制造技术的发展，流体润滑的油膜正在不断减少以满足高性能的要求。滑动表面间的润滑膜厚可达到纳米级或接近分子尺度，这时在弹流润滑和边界润滑之间出现一种新的润滑形式，即薄膜润滑[66,67]。

薄膜润滑中润滑剂的流动和流体动力效应依然存在，但已明显偏离传统经典理论预测的规律。在薄膜润滑状态，当润滑膜厚度达到纳米量级时，基体表面的物理特性是时间效应。在静态情况下，润滑膜厚度基本不随时间变化。在高速情况下，膜厚度随时间增加而略有降低。在低速情况下，膜厚度随时间增加而不断增加。

2. 润滑油添加剂

近 20 年来，润滑油添加剂的研制已取得了重大进展，为研究和应用高性能润滑剂奠定了基础，创造了物质条件，促进了润滑方式的改进。由于摩擦学和摩擦力化学的突破性进展，润滑油添加剂的种类得以不断增加，性能不断提高，润滑油的复配技术也得到改进和发展。润滑油中加入了高效添加剂，而绝大多数添加剂是极性物质，这些极性物质会与金属表面发生反应，形成化学吸附膜，因此在润滑系统中就由化学反应膜取代了润滑膜吸附膜，或化学吸附膜取代了物理吸附膜，吸附更牢靠，润滑性能更好。另外，在局部高温高压下，添加剂分解出硫、磷、氯等极性物质，这些极性物质与摩擦副金属表面反应，也会生成反应膜，防止了胶合的发生。同时，添加剂的存在增加了真实接触应力，使表面逐渐趋于光滑，从而大大地改善了润滑状态[68,69]。

3. 高温固体润滑

随着现代科学技术的发展，材料在高温条件下的摩擦、磨损和润滑问题日益受到重视，迫切要求发展与之相适应的高温润滑剂和自润滑材料，从而使高温摩擦学的研究和发展成为目前摩擦学领域的热点。目前，高温固体润滑主要体现在两个方面，即高温固体润滑剂和高温自润滑材料。常见的高温固体润滑剂主要有金属和一些氯化物、氟化物、无机含氧酸盐(如钼酸盐、钨酸盐等)，以及一些硫化物，如 PbS、Cr_xS_y 等。高温自润滑材料可分为金属基自润滑复合材料、自润滑合金和自润滑陶瓷等。

金属基自润滑复合材料是指按一定工艺制备的以金属为基体，其中含有润滑组分的具有抗磨减磨性能的新型复合材料，它将润滑剂与摩擦副合二为一，赋予摩擦副自润滑性能。自润滑合金是对合金组元进行调整和优化，使其在摩擦过程中产生氧化膜，从而具有减摩特性。自润滑陶瓷包括金属陶瓷和陶瓷两大类。

4. 绿色润滑油

绿色润滑油是指润滑油不但能满足机器工况要求，而且油及其耗损产物不会对生态环境造成危害。因此，在一定范围内，以绿色润滑油取代矿物基润滑油将是必然趋势。在绿色润滑油方面，研究工作主要集中在基础油和添加剂上，基础油是生态效应的决定性因素，而添加剂在基础油中的响应特性和对生态环境的影响也是必须考虑的因素。从摩擦角度而言，绿色润滑油及其添加剂必须满足油品的性能规格要求；而从环境保护的角度出发，它们必须具有生物降解性和较小的生态毒性积累性。作为绿色润滑油的基础油有合成脂和天然植物油。植物油基润滑剂具有无毒性、生物可降解性、资源可再生、价格合理、润滑性良好、黏度指数和燃点高等特点，是理想的绿色润滑油；但因其氧化安全性差、水解不稳定等因素，还没有被广泛应用。合成脂具有稳定性及低温性突出、黏度指数高、可降解性、毒性低等特点，已在航空领域得到广泛应用；但其水解稳定性差，且价格相对较高[70]。绿色润滑油要求添加剂毒性低、污染低和可生物降解。一般含过渡元素的添加剂以及某些影响微生物活动和营养成分的清净分散剂会降低润滑剂的可生物降解性，而含 P、N 元素的添加剂可提高润滑剂的可生物降解性。

5. 纳米润滑材料

将纳米材料应用于润滑体系中，是一个全新的研究领域。纳米润滑材料具有表面积大、扩散性强、烧结性好、熔点低、硬度大等特点，不但可以在摩擦表面形成一层易剪切的薄膜，降低摩擦系数，而且能对摩擦表面起到一定程度的填补和修复作用，减小表面粗糙度，增大实际接触面积以起到减小磨损的作用。纳米材料尺寸较小，可以认为近似球形，摩擦副间可像鹅卵石一样自由滚动，起到微轴承作用；对摩擦表面进行抛光和强化作用，并支承负荷，使承载能力提高，摩擦系数降低。另外，纳米微粒具有较高的扩散能力和自扩散能力，容易在金属表面形成具有极佳抗磨性能的渗透能力，表现出原位摩擦化学原理[71]。

纳米材料具有突出的抗极压性能、优异的抗磨性和较好的润滑性能，适合在重载、低速、高温下工作；同时，它又不同于一般的固体润滑材料，其综合了流体润滑和固体润滑的优点。采用纳米材料制备的添加剂，对摩擦后期摩擦系数的降低起决定性作用，可以解决常规载荷添加剂无法解决的问题，目前该领域的研究处于纳米摩擦学、润滑学、纳米材料学和现代表面科学等先进学科的结合点，对于完善润滑理论、解释薄膜润滑的机理有十分重要的作用[72]。

1.3.2　自润滑技术

1. 自润滑技术的起源及现状

自润滑技术起源于苏联的"定向全扩散技术"，立项于 20 世纪 70 年代，主要为军事目的而研制开发，是一种旨在提高军事装备战斗能力和在特殊情况下生存能力的金属材料摩擦表面处理技术。1992 年诞生了最初的技术原型，现在的自润滑摩擦表面再生技术(简称摩圣技术)是在上述技术原型的基础上于 2010～2014 年发展形成的第三代全合成摩擦表面再生技术，目前处于国际领先地位。自润滑技术于 2000 年被引入中国，目前已在汽车、铁路等交通运输部门，以及石油石化、水利电力、冶金、机械加工、航空航天、军工等工业部门得到广泛认可和大力推广应用，取得了良好的节能效果、获得了显著的经济与社会效益，受到了国家的高度重视，并在总结出众多优秀节能案例的基础上向全国推广应用。这项具有国际领先水平的高新技术的进一步大范围应用，将会带来巨大的经济与社会效益，对我国的工业发展产生不可估量的促进作用[73-75]。

2. 自润滑摩擦表面再生技术的原理与特点

1) 作用原理与过程

自润滑摩擦表面再生技术是通过向金属摩擦表面引入自润滑摩擦表面再生剂，在正常运行条件下对摩擦副表面进行原位自修复或者超精加工再制造，并形成金属陶瓷保护层，进而达到强化摩擦表面、优化配合间隙、改善机械设备工作性能、延长使用寿命等一系列目的的一项全新节能环保技术。自润滑摩擦表面再生剂是一种由多种氧化物陶瓷材料，经现代合成工艺加工而成的超细粉体，其中添加了多种催化剂成分。根据用途不同，其粒径分布为：减摩型，20nm～1μm；修复型，3～10μm。一般来说，自润滑摩擦表面再生剂是把润滑剂作为载体，添加于任何类型的润滑剂中，但不会与任何润滑剂发生化学反应，也不改变其黏度，它不属于润滑油添加剂或者普通意义上的金属修复剂。

2) 自润滑摩擦表面技术的再生过程

图 1-3 为摩擦表面的原始状态，两侧微观凸凹不平的是金属表面，中间部分是润滑油，其中间还夹杂着金属磨屑。图 1-4 为自润滑摩擦表面再生的第一阶段，自润滑粒子首先对原始摩擦表面进行超精研磨和清洗，同时自润滑粒子进一步细化。在此阶段金属摩擦表面的温度会升高，接触压力也会增大。图 1-5 为自润滑摩擦表面再生的第二阶段，在摩擦表面接触点超高温度和压力的作用下，已细化的自润滑粒子开始向表面晶格内部扩散。与此同时，在微观起伏不平的低凹处，自润滑粒子与金属磨屑及其他摩擦参与物发生合成硬化作用，并形成最初的金属陶瓷层。图 1-6 为自润滑摩擦表面再生的最后阶段。随着再生作用的范围不断扩大，最终形成了沿摩擦表面较大范围的金属陶瓷层，在其内部也形成了新的晶体结构；随着金属陶瓷层的形成，摩擦因数大幅度下降，摩擦产生的能量随之减少，当摩擦产生的温度和压力不足以促使自润滑摩擦表面再生剂继续作用时，再生过程自动停止。

图 1-3　摩擦表面的原始状态

图 1-4　自润滑摩擦表面再生的第一阶段

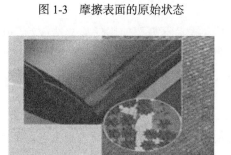

图 1-5　自润滑摩擦表面再生的第二阶段

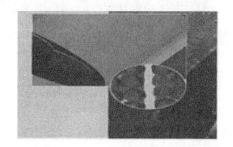

图 1-6　自润滑摩擦表面再生的最后阶段

3) 自润滑摩擦表面再生剂的主要成分和产品

自润滑摩擦表面再生剂的主要成分是水合硅酸铝，另有多种为发生反应而特别添加的催化剂。根据摩擦副润滑材料的不同，自润滑产品使用了不同的载体。其中，处理使用润滑油的摩擦副，可采用自润滑凝胶，通过在润滑油中少量添加自润滑凝胶来满足摩擦表面再生的要求；而处理使用润滑脂的摩擦副，可采用自润滑专用润滑脂替代一般润滑脂，以满足润滑和摩擦表面再生的要求。

4) 自润滑摩擦表面再生技术的特点

自润滑摩擦表面再生技术是一种独特的摩擦表面再生技术，从本质上区别于润滑油添加剂，同时又不同于一般的表面工程技术。与一般润滑油添加剂方法相比，自润滑摩擦表面再生技术可以修复磨损表面，同时通过形成金属陶瓷层而使摩擦表面在一定深度内发生了改性作用；而一般润滑油添加剂只能通过形成边界润滑膜发挥减摩耐磨作用，基本上不具备修复作用，对摩擦表面的基体也不会有任何改性作用。自润滑摩擦表面再生技术具有以下特点。

(1) 摩擦表面的修复具有自适应性。因为摩擦表面的修复是在一定的工况条件(荷载、温度、速度)下完成的，原始表面磨损越严重或者工况条件越恶劣，再生层的形成条件越充分，其形成厚度会越大。因此，修复层具有"填平补齐"的特点，从而使摩擦副保持最佳配合间隙，这是其他任何表面再生技术都无法实现的。

(2) 自润滑处理工艺简单，操作方便，无任何负作用。使用自润滑摩擦表面再生技术，无需任何工艺设备，不需要任何前处理，不会引起零件变形和组织结构或者力学性能的变化，不需要任何后加工，只要在润滑油或者润滑脂中加入自润滑摩擦表面再生剂，即可实现免拆修复。

(3) 应用领域广，适应面宽。对于任何机械设备中的金属摩擦副，不管是黑色金属还是有色金属，都可使用自润滑摩擦表面再生技术。它的应用范围比任何一种表面再生技术都宽，甚至可以取代一些原有的表面处理技术，如各种化学热处理技术、表面网纹处理技术等。

(4) 完全绿色环保。自润滑摩擦表面再生技术不需要使用任何会造成污染的工艺装备、化学试剂和有害气体介质，自润滑粒子本身也不含任何有害物质；同时，它可以显著减少机械设备的有害气体排放、有害液体泄漏、振动和噪声等，因此是一种完全绿色的再制造技术。

5) 国内专家对自润滑技术的评价

中国工程院院士徐滨士教授认为，再制造技术在国外已经成为一个新兴的产业，而在国内才刚刚开始；自润滑技术是一种绿色的再制造技术，它可以提高汽车等装备的使用寿命和使用过程中的性能,是未来解决绿色环保问题的一个方向。中国机械工程学会表面工程分会副主任、清华大学机械工程系刘家浚教授认为，自润滑技术是一项货真价实、行之有效、特别适合我国国情的高新技术；它是真正意义的"绿色再制造"技术，其推广应用将对我国的机械制造业及其相关行业起到巨大的、不可估量的、革命性的作用，它的发展必将对相关的学科，如摩擦学、材料学、表面工程学、化学和物理学等，产生重大的影响。

1.3.3 润滑技术的发展前景

为适应现代工业的飞速发展，机械设备的润滑受到足够重视，并得到迅猛发展。在一个时期内，关于润滑的研究将沿着以下几个方向发展。

(1) 新型高温固体材料润滑剂的开发和研究，重点发展适用范围宽、可用于解决多种工况条件下的摩擦学问题的新型润滑材料。

(2) 深入研究纳米摩擦学，并与宏观摩擦学相结合，使摩擦学研究进一步完善。

(3) 金属磨损表面再生技术是一项节能和环保的高新技术，有着广阔的前景，目前处在起步阶段，其作用机理等还不很清楚，这无疑将成为一个研究热点。

我国同西方发达国家相比在润滑技术方面还存在一定差距，相关技术不成熟，要赶超西方发达国家先进水平，我国科研工作者任重道远。

1.4 静压推力轴承的研究进展

静压推力轴承因其具有广泛的使用功能以及优良性能等一系列优点，得到了人们的高度重视与大范围使用。随着高速重载切削技术的出现与发展，人们对重型数控机床的旋转速度与承载能力的要求也越来越高，由于静压推力轴承的诸多优点适合于提高机床的整体性能，所以静压推力轴承成为重型机床的核心部件。静压轴承的广泛应用使得人们对静压技术的研究越来越广泛，特别是高速重载下的间隙油膜润滑性能，例如，间隙油膜局部温度升高、油膜温度分布不均匀、油膜厚度不均匀等，使油膜变薄或破裂，摩擦副处于干摩擦或者边界摩擦，最终导致摩擦失效发生，限制了工作台的旋转速度。当前，对于静压轴承方面的研究在国内外都取得了许多新进展。

黄平等指出了经典润滑理论无法预测实际止推轴承所存在的润滑失效现象，给出了润滑失效分析的基本理论，通过研究润滑剂非牛顿性、润滑剂温升和固体表面粗糙度对润滑失效的影响，发现了固-液表面的边界滑移，推导出热本构方程，分析了固体材料黏弹性的影响；通过简化分析，得知温度效应的普遍存在性，剪切应力极值曲线说明了温度引起的非牛顿性可以导致重载条件下摩擦失效的发生[76]。苏荔等建立摩擦磨损机理实验装置，进行各因素对轴承摩擦磨损机理的影响实验，确定影响摩擦磨损最为严重的速度[77]。刘文浩认为瓦块倾斜角和最小油膜厚度对推力轴承性能有影响并对此进行分析，得到瓦块倾斜角和最小油膜厚度的最优值[78]。

付旭通过理论计算高速重载下静压推力轴承的承载能力、平板流量、静压损失等，使用建模软件对油膜、油垫、工作台、底座等进行模型构建并装配，再利用 ANSYS 软件对油膜模型进行网格划分，把划分后的网格保存为 CFX 格式文件，并对油膜进行边界条件设定，利用 ANSYS CFX 软件进行迭代求解，计算在 35t-160r/min 下油膜的温度场和压力场，将油膜温度场和压力场导入 ANSYS Workbench 中对工作台和底座进行整体变形分析，预测出油膜的变形形状，从而对摩擦失效行为作出预测，调整油垫结构尺寸以及油垫与底座的连接形式，使之成为可倾式油垫，在可倾式油垫基础上产生动压效应，动压可补偿静压损失，以使油膜厚度恒定，保证静压推力轴承稳定运转工作[79]。朱希玲使用 ANSYS 软件和编制的子程序求解了 N-S 方程的简化形式——雷诺方程，得出了在负载不变的条件下油腔供油压力与流场的流速分布规律[80]。王宝沛等通过研究得到了按静刚度理论设计的液体静压轴承在实际应用中存在的缺点，如高速性能差、动态特性差、加工精度低等，认为活塞销孔加工精度与液体静压轴承在主轴高速运转时的动态特性息息相关[81]。杜巧连等分析动静压轴承的油膜特性以及流场的流态，并对压力及载荷分布情况给出了总结[82]。杨文勇采用磁流固耦合有限元分析方法，对电主轴的动态特性进行了仿真分析，结果表明电机驱动频率越大，振幅越小[83]。冯素丽等建立了静压轴承的有限元模型，并用有限元法对其进行求解，同时用 APDL 程序计算出了油腔内所需的压力和流量，得到压力和速度的分布规律[84]。刘德民等对一种用于水轮机的静压轴承密封进行研究并分析其工作原理，建立了密封腔内外流动模型，基于流固耦合中的泊松耦合理论，得出密封腔内外压力变化规律、速度变化规律和位移移动量[85]。韩桂华设计了一套非线性混合控制器，针对油液黏度和载荷变化引起油膜厚度变化这一问题进行研究，利用电液伺服阀控变量泵控制油腔的流量来控制油膜厚度，这种方式可以避免轴承润滑失效，提高了轴承运行的稳定性、可靠性和运行精度[86]。蒙文等深入研究了插齿机，并通过 ANSYS 软件对高速插齿机主轴静压支承进行分析，得出了油膜的承载能力、刚度以及流量[87]；对静压支承的承载能力、润滑性能、油腔压力和膜厚等进行分析，并研制出一套可测定这些特性的装置，依据分析结果可以推算出支承的油膜刚度，通过实验验证仿真的准确性[88]。于春建等采用静压轴承径向定位对重型数控转台进行设定，建立了大重型数控转台静压主轴轴承的数学模型，分析了各个油腔的压强分布，阐明了转台径向承载能力、承载刚性与偏心率的关系[89]。张新宇等利用 ANSYS 软件提供的 APDL，对球磨机的静压轴承油膜流场进行命令流编程，实现了有限元建模和分析的参数化，通过改变程序的输入参数，可以对不同结构的球磨机的静压轴承进行有限元分析，极大地提高了分析效率[90]。吴笛建立了局部多孔质气体静压径向轴承的数学模型，分析各参数对轴承静态特性的影响，最终获得最大的承载值和刚度值[91]。张学忱等建立了砂轮轴和磨床主轴微振动引起的非球面球面半径偏差的数学模型，针对大口径超精密非球面磨削机床分析测量了砂轮轴转速和磨床主轴转速，确定了静压轴承油压的工艺参数[92]。汪圣飞设计了一种可替代滚动轴承的液体静压轴承，并进行大量实验验证，结果表明，所设计的轴承基本可以满足轴承的稳定运转等要求[93]。李东奇等对热磨机动磨盘的支承主轴结构特点和分离加工工艺进行分析，对热磨机的主轴进行了力学分析，并设计了径向静压轴承实验台[94]。

Lewis 等分析了盘状转子的稳态对流换热过程，建立了详细的数学模型；计算了转子温度场分布，通过红外热成像测温技术开展实验并与数值模拟结果进行比较。Turkyilmazoglu 等研究了旋转圆盘的对流换热过程，模拟了圆盘附近的流体流态、热流态及温度场分布。Sherwood 建立了不同舍伍德数时的经验公式。Astarita 等采用红外线与热薄膜温度传感器，用流动可视化的方法实验研究了射流冲击旋转圆盘的对流换热过程，得到了紊流层流的相互作用与努塞尔数的关系。Maleque 研究了不可压缩磁性流体与磁性旋转圆盘间的对流换热过程，并建立了可求出数值解的对流换热非线性常微分方程。Robert 使用 ABAQUS 软件分析了封闭支承承载面的表面变形对支承的压力分布、流量、承载能力等性能的影响，结果表明承载面的凹变形提高了支承的流量和承载能力。Yamaguchi 分析了静压支承在偏心载荷下弹性变形、非对称载荷对油膜刚度、厚度及功率损耗、泄漏量等润滑性能的影响。Nelias 等研究了高精度无心磨床加工过程中的热特性、生成热及热效应产生的热变形。Samyn 等计算了高压复合支承的压力分布和静应力变形，以及高压力下的支承蠕变。Simmons 等研究了轧机静压支承的润滑油膜增厚问题，发现油膜增厚的主要原因是锥套和衬套的变形。吴晓刚分析了小孔节流的超精密、超高速空气静压主轴支承的热特性，比较了影响因素对温升的影响程度，并利用 ANSYS 软件得到了主轴温度分布和热变形与转速的关系[95]。

王建梅等结合轧机油膜轴承的润滑特点，综述轧机油膜轴承润滑理论的研究进展，同时结合低速重载轧机油膜轴承的工况特点，指出轧机油膜轴承润滑理论研究的主要发展方向。轧机油膜轴承的润滑理论研究已从刚流润滑、热流润滑、弹流润滑发展到热弹流润滑理论阶段，但对低速重载油膜的多场耦合润滑机制还缺乏深入研究。使用磁流体润滑油膜轴承，可避免巴氏合金蠕变对油膜润滑特性的影响，保证润滑油膜的完整性，是轧机油膜轴承的发展方向之一[96]。郭力等采用 Fluent 软件，对层流状态下的液体动静压油膜-轴承这一流固耦合模型进行数值仿真，得出了动静压轴承的温度分布情况，并进一步在 ANSYS 软件中对轴承的热变形情况进行分析计算。结果表明，轴承最高温升及径向最大热变形随主轴转速和偏心率的增大而迅速增大，随环境温度的升高而减小，而供油压力对轴承热变形影响不大，且轴承径向最大热变形值和轴承间隙为同一数量级，因此热变形在动静压轴承性能分析中不可忽略[97]。

通过以上有关国内外静压推力轴承研究的文献分析可知，静压推力轴承的发展日趋成熟，越来越趋向于重载、高速、大功率化，由最基础的实验研究和理论计算发展到如今的数值模拟仿真，由单一研究逐渐发展成综合性研究。在轴承润滑方面，研究大多偏向于数值模拟计算和实验分析结果。到目前为止，我国高速重型静压支承技术仍存在不足，如静压支承润滑性能较差、转速过低、旋转精度过低等，这些都会严重影响加工效率与主轴运行精度。静压推力轴承的承载能力与润滑油的温度场、压力场、速度场有着至关重要的联系，加强三者间的研究有利于找到高速重载下摩擦失效的原因。

1.5　本书的主要内容

本书包括绪论、静压推力轴承润滑理论及分类、高速重载静压推力轴承润滑理论、润滑性能数值计算方法、高速重载静压推力轴承结构效应、高速重载静压支承摩擦副变形计算、高速重载匹配关系及摩擦学失效、动静压润滑推力轴承工作原理及控制方程、高速重载静压推力轴承润滑性能实验共 9 章内容，分别从润滑技术发展趋势、静压轴承技术原理、静压推力轴承基本方程计算与推导、静压推力轴承分类、静压推力轴承润滑性能数值计算方法、速度特性、载荷特性、高速重载匹配关系及摩擦学失效、实验验证等方面进行讨论，注重介绍静压推力轴承润滑特性相关的理论知识及实验仿真方法。另外，书中总结了大量科技工作者的最新科研成果，为广大读者系统学习静压推力轴承的润滑特性提供帮助。

参 考 文 献

[1] Harris T A, Kotzalas M N. 滚动轴承分析[M]. 5 版. 罗继伟, 马伟, 等译. 北京: 机械工业出版社, 2009.

[2] 于晓东, 陆怀民, 郭秀荣, 等. 高速圆形可倾瓦推力轴承的润滑性能[J]. 农业机械学报, 2007, 38(2): 204-207.

[3] 于晓东, 陆怀民, 郭秀荣, 等. 扇形推力轴瓦润滑性能的数值分析[J]. 润滑与密封, 2007, 32(1): 123-125.

[4] 张艳芹, 邵俊鹏, 韩桂华, 等. 大尺寸扇形静压推力轴承润滑性能的数值分析[J]. 机床与液压, 2009, 37(1): 69-71.

[5] 刘赵淼, 金秋颖, 申峰, 等. 引入温-黏及压-黏关系式的油膜工作性能数值分析[C]. 中国计算力学大会, 2010: 69-73.

[6] 杨淑燕, 王海峰, 郭峰. 表面凹槽对流体动压润滑油膜厚度的影响[J]. 摩擦学学报, 2011, 31(3): 283-288.

[7] 刘明勇, 王焱清, 周明刚, 等. 重载和偏斜工况下恒定流量静压导轨静态性能研究[J]. 润滑与密封, 2015, 40(6): 1-7.

[8] 叶仪, 殷晨波, 贾文华, 等. 静压支承导轨密封边的油膜特性[J]. 中南大学学报(自然科学

版), 2015, 46(9): 3260-3266.

[9] 陈园, 刘桂萍, 林禄生. 计及润滑流体热效应的高速静压滑动轴承性能分析[J]. 机械强度, 2015, 37(6): 1076-1083.

[10] Sharma S C, Jain S C, Bharuka D K. Influence of recess shape on the performance of a capillary compensated circular thrust pad hydrostatic bearing[J]. Tribology International, 2002, 35(6): 347-356.

[11] Hemmi M, Hagiya K, Ichisawa K, et al. Calculation of thermal deformation of thrust-bearing pad considering convection by non-uniform oil flow[J]. Transactions of the Japan Society of Mechanical Engineers C, 2006, 72(723): 3649-3654.

[12] Severson B L, Ottino J M, Snurr R Q. Analysis of lubrication failure using molecular simulation[J]. Tribology Letters, 2006, 23(3): 253-260.

[13] Garg H C, Kumar V, Sharda H B. Performance of slot-entry hybrid journal bearings considering combined influences of thermal effects and non-Newtonian behavior of lubricant[J]. Tribology International, 2010, 43(8): 1518-1531.

[14] Horvat F E, Braun M J. The magnetohydrodynamic (MHD) effects on the performance of a hydrostatic thrust bearing with hybrid raleigh step[C]. STLE/ASME International Joint Tribology Conference, 2010: 161-162.

[15] 张艳芹, 邵俊鹏, 倪世钱. 大尺寸静压轴承温度场数值模拟[J]. 中国机械工程, 2008, 19(5): 563-565.

[16] 周建芳. 流气耦合状态下动静压轴承油膜温度场分析[D]. 洛阳: 河南科技大学硕士学位论文, 2012.

[17] 郝胜强, 张新宇, 吴士海, 等. 球磨机静压轴承油膜温度场数值模拟与分析[J]. 辽宁科技大学学报, 2012, 35(2): 130-132.

[18] 邱志新. 高速重载静压推力轴承润滑性能预测研究[D]. 哈尔滨: 哈尔滨理工大学硕士学位论文, 2013.

[19] 于晓东, 周启慧, 王志强, 等. 高速重载静压推力轴承温度场速度特性[J]. 哈尔滨理工大学学报, 2014, 19(1): 1-4.

[20] 衡凤琴, 黄智, 陈学尚, 等. 数控立车静压转台油膜温度场仿真分析及优化[J]. 机械科学与技术, 2015, 34(11): 1733-1737.

[21] 程左. 基于 APDL 的圆形可倾瓦推力轴承润滑性能研究[D]. 哈尔滨: 哈尔滨理工大学硕士学位论文, 2016.

[22] 于晓东, 吴晓刚, 隋甲龙, 等. 静压支承摩擦副温度场模拟与实验[J]. 推进技术, 2016, 37(10): 1946-1951.

[23] 邵俊鹏, 张艳芹, 李鹏程. 基于 Fluent 的静压轴承椭圆腔和扇形腔静止状态流场仿真[J]. 润滑与密封, 2007, 32(1): 93-95.

[24] 于晓东, 邱志新, 李欢欢, 等. 扇形腔多油垫静压推力轴承润滑性能速度特性[J]. 热能动力工程, 2013, 28(3): 296-300, 328.

[25] 王志强. 高速动静压混合润滑推力轴承性能研究[D]. 哈尔滨: 哈尔滨理工大学硕士学位论文, 2015.

[26] 陈源. 静压轴承试验级设计及其性能分析优化[D]. 武汉: 华中科技大学硕士学位论文, 2015.

[27] 陈瑶. 润滑油物性对静压支承油膜性能影响研究[D]. 哈尔滨: 哈尔滨理工大学硕士学位论文, 2015.

[28] 张君安, 张立新, 方宗德. 空气静压推力轴承压力分布实验台研制[J]. 西安工业大学学报, 2006, 26(4): 349-351.

[29] 李红梅. 变黏度重型静压轴承支承特性研究[D]. 哈尔滨: 哈尔滨理工大学硕士学位论文, 2010.

[30] 唐军, 黄筱调, 张金. 大重型静压支承静态性能及油膜流体仿真[J]. 辽宁工程技术大学学报, 2011, 30(3): 426-429.

[31] Yu X D, Meng X L, Li H H, et al. Pressure field of multi-pad annular recess hydrostatic thrust bearing[J]. Journal of Donghua University (English Edition), 2013, 30(3): 254-257.

[32] 刘豪杰. 基于 Fluent 的动静压轴承特性分析及实验研究[D]. 郑州: 郑州大学硕士学位论文, 2014.

[33] 范立国. 静压轴承热力耦合变形及油膜模型研究[D]. 哈尔滨: 哈尔滨理工大学硕士学位论文, 2015.

[34] 刘基博, 刘浪飞. 球磨机开式静压轴承的液压参数计算和油腔结构优化探讨[J]. 矿山机械, 2000, 4(4): 33-36.

[35] Grabovskii V I. Optimum clearance of a gas hydrostatic thrust bearing with maximum load capacity[J]. Fluid Dynamics, 2000, 35(4): 68-78.

[36] Johnson R E, Manring N D. Sensitivity studies for the shallow-pocket geometry of a hydrostatic thrust bearing[J]. American Society of Mechanical Engineers, 2003: 231-238.

[37] Arafa H A, Osman T A. Hydrostatic bearings with multiport viscous pumps[J]. Engineering Tribology, 2003, 21(4): 333-342.

[38] Guo L. Different geometric configurations research of high speed hybrid bearings[J]. Journal of Hunan University of Arts and Science (Natural Science Edition), 2003, 15(3): 40-43.

[39] Crabtree A B, Johnson R E. Pressure measurements for translating hydrostatic thrust bearings[J]. International Journal of Fluid Power, 2005, 3(6): 19-24.

[40] Johnson R E, Manring N D. Translating circular thrust bearings[J]. Journal of Fluid Mechanics, 2005, 530: 197-212.

[41] 车建明. 静压向心轴承的结构创新设计[J]. 润滑与密封, 2005, 102(3): 102-104.

[42] 刘涛, 王益群, 王海芳. 冷轧 AGC 静-动压轴承油膜厚度的分析与补偿[J]. 机床与液压, 2005, 8(4): 62-65.

[43] Canbulut F. The experimental analyses of the effects of the geometric and working parameters on the circular hydrostatic thrust bearings[J]. Machine Elements and Manufacturing, 2006, 48(4): 715-722.

[44] Chen X D, He X M. The effect of the recess shape on performance analysis of the gas lubricated bearing in optical lithography[J]. Tribology International, 2006, (39): 1336-1341.

[45] Li Y T, Ding H. Influences of the geometrical parameters of aerostatic thrust bearing with pocketed orifice-type restrictor on its performance[J]. Tribology International, 2007, (40): 1120-1126.

[46] Shao J P, Zhang Y Q, Yang X D. Temperature field simulation of heavy hydrostatic bearing based on Fluent[C]. The 5th China-Japan Conference on Mechatronics, 2008: 16-20.

[47] 张艳芹. 基于 FLUENT 的静压轴承流场及温度场研究[D]. 哈尔滨: 哈尔滨理工大学硕士学位论文, 2007.

[48] Brecher C, Baum C, Winterschladen M, et al. Simulation of dynamic effects on hydrostatic bearings and membrane restrictors[J]. Production Engineering, 2007, 1(4): 415-420.

[49] Yu X D, Zuo X, Liu C. Oil film shape prediction of hydrostatic thrust bearing under the condition of high speed and heavy load[J]. Industrial Lubrication and Tribology, 2018, 70(7): 1243-1250.

[50] Yu X D, Meng X L, Shao J P. Comparative study of the performance on a constant flow annular hydrostatic thrust bearing having multi-circular recess and sector recess[C]. The 9th International Conference on Electronic Measurement & Instruments, 2009: 1005-1010.

[51] 何胜帅, 孙险峰. 大型水平滑台的力学特性研究与结构优化[J]. 强度与环境, 2010, 37(2): 1-7.

[52] 郝大庆, 高奋武, 胡英贝. 一种精密测量用立柱气浮导轨的设计[J]. 轴承, 2010, (2): 41-430.

[53] 孙仲元, 黄筱调, 方成刚. 重型静压轴承流场与压力场仿真分析[J]. 机械设计与制造, 2010, (10): 203-204.

[54] 杨正凯, 赵德勇, 戚索漪. 双金属静压轴承在进口主轴上的应用[J]. 装备维修技术, 2011, (4): 26-30.

[55] 郐雪涛. CZ61250 重型卧式车床主轴滚动轴承改造设计与工艺[J]. 科技创新与应用, 2012, 11(30): 1.

[56] 徐林. M7120 型平面磨床主轴轴承静压改造[J]. 液压气动与密封, 2012, (4): 58-60.

[57] 孔中科, 陶继忠. 不同压力腔的气体静压轴承静特性的数值模拟[J]. 机械研究与应用, 2012, (5): 16-21.

[58] 许尚贤, 陈宝生. 液体静压、动静压滑动轴承的优化设计[J]. 机床与液压, 1986, (5): 1-9.

[59] 齐毓霖. 摩擦与磨损[M]. 北京: 高等教育出版社, 1986.

[60] 陈建敏. 磨损失效与摩擦学新材料的研究与发展[J]. 材料保护, 2014, 37(7B): 35-39.

[61] 陈燕生. 液体静压支承原理和设计[M]. 北京: 国防工业出版社, 1980.

[62] 庞志成. 液体气体静压技术[M]. 哈尔滨: 黑龙江人民出版社, 1981.

[63] 张直明. 滑动轴承的流体动力润滑理论[M]. 北京: 高等教育出版社, 1986.

[64] 陈伯贤. 流体润滑理论及其应用[M]. 北京: 机械工业出版社, 1991.

[65] 张栋. 机械失效的实用分析[M]. 北京: 国防工业出版社, 1997.

[66] 王慧, 胡元中. 薄膜润滑与纳米流变学研究的进展[J]. 清华大学学报(自然科学版), 1998, (10): 27-31.

[67] 雒建斌, 路新春, 温诗铸. 薄膜润滑研究的进展与问题[J]. 自然科学进展, 2000, 10(12): 1057-1065.

[68] 高亦平. 设备润滑技术的发展[J]. 机械工人: 冷加工, 2000, (5): 3-4.

[69] 薛群基, 吕晋军. 高温固体润滑研究的现状及发展趋势[J]. 摩擦学学报, 1999, (1): 91-96.

[70] 王大璞, 乌学东, 张信刚, 等. 绿色润滑油的发展概况[J]. 摩擦学学报, 1999, 19(2): 181-186.

[71] 刘维民, 薛群基. 摩擦学研究及发展趋势[J]. 中国机械工程, 2000, 11(2): 77-80.

[72] 颜志光, 杨正宇. 合成润滑剂[M]. 北京: 中国石化出版社, 1996.

[73] 欧忠文, 徐滨士, 丁培道, 等. 纳米润滑材料应用研究进展[J]. 材料导报, 2000, 14(8): 28-30.

[74] 王晓勇, 陈月珠. 纳米材料在润滑技术中的应用[J]. 化工进展, 2001, 20(2): 27-30.

[75] 韩广玲. 机械润滑技术的研究进展及发展趋势[J]. 科技资讯, 2015, (15):91.

[76] 黄平, 雒建斌. 止推轴承流体动压润滑失效分析[J]. 机械工程学报, 2000, 36(1): 96-100.

[77] 苏荔, 刘成业. 旋转机械轴承摩擦磨损机理试验研究[C]. 全国青年摩擦学学术会议, 2009: 89-93, 83.

[78] 刘文浩. 波形曲面瓦流体动压推力滑动轴承的研制[D]. 长春: 长春理工大学硕士学位论文, 2013.

[79] 付旭. 机端工况下静压推力轴承动压效应研究[D]. 哈尔滨: 哈尔滨理工大学硕士学位论文, 2016.

[80] 朱希玲. 数值模拟在静压轴承系统中的应用[J]. 润滑与密封, 2006, (3): 136-137, 150.

[81] 王宝沛, 翟鹏, 秦磊, 等. 液体静压轴承动态特性的探讨[J]. 液压与气动, 2007, (8): 58-61.

[82] 杜巧连, 张克华. 动静压液体轴承油膜承载特性的数值分析[J]. 农业工程学报, 2008, 24(6): 137-140.

[83] 杨文勇. 空气静压支承电主轴动态性能流固耦合分析与实验研究[D]. 广州: 广东工业大学硕士学位论文, 2008.

[84] 冯素丽, 李志波, 宋连国, 等. 大型静压轴承工作状态的数值模拟[J]. 金属矿山, 2008, (7): 108-111.

[85] 刘德民, 刘小兵. 基于流固耦合的静压轴承密封性能分析[J]. 流体传动与控制, 2008, 29(4): 52-54.

[86] 韩桂华. 重型数控车床静压推力轴承油膜控制研究[D]. 哈尔滨: 哈尔滨理工大学博士学位论文, 2009.

[87] 蒙文, 易传云, 钟瑞龄, 等. 高速插齿机静压主轴实验设计[J]. 润滑与密封, 2010, 35(2): 87-89.

[88] 蒙文, 易传云, 钟瑞龄, 等. 高速插齿机主轴静压支承流体仿真分析[J]. 制造技术与机床, 2009, (8): 127-131.

[89] 于春建, 黄筱调. 大重型数控转台静压主轴承载及蜗轮蜗杆啮合侧隙优化[J]. 南京工业大学学报(自然科学版), 2011, 33(3): 74-77, 92.

[90] 张新宇, 陈忠基, 吴晓元, 等. 基于 APDL 的球磨机静压轴承油膜参数化有限元分析[J]. 矿山机械, 2010, 38(7): 66-69.

[91] 吴笛. 局部多孔质气体静压径向轴承的建模与仿真[J]. 轴承, 2010, (10): 31-36.

[92] 张学忱, 曹国华, 聂风明, 等. 光学非球面超精密磨削的微振动对成形精度影响研究[J]. 兵工学报, 2012, 33(9): 1066-1069.

[93] 汪圣飞. 径向推力联合气体静压轴承静动态性能分析[D]. 哈尔滨: 哈尔滨工业大学硕士学位论文, 2011.

[94] 李东奇, 姜新波. 热磨机主轴径向静压轴承实验台的设计[J]. 林产工业, 2012, 39(6): 14-17.

[95] 吴晓刚. 计及摩擦副变形的静压推力轴承润滑性能预测[D]. 哈尔滨: 哈尔滨理工大学硕士学位论文, 2017.

[96] 王建梅, 黄庆学, 丁光正. 轧机油膜轴承润滑理论研究进展[J]. 润滑与密封, 2012, 37(10): 112-116.

[97] 郭力, 李波, 章泽. 液体动静压轴承的温度场与热变形仿真分析[J]. 机械科学与技术, 2014, 33(4): 511-515.

第 2 章　静压推力轴承润滑理论及分类

2.1　润滑油的物理性质

2.1.1　密度

密度是润滑油最简单、最常用的物理性能指标。润滑油的密度随其组成中含碳、氧、硫的数量的增加而增大，因而在相同黏度或相对分子质量的情况下，含芳烃多、胶质和沥青质多的润滑油密度最大，含环烷烃多的居中，含烷烃多的最小。

密度是单位体积内所含有的质量，以 ρ 表示：

$$\rho = \frac{m}{V} \tag{2-1}$$

2.1.2　黏度

黏度是液体重要的指标之一，它直接影响静压支承的工作性能，是选择润滑油的主要指标。液体运动时，由于压强的存在而产生剪切内力，即液体的内摩擦力。其内部产生内摩擦力的这种性质，称为流体的黏性。

液体的黏度一般有三种表示方法：动力黏度 μ、运动黏度 ν 和相对黏度。动力黏度 μ 直接表达了内摩擦力的大小，也就是牛顿定律所包含的内容。运动黏度 ν 是动力黏度与同温度下的液体密度 ρ 的比值，其本身没什么意义，只是因为动力黏度 μ 与液体密度 ρ 的比值常在计算中出现，所以用 ν 来表示。动力黏度和运动黏度都比较难测量，因此工厂和实验室常采用测定相对黏度的方法。油温和油压对黏度都有影响，液压系统使用的矿物油对温度变化很敏感。温度和压力的变化使得液体分子间的相互吸引力改变，其黏度发生改变。温度升高时，分子间的吸引力减小，黏度降低；压力升高时，分子间的吸引力加大，黏度增加。

液压油的压力与黏度的关系可用下列经验公式验算[1]：

$$\nu_p = \nu_0(1 + 0.001\Delta p) \tag{2-2}$$

式中，ν_p 为压力为 p 时的运动黏度；ν_0 为一个大气压时的运动黏度；Δp 为压力差。

从式(2-2)可以看出，当压力在 4.9×10^6 Pa 以下时，压力引起的黏度变化可以忽略不计。高速重载静压推力轴承的压力数量级为 10^5 Pa，则压力引起的黏度变化忽略不计。

不同类型的油，其黏度随温度变化的规律也不相同。液压传动用油要求黏度变化尽可能小些。液压油的黏度-温度特性(μ-T)可以测定，得到的离散测量值经内插值法可以得出数学关系式或公式，这些公式在一定范围内给出了黏度与温度的连续关系。以型号 L-HL46 液压油为例，根据液压手册查表可得如表 2-1 所示的黏度和温度参数。

表 2-1　润滑油的黏度和温度参数

摄氏温度/℃	华氏温度/℉	热力学温度/K	运动黏度/(mm²/s)	动力黏度/(kg/(m·s))
10	50	283.15	150	0.1320
21.1	70	294.25	88	0.0770
32.2	90	305.35	50	0.0440
43.3	110	316.45	35	0.0310
54.4	130	327.55	24	0.0210
65.5	150	338.65	17	0.0150
76.6	170	349.75	13	0.0114
87.7	190	360.85	9.5	0.0084

将黏度和温度参数表(表 2-1)中的离散测量值通过内插值法得到了幂指函数关系：

$$y = a x^b \tag{2-3}$$

式中，$a = 3.5665 \times 10^{31}$；$b = -13.22838$。

式(2-3)中，y 表示温度为 T ℃时的流体动力黏度(Pa·s)，x 表示液压油的温度(K)，而 $T = T_0 + \Delta T$，T_0 为参考温度，ΔT 为液压油出口温升，即可得黏度-温度函数为

$$\mu = 3.5665 \times 10^{31}(T_0 + \Delta T)^{-13.22838} \tag{2-4}$$

根据幂指数函数关系式(2-4)，采用 B-spline 曲线拟合出实际黏度-温度曲线，用表 2-1 中的数据拟合出拟合黏度-温度曲线，得到的两条润滑油黏度-温度曲线如图 2-1 所示[2]。

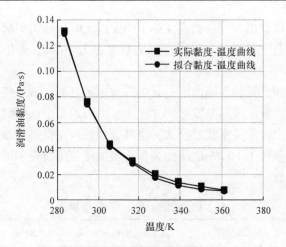

图 2-1　黏度-温度曲线

2.2　层流和紊流及其流态判定

润滑油在轴承间隙内的流动有层流和紊流两种状态(或有层流、超层流、过渡流和紊流)[3-5]。本书基于层流和紊流这种分类进行介绍。

2.2.1　层流

若用流线来表示流体质点在流体流动过程中的轨迹，那么层流状态就是流线既不相交也不交错的流动状态。在层流运动中，液体各质点都沿管道轴线方向平行移动，各层质点互不干扰，层流运动时只有沿管道的沿程损失，能量损耗较小。

实际使用的液体都是黏性液体，由于质点间剪切力的存在，其速度梯度都有一定的数值，而不可能是无穷大，所以速度分布曲面都是连续的。但当局部的速度梯度很大时，会开始出现紊流现象，液体密度越大，质点运动的惯性力越大，就容易产生漩涡，而动力黏度则恰好相反，动力黏度越大，则越能阻滞涡旋的产生。

层流只存在黏滞切应力。在简单的剪切流中，黏滞切应力 $\tau = \mu \dfrac{\mathrm{d}u}{\mathrm{d}y}$，式中 $\dfrac{\mathrm{d}u}{\mathrm{d}y}$ 为剪切变形速度，即速度沿垂直方向的变化率；μ 为动力黏度，是只和液体种类及温度有关的常数。层流中的摩擦阻力及沿程水头损失均与流速成正比，流速分布呈抛物线形。圆管层流和紊流流速分布如图 2-2 所示。

层流的条件是：若液体自空阔处流入管道，在流进管道后的瞬间，截面上各处的速度分布近似是均匀的。由于黏性的影响，在管壁及其邻近的液体质点之间有极强的剪切作用，所以靠近管壁的质点速度逐渐减小。因为液体是不可压缩的，所以接近管道中的质点速度逐渐增加。换言之，剪切作用是从管壁处开始的，起初只在离管壁极短的距离内可以察觉，再往管内深入时，靠近管壁的各层质点的速度由于剪切作用而逐渐滞缓下来，一直发展到整个管道。此时形成的速度分布呈抛物面形，即进入完全展开的流动。

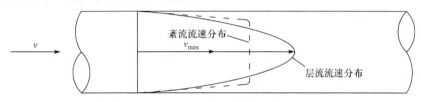

图 2-2　层流和紊流的流速分布比较

v-断面平均速度；v_{max}-断面最大速度

2.2.2　紊流

若用流线来表示流体质点在流体流动过程中的轨迹，则紊流状态就是流线相互交错或相交的流动状态，紊流又称湍流。在紊流运动时，液体各质点在向前运动的同时还有横向运动，各层质点互相混杂，其运动轨迹是紊乱的，故能量损失较大。液体运动呈随机性，即速度、压强等均随时间、空间做不规则的脉动，这是紊流的基本特征，如图 2-3 所示。

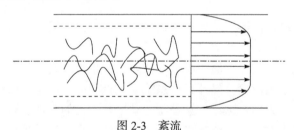

图 2-3　紊流

径向动静压滑动轴承被广泛应用于旋转机械设备中，它通过轴瓦与轴颈之间的压力油楔来承受轴的自重及径向载荷，轴承性能的优劣直接影响整个机械系统的性能。机械设备的大型化和高速化以及极端工作条件使许多径向动静压滑动轴承工作在超层流润滑状态。对本书研究的深浅腔阶梯轴承来说，油膜流态更加复杂，除了完全层流和完全紊流之外，还有一个由层流向紊流转变的过渡状态。

雷诺(Reynolds)曾经把紊流称为一种蜿蜒曲折、起伏不定的流动，泰勒(Taylor)和卡门(Karman)定义紊流是常在流体流过固体表面或者相同流体的分层流动中出现的一种不规则的流动。因此，紊流流态的特点是流态质点做无序、不规则的运动，各个质点的运动轨迹随着时间交叉混乱地变化，但所有质点都有其主运动方向。黏性流体的层流流动与紊流流动的运动规律很不相同，实验证明在相同几何参数和运行参数的紊流工况下运转的轴承与在层流工况下运行的轴承相比，功率消耗大，轴承温升高，润滑油流量减少，偏心也发生改变，从而影响了轴承的静、动特性和稳定性。

2.2.3 层流和紊流流态判定

研究流动流体状态的实验最早是由雷诺教授在 1883 年进行的，发现流体流动属于哪种状态与流速有关。在以后的研究进一步发现，黏性流体流动状态还与黏度有关。在轴承间隙内，流体流动的状态还与间隙和轴承径向尺寸有关。

在轴承间隙内，流体的流动状态属于层流和紊流，是由泰勒判据来判断的：

$$\frac{h_0 v}{\nu} \geqslant 4.11 \times 10^5 \sqrt{\frac{h_0}{R}} \tag{2-5}$$

式中，h_0 为轴承半径间隙(cm)；R 为轴承的公称半径(cm)；v 为轴颈表面的线速度(cm/s)；ν 为润滑油的运动黏度(cm^2/s)。

若式(2-5)成立，则认为流体的流动状态是紊流，否则就是层流。

2.3 牛 顿 定 律

牛顿定律是黏性流体力学中一条重要的定律，又称剪切应力定律。牛顿内摩擦定律是部分定常层流内摩擦力定量计算的公式。

考虑一种流体，它介于面积相等的两块大的平板之间，如图 2-4 所示，这两块平板处以一很小的距离分隔开，该系统原先处于静止状态。假设上面一块平板以恒定速度 v 在 x 方向上运动。紧贴于运动平板下方的一薄层流体也以同一速度运动。当 v 不太大时，板间流体将形成稳定层流。靠近运动平板的液体比远离平板的液体具有较大的速度，且离平板越远的薄层速度越小，固定平板处速度降为零。速度按某种曲线规律连续变化，这种速度沿距离 h 的变化称为速度分布。

设某一流层速度为 u，其相邻流层的速度为 $u + \mathrm{d}u$，$\mathrm{d}u$ 为其流速变化值，设流层间沿 y 轴距离差为 $\mathrm{d}y$，若两板间的距离很小，则两板间的流速变化无限接近线性，即可化为流速梯度 $\dfrac{\mathrm{d}u}{\mathrm{d}y}$。

设 F 为流体各层间的内摩擦力，流体间接触面积为 A。大量实验证明，流体的内摩擦力大小与流体性质有关，与流速梯度 $\dfrac{\mathrm{d}u}{\mathrm{d}y}$ 和接触面积 A 成正比。若将比例系数设为 μ，则各物理量关系满足

$$F = \mu A \frac{\mathrm{d}u}{\mathrm{d}y} \tag{2-6}$$

此理论为牛顿内摩擦定律。

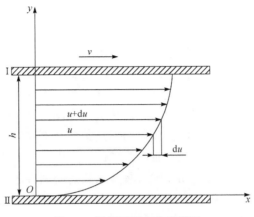

图 2-4   平行平板实验示意图

式(2-6)说明在流体流动过程中流体层间所产生的剪应力与法向速度梯度成正比，与压力无关。流体的这一规律与固体表面的摩擦力规律不同。

液体内摩擦力又称黏性力，将液体流动时呈现的这种性质称为黏性，度量黏性大小的物理量称为黏度。液体的黏性是组成液体分子的内聚力要阻止分子相对运动产生的内摩擦力，黏性是流体的固有属性，在静止流体或平衡流体中依然存在黏性。当流层间存在相对运动时，黏性表现为黏性切应力。这种内摩擦力只能使液体流动减慢，不能阻止，这是与固体摩擦力的不同之处。

最初牛顿定律是作为假设提出来的，经过许多研究发现，对大多数黏性较小的润滑油来说，这个假设都相当准确，于是就作为定律沿用下来。牛顿定律的数学表达式为

$$\tau = \mu \frac{\mathrm{d}u}{\mathrm{d}y} \tag{2-7}$$

式中，μ 为润滑油的动力黏度(Pa·s)；τ 为层与层之间的剪切应力；$\frac{\mathrm{d}u}{\mathrm{d}y}$ 为沿垂直于速度 v 方向的速度梯度。

式(2-7)表明处于层流状态的黏性流体，层与层之间的剪切应力与沿垂直于速度方向的速度梯度成正比。

因为式(2-7)是线性的，所以称符合式(2-7)关系的润滑油为线性润滑油或牛顿流体，不符合线性关系的润滑油(或其他流体)为非牛顿流体。

2.4　轴承结构形式及特点

1. 轴承的主要结构形式

轴承是机械设备中的重要零件。目前,轴承的主要结构形式如图 2-5 所示[6-10]。

图 2-5　轴承的主要结构
形式

图 2-5 中,滚动轴承和滑动轴承的原理都是一样的,采用滑动摩擦的形式,限定工件在径向的位置。滑动轴承需要润滑,动压轴承和静压轴承的润滑方式不同,即它们的油膜压力形成条件是不同的。动压轴承的油膜压力是依靠轴本身的旋转产生的,供油系统简单,设计良好的动压轴承具有很长的使用寿命。因此,很多旋转机器(如膨胀机、压缩机、泵、电动机、发电机等)均广泛采用各类动压轴承。

若要实现滚动摩擦,就必须在两个做相对运动的物体或支承表面之间安置滚动体,以使它们做纯滚动,也就是必须避免移动和滑动。在滑动摩擦的情况下,两运动体之间可以没有或有很少的润滑剂,也可以有足够的润滑剂,而润滑剂的多少决定了摩擦状态,因而也决定了摩擦系数和磨损量。

2. 摩擦状态

摩擦状态通常可以分为干摩擦、边界摩擦、混合摩擦和液体或气体摩擦(流体摩擦)。前两种摩擦状态实际上没有明确的界限,通常把它们概括在边界摩擦的概念中。在混合摩擦情况下,存在边界摩擦和液体摩擦两种摩擦状态。在液体摩擦状态下,轴承副两表面之间有一层连续的流体润滑膜,在这种摩擦状态下,摩擦系数很小。流体动压轴承在液体润滑或液体摩擦状态下运转,这时在轴承承载能力或载荷、轴和轴承的相对转速、轴承间隙和润滑剂黏度之间存在一定的关系。原则上可以这样说,载荷和轴承间隙越小而相对转速和黏度越大,则越易实现液体摩擦状态。

3. 流体润滑形式

根据摩擦面间油膜形成的原理,可把流体润滑分为流体动力润滑(利用摩擦面间的相对运动自动形成承载油膜的润滑)和流体静力润滑(从外部将加压的油送入摩擦面间,强迫形成承载油膜的润滑)。当两个曲面体做相对滚动或滚-滑运动时(如滚动轴承中的滚动体与套圈接触、一对齿轮的两个轮齿啮合等)，若条件合适，也能在接触处形成承载油膜。这时不但接触处的弹性变形和油膜厚度不容忽视，而且它们还彼此影响，互为因果，因此把这种润滑称为弹性流体动力润滑。

4. 液体静压轴承

液体静压技术在最近几十年流行于很多领域，已经成为经常见到和运用的一种传动和支承形式。特别是近年来我国经济建设迅速发展，对重型机械的需求量增多，精度和效率要求高的机床设备更多地运用了液体静压技术，对于机床和其他重型机械设备，支承和传动对提高设备的精度非常重要。例如，对于轴承的要求(特别是高精度、高效率的机床)，常常是支承刚度高、摩擦小、发热少、传动效率和精度高、精度保持性好、转速变化对轴承的刚度影响不大及抗振性能好。

一般情况下，机械中的支承为一相对运动副，并承受一定载荷。静压滑动支承是运用液压泵作为流体压力来源，将流体在一定压力下压入摩擦表面之间，通过流体将两运动副分开，该支承打破传统，以流体静压力来承受载荷。流体在运动副之间，润滑油膜的形成和运动副的相对速度没有关系，因此静压支承的工作速度范围非常大，能承受的载荷范围也很大，并能无磨损地工作，是一种非常理想的支承方式。油膜隔开了静压支承的两运动副，大大减小了运动副表面加工误差带来的影响，因此静压支承拥有比较高的运动精度。

采用静力润滑的滑动轴承称为静压轴承。静力润滑与动力润滑原理不同，静压轴承由外部的润滑油泵提供压力油来形成压力油膜，以承受载荷。虽然许多动压轴承亦用润滑油泵供给压力油，但其性质是不同的，最明显的是供油压力不同，静压轴承的供油压力比动压轴承高得多。

静压轴承的主要特点是在完全静止的状态下，也能建立起承载油膜，能保证在启动阶段摩擦副两表面没有直接接触，这在动压轴承上是绝对不可能的。因此，启动采用静压轴承的转子时，必须先启动静压润滑系统。静压轴承在运转中，由于摩擦副有相对运动，所以可能产生动压效应，轴承成为动静压混合轴承。

5. 液体静压轴承的结构形式

液体静压轴承的结构形式如图 2-6 所示。

6. 液体静压轴承的特点

液体静压轴承主要具有如下特点[11-14]。

(1) 工作速度范围很宽。对于静压轴承，相对速度对油膜刚度影响非常小，所以不影响液体润滑和承载。不管工件从低速到高速运动还是反向或正向转动，

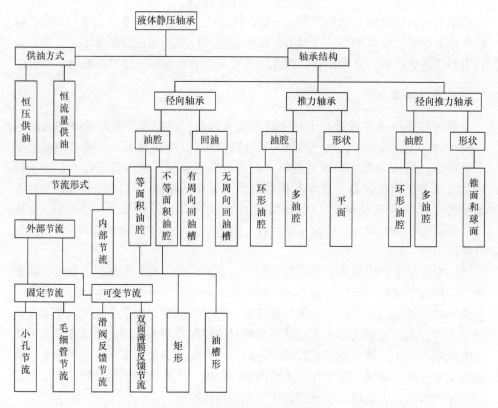

图 2-6　液体静压轴承的结构形式

支承均能获得良好的承载性能。在低速下，静压导轨不爬行，如果运用到机床上，可与高刚性滚动导轨相媲美。由于高速磨削技术的快速发展，静压轴承作为其不可缺少的部件，得到了很大的推广。

（2）运动精度高。运动副之间形成的压力油膜对误差有一定的"均化"作用，能够使被加工零件的精度进一步提高，大大超过运动副本身的精度，因此静压轴承在机床中的使用逐渐增多。

（3）抗振性能好。由于润滑油层具有很好的吸振能力，静压支承的油腔内正好形成润滑油膜，所以工件能够非常平稳地转动，加工精度进一步提高。

（4）工作寿命长。只要供油装置工作可靠，运动副之间有油膜隔开，其磨损就非常小，能长期保持较高的精度。

（5）适应性好。影响静压支承承载能力的主要因素有封油边大小、液压泵供油量以及油腔腔型结构和相关尺寸，合理地确定这三个因素，能够满足工作要求的承载能力。通过改变油膜厚度的大小来控制支承的工作状态，可使机械系统工作在最优状况下。

2.5　径向静压轴承

2.5.1　结构及工作原理

　　径向静压轴承按结构形式不同可分为无周向回油槽静压轴承和有周向回油槽静压轴承两种，如图 2-7 和图 2-8 所示。无周向回油槽静压轴承与有周向回油槽静压轴承相比，两油腔之间没有静压回油槽，从油源输出的具有一定压力的润滑油，经过节流器(固定节流或可变节流)后，分别流进所对应的静压油腔。空载时，主轴和轴承之间各处的间隙相同，各油腔压力和周向封油面上的压力相等，油腔内的润滑油只从轴向封油边流向轴承两端，与有周向回油槽静压轴承相比，其流量较少。根据理论分析和实践证明，无周向回油槽静压轴承各油腔内的油液相互流动，与有周向回油槽静压轴承相比，轴承的静刚度小[15-19]。

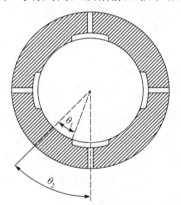

图 2-7　无周向回油槽静压轴承

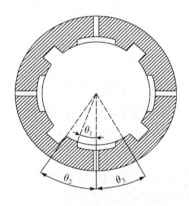

图 2-8　有周向回油槽静压轴承

　　径向静压轴承实质上是一个包围着轴颈、具有静压油垫的圆环，如图 2-9 所示。当处于突加载荷时，它的作用与一双对向平面油垫相似，其供油系统如图 2-10 所示。通常各油垫尺寸相同，并均匀地分布于轴颈四周，因为它们具有使转轴保持在轴承中心的趋势。

　　在相邻两油腔之间的封油边上开有轴向沟槽的径向轴承，其与对向平面油垫的相似性尤其明显，因为在此情况下，一个油腔的压力不会受相邻油腔液流的直接影响。但是，除非经常小心维持沟槽充满油液，否则在高速时由于轴颈在轴向封油面上对油膜的剪切作用，存在空气被扯进油腔的危险，这将会对瞬变

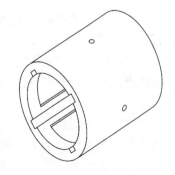

图 2-9　径向静压轴承

载荷或交变载荷失去刚性。如果不要求最大可能的刚性，则开设轴向沟槽以隔开相邻的油腔就显得无关紧要。

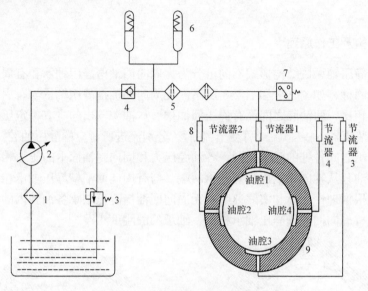

图 2-10　径向静压轴承的供油系统

1-粗滤油器；2-变量泵；3-溢流阀；4-单向阀；5-精滤油器；6-蓄能器；7-压力继电器；8-节流器；9-油腔

在两相邻油腔之间仅有一个封油边的径向轴承，亦有一些优点，在这种情况下，油液可周向地流过轴向封油面从一个油腔直接流进其两侧的油腔。从一个油腔到相邻油腔的周向液流，是由相邻油腔间的压力差所引起的，亦受到转动着的轴颈表面对油膜的剪切作用的影响。各油腔压力之间的相互作用是径向静压轴承工作原理较对向平面油垫支承更加复杂的因素之一。

使径向轴承复杂化的另一因素是轴颈在轴承内偏离其几何中心时，轴颈与轴承封油面之间的径向间隙沿圆周而变化，即封油面下的间隙在所有各点均不相同。

超过某一速率时(此速率随轴承的设计而不同)，轴承的刚性将主要被动压作用而不是静压作用所左右，即被油膜的尖劈作用所左右。此时，油膜被轴颈表面拉进径向间隙变得狭窄的区域。如果静压作用占优势，则受载轴颈的偏移与外载荷的方向相同；若动压作用占优势，则轴颈偏移的方向将顺着轴颈的转动方向相对于载荷力线转过一个角度。在高速轻载或很高速率任何载荷时，偏移的方向与载荷方向之间的角度可达 90°之多。从这方面来看，高速时的性能与任何速率下的边界润滑径向轴承十分接近。

各种类型的进流节流器均可用于径向静压轴承，但在平面对向油垫中应用自调节流器需要有所限制，轴承相对两侧的两个油垫不应采用各自独立的自调节流器来控制其压力。最近提出了一种将可变节流器用于径向轴承的新方法，按此方法，每一油腔进流节流阻力实际上就是设在主油腔正对面的一个小油腔的外流阻力。每一小油腔成为一个节流器，引进具有供油压力的流体。在压力的作用下，流体流过封油面，通过轴颈与封油面之间的间隙，被收集于沟槽并经过通道引入位于其对面的主油腔。当某一主油腔中的轴颈按缩小间隙的方向偏移时，节流器封油面上的间隙增大，反之亦然。因此，当主油腔的阻力增大时，其相应的节流器的阻力减小，反之亦然。于是对于同样的轴颈偏移量，油腔压力的变化较用固定节流器的大，轴承刚性得到提高[20-22]。

具有单列油腔的径向静压轴承，对于减小轴颈与轴承的两中心轴线的不平行度无能为力。事实上，这样的轴承可被认为与球面自位轴承相似，但其自由角度仅限于一个很小的范围，此范围的大小取决于轴颈与轴承之间的间隙。因此，当减小轴颈与轴承不平行度时，通常必须设置在轴向长度上有一定距离的两个轴承。由于径向静压轴承的轴向长度大于其他形式的轴承，为了获得同样的刚性，一般必须在一个轴承内安置两列油腔。径向静压轴承具有能够容忍轴颈方向失准而不会遭到损害的这种能力，因此不必要求极高的加工及装配精度以获得两个轴承的高度调准。

2.5.2　径向静压轴承的特点及应用

一般来说，径向静压轴承的投资高于其他类型轴承，因为它需要供以压力为50～3000lbf(1lbf=4.45N)的流体。可靠性是工作性能中的一项特性，径向静压轴承的可靠性高于其他类型的轴承，可抵消前项缺点。径向静压轴承的可靠性可以说是液泵的可靠性，若流体供给压力得以维持，以及节流器并未堵塞，则静压轴承的工作性能绝不会逐步退化。在大多数情况下，节流器及轴承中的工作间隙较其他类型大好几倍，大多不需要较好的滤油系统。在许多情况下，有可能减免添置一个额外液泵及滤油所需的投资，而利用机器中其他液压及润滑系统的油泵为轴承供油。

2.6　静压推力轴承

2.6.1　结构及工作原理

静压推力轴承的工作原理如图 2-11 所示。静压推力轴承具有一套专用的供油装置，会将具有一定压力的润滑油输入静压腔内，形成具有一定压力的润滑油膜，承受外加载荷，在一定载荷与转速下，主轴表面与静压导轨表面被润滑油膜完全隔开，使轴承处于全液体摩擦状态。

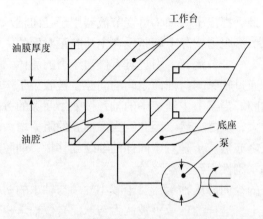

图 2-11 静压推力轴承的工作原理

本书以重型立式数控车床静压推力轴承为研究对象，其结构如图 2-12 所示。该轴承为开式多油垫恒流静压支承结构，回油槽隔开 12 个油腔，相邻油腔间不会出现窜油现象，各油腔的压力不会受到相邻油腔压力的直接影响，形成 12 个彼此独立的支承。油腔由多点齿轮分油器供油，油腔为全空油腔[23-26]。

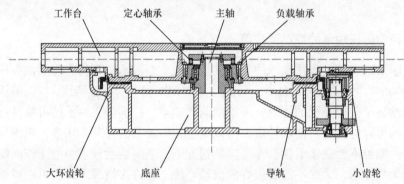

图 2-12 重型立式数控车床静压推力轴承的结构

2.6.2 静压推力轴承的特点

1. 静压推力轴承的优点

静压推力轴承的优点主要如下。

(1) 摩擦阻力小。由于使用纯液体润滑，主轴和轴承接触表面之间的摩擦阻力小，这是由具有一定压力的润滑油层黏性引起的。润滑油的黏性阻力，远远小于干摩擦和半干摩擦以及滚动摩擦的阻力。摩擦阻力小，在中低转速条件下由摩擦阻力造成的功率消耗就小，传动效率就高。

(2) 使用寿命长。主轴和轴承的接触表面由一层油膜隔开而不直接接触。这样，无论是长期正常运转或频繁地启动、停止，接触表面都不会发生磨损，故能长期保持精度。由于接触表面不发生磨损，对轴承的材料要求较低。

(3) 转速范围广。在各种相对运动速度下(包括速度为零)都有较大的承载能力，相对运动速度的变化对油膜刚度影响小。主轴在低速和高速条件下正反方向转动，均能获得良好性能。

(4) 抗振性能好。轴承油腔内润滑油层的阻尼系数较高，有良好的吸振性能，使主轴运转平稳。

(5) 主轴回转精度高。油膜具有平均误差作用，能减少主轴和轴承本身造成的误差影响。

(6) 适应性好。

2. 静压推力轴承的缺点

静压推力轴承也存在一些缺点，主要如下。

(1) 需要一套可靠的供油装置，增大了机床和机械设备的空间与质量，初期成本较高。

(2) 与滚动轴承相比，静压推力轴承的维护保养成本较高。

(3) 虽然静压推力轴承的适应性好，可以有多种变化，但是实现标准化的难度较大，目前静压推力轴承还未有成熟的标准。

(4) 静压推力轴承的高速性能和做成电主轴的技术还有待进一步研究和完善，因此静压、动静压轴承在 12000r/min 的电主轴单元中使用不多。

总体而言，静压推力轴承的优点较多，能满足高精度、高效率的要求以及大型机床和许多精密仪器、机械设备的需要，越来越得到人们的重视和使用[27-30]。

2.6.3　油腔的选择

适当选择油腔、封油面的结构尺寸和供油压力等参数，能使轴承的承载能力达到所要求的数值。合理选择节流形式、油膜厚度、供油压力和节流比等参数，能使轴承的油膜刚度很大，设计合理的静压主轴单元，其油膜刚度一般都大于主轴的抗弯曲刚度。利用油膜厚度的大小和油腔压力的高低来控制工作状态，使之在最合理的条件下工作。静压推力轴承能够满足轻载到重载、小型到大型、低速到中高速各类机床和机械设备的要求。

目前，静压推力轴承油腔形状有矩形、扇形、椭圆形、工字形、环形和十字形等[31-38]，如图 2-13～图 2-18 所示。

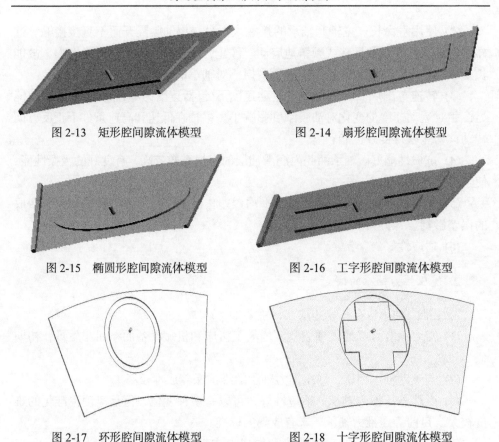

图 2-13　矩形腔间隙流体模型　　　　　图 2-14　扇形腔间隙流体模型

图 2-15　椭圆形腔间隙流体模型　　　　图 2-16　工字形腔间隙流体模型

图 2-17　环形腔间隙流体模型　　　　　图 2-18　十字形腔间隙流体模型

　　同时油腔个数也对液体静压轴承的性能有着重要的影响。油腔个数越多,动压效应(平均效应)就越好,但静刚度越小;油腔的个数越少,动压效应就越差。经实践证明,4~6 个油腔的静压轴承腔具有平均效应好、油膜刚度高的特点[39-41]。

2.6.4　垫式和腔式静压推力轴承

　　垫式静压推力轴承是油腔之间用回油槽分开的静压推力轴承。腔式静压推力轴承是油腔之间无回油槽的静压推力轴承。液体静压轴承系统由支承、补偿元件和供油系统组成。静压轴承中各个独立的承载部分称为油垫;每个油垫又由油腔(或油室)、封油面(或封油边)和进油孔组成。油垫表面形状随被支承件的支承面的几何形状而定,例如,对于止推轴承中的平面轴端或轴肩,油垫表面是平面的;对于向心(径向)轴承中的圆柱面轴颈,油垫表面为圆柱面;对于向心止推圆锥轴承,油垫表面为圆锥面;对于球轴承,油垫表面为球面。此外,一个轴承中的油垫数目要依据具体的性能要求和结构条件而定,例如,向心轴承大多具有四个油垫,但也有三个或六个油垫的情形;止推轴承有的只有一个油垫,有的有多个油垫。

当支承的各个油腔之间没有回油槽相隔时，高压油腔中的油就会流到低压油腔中，引起内流现象，这种支承称为单垫多腔支承。但在一定条件下，也可以把每个油腔看成一个独立的承载部分，油腔间无回油槽分开的轴承称为腔式静压推力轴承，具体结构如图 2-19 所示。

图 2-19　腔式静压推力轴承结构

这样，无论油腔之间是否有回油槽相隔，都可把每个独立承载部分——油垫和油腔，统称为支承单元。

腔式静压推力轴承具有连续环形油腔的推力轴承，与具有中央圆形凹穴的轴承一样，不能承受绕垂直于旋转轴线的力矩。这是因为在这类轴承的圆周方向上，不可能存在任何哪怕是不大的压力梯度。但在实际应用中，在轴承承受轴向推力的主要任务之外，有时还被要求承受倾覆力矩，即绕垂直于主轴旋转轴线的力矩。

2.7　液体静压导轨的分类

液体静压导轨按承受载荷不同，在结构形式上可分为开式液体静压导轨和闭式液体静压导轨[42-45]。

2.7.1　开式液体静压导轨

开式液体静压导轨是指依靠运动件自重及外载荷来保持运动件不与床身分离的导轨，属于力封闭形式，即只承受单向载荷。开式液体静压导轨往往只在导轨的一个方向上开有油腔，只能水平或倾斜一个较小的角度放置。开式液体静压导轨的基本分类如图 2-20 所示。

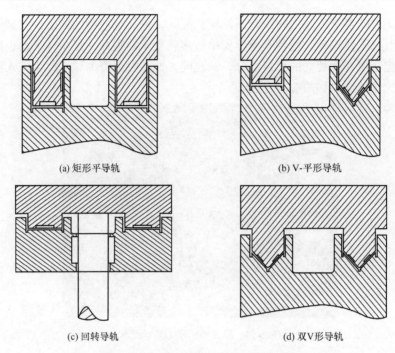

(a) 矩形平导轨　　　　　　　　　　(b) V-平形导轨

(c) 回转导轨　　　　　　　　　　(d) 双V形导轨

图 2-20　开式液体静压导轨的基本分类

开式液体静压导轨的特点如下。

(1) 承受正向载荷能力大。

(2) 承受偏载荷及倾覆力矩的能力较差，不能承受反向力。

(3) 结构简单，制造调整容易。

开式液体静压导轨主要应用于载荷分布均匀、偏载小、倾覆力矩小的水平放置或仅有较小倾角的场合。

2.7.2　闭式液体静压导轨

闭式液体静压导轨是指能够防止工作台与床身分离的导轨。这种导轨不仅能够承受各个方向的载荷，而且具有承受很大倾覆力矩的能力。在上、下或左、右各个方向上，闭式液体静压导轨都开有对置油腔。闭式液体静压导轨的基本分类如图 2-21 所示[46-51]。

闭式液体静压导轨的特点如下。

(1) 能够承受正、反方向的载荷，油膜刚度高。

(2) 承受偏载及倾覆力矩的能力较强。

(3) 加工制造及油膜调整较为复杂。

(4) 导轨本身的结构刚度要求较高，尤其副导轨的结构刚度要求较高。

(5) 一般采用不等面积的油腔结构。

闭式液体静压导轨主要应用于载荷分布不均匀、偏载大以及有正、反方向载荷或立式导轨等的场合。

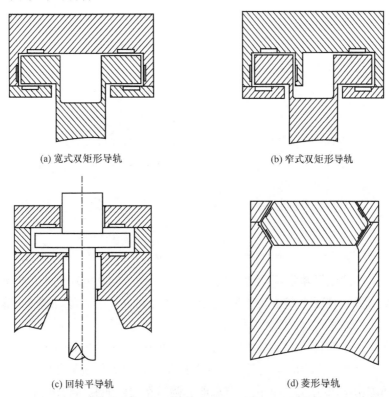

(a) 宽式双矩形导轨　　　　　　　　　　　　(b) 窄式双矩形导轨

(c) 回转平导轨　　　　　　　　　　　　(d) 菱形导轨

图 2-21　闭式液体静压导轨的基本分类

2.8　液体静压导轨的供油系统

按供油方式的不同，液体静压导轨的供油系统又可分为定压供油系统和定量供油系统两大类。开式液体静压导轨有多个油垫，每个油垫的供油方式和工作原理都相同，下面以单油垫供油原理来说明供油系统的工作原理[52-60]。

2.8.1　开式液体静压导轨的供油系统

1. 定压供油系统

定压供油系统是用一个输出压力基本保持不变的油泵，同时向导轨所有油腔供油的系统。开式液体静压导轨的定压供油系统主要由电动机、变量泵、溢流阀、滤油器、节流器及油箱等设备组成，如图 2-22 所示。油泵的供油压力依靠溢流阀来调节以保持恒定，各油腔的进油孔前必须设有液阻器，一般称为节流器。节流器具有压力调节作用，是压力补偿元件。

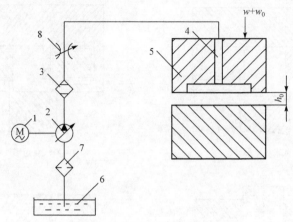

图 2-22　开式液体静压导轨定压供油系统原理图
1-电动机；2-变量泵；3-精滤油器；4-进油孔；5-工作台；6-油箱；7-粗滤油器；8-节流器

开式液体静压导轨定压供油系统的工作流程为：启动电动机 1，电动机 1 带动变量泵 2 开始供油，变量泵 2 将油从油箱 6 中抽出，经粗滤油器 7、精滤油器 3、节流器 8 和进油孔 4 进入导轨油腔。

空载时在工作台 5 自重 w_0 作用下，导轨间隙为 h_0，相应的导轨油腔压力为 p_0；当工作台上作用载荷 w 之后，工作台沿载荷方向下移 e(又称导轨油膜偏移)，使导轨间隙由 h_0 变小为 h_1，由于节流器的调压作用，油腔压力由 p_0 升至 p_1，以支承外载荷 w，从而使工作台处于新的平衡状态。

2. 定量供油系统

定量供油系统是指在工作中向导轨上各个油腔始终供应流量恒定的压力油的系统。每一个油腔需要连接一个定量泵，或者共用一个定量泵，再通过定量分油器分别向各个油腔供应流量恒定的压力油。定量供油开式液体静压导轨主要包括两部分：液体静压导轨本体和供给压力油的液压供油装置。

定量供油开式液体静压导轨的单油垫供油原理如图 2-23 所示[61-75]。

2.8.2　闭式液体静压导轨的供油系统

1. 定压供油系统

闭式液体静压导轨的定压供油系统与开式液体静压导轨的定压供油系统完全

相同，对油腔的承载原理参照开式液体静压导轨定量供油系统的原理分析，这里不再赘述。

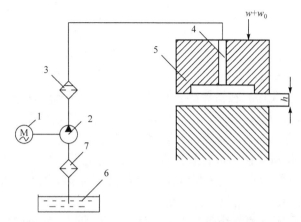

图 2-23　定量供油开式液体静压导轨单油垫供油原理图
1-电动机；2-定量泵；3-精滤油器；4-进油孔；5-工作台；6-油箱；7-粗滤油器

2. 定量供油系统

闭式液体静压导轨的定量供油系统原理如图 2-24 所示。

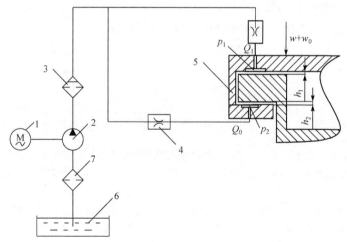

图 2-24　定量供油闭式液体静压导轨供油原理图
1-电动机；2-定量泵；3-精滤油器；4-定量阀；5-工作台；6-油箱；7-粗滤油器

2.8.3　液体静压导轨供油系统选取

液体静压导轨的定压供油系统和定量供油系统的性能存在较大差异，具体如下。

(1) 当采用定压供油系统时，油泵供油压力比油腔压力高，通过节流器产生压力降，从而产生热量；要维持供油压力，溢流阀一定要有溢流，这部分溢流既消耗功率，又产生热量，最终导致油温升高，而油温升高会使机床产生热变形，机床精度降低，甚至使静压导轨不能正常工作。当采用定量供油系统时，该供油方式没有压力降，即使是多头泵供油也没有溢流，故温升小。

(2) 当采用定压供油系统时，外界尘埃、运转中剥离下的金属、油中析出的杂质、油腔中一些残存的脏物等都会使油污染，造成节流器堵塞；节流器一旦堵塞，油腔失去压力而破坏静压；机床越大，循环所需油量越多。当采用定量供油系统时，由于没有节流器，也就没有因堵塞而使油腔失去压力的危险。因此，定量供油系统的工作可靠性比带有节流器(阻尼器)的定压供油系统要高。

(3) 就油膜刚度而言，定量供油系统比有反馈的定压供油系统要差一些，但比有固定节流器的定压供油系统要高得多。

(4) 当采用定压供油系统时，由于工件质量不均匀，基础件刚度有限，卡紧力会引起局部变形，这将导致基础件加工精度、粗糙度和安装调试的稳定性均难以达到要求；由此，导轨上各个油腔压力不可能均匀，若某个油腔达到(或接近)油泵压力，静压就无法建立。当采用定量供油系统时，可以不装溢流阀，只要有足够的流量，就能使导轨之间脱离接触，形成纯液体摩擦，此时系统具有压力储备大和过载能力强的特点。

(5) 定量供油系统的维护比定压供油系统相对方便。

从以上分析可以看出，定量供油系统与定压供油系统相比具有工作可靠、发热量小及支承油膜刚度稳定等优点，因此本书介绍的闭式液体静压导轨选用定量供油系统。

参 考 文 献

[1] 钟洪, 张冠坤. 液体静压动静压轴承设计使用手册[M]. 北京: 电子工业出版社, 2007.

[2] 付旭. 极端工况下静压推力轴承动压效应研究[D]. 哈尔滨: 哈尔滨理工大学硕士学位论文, 2016.

[3] 广州机床研究所. 液体静压技术原理及应用[M]. 北京: 机械工业出版社, 1978.

[4] 斯坦斯菲尔德 F M. 静压支承在机床上的应用[M]. 险峰机床厂, 译. 北京: 机械工业出版社, 1978.

[5] 黄平, 陈扬枝. 止推轴流体动压润滑失效分析[J]. 机械工程学报, 2000, 36(1): 96-100.

[6] 于晓东. 重型静压推力轴承力学性能及油膜态数值模拟研究[D]. 哈尔滨: 东北林业大学硕士学位论文, 2007.

[7] 隋甲龙. 自适应油垫可倾式静压推力轴承摩擦学行为研究[D]. 哈尔滨: 哈尔滨理工大学硕士学位论文, 2017.

[8] 王志强. 高速动静压混合润滑推力轴承性能研究[D]. 哈尔滨: 哈尔滨理工大学硕士学位论

文, 2015.

[9] 向洪君. 大尺度静压支承环隙油膜润滑性能研究[D]. 哈尔滨: 哈尔滨理工大学硕士学位论文, 2012.

[10] 刘丹. 高速重载静压支承动静压合理匹配关系研究[D]. 哈尔滨: 哈尔滨理工大学硕士学位论文, 2016.

[11] 谭力. 高速重载静压推力轴承摩擦失效预测[D]. 哈尔滨: 哈尔滨理工大学硕士学位论文, 2014.

[12] 孙丹丹. 双矩形腔静压支承润滑性能优化研究[D]. 哈尔滨: 哈尔滨理工大学硕士学位论文, 2017.

[13] 邱志新. 高速重载静压推力轴承润滑性能预测研究[D]. 哈尔滨: 哈尔滨理工大学硕士学位论文, 2013.

[14] 李欢欢. 静压推力轴承高速重载效应研究[D]. 哈尔滨: 哈尔滨理工大学硕士学位论文, 2014.

[15] 吴晓刚. 计及摩擦副变形的静压推力轴承润滑性能预测[D]. 哈尔滨: 哈尔滨理工大学硕士学位论文, 2017.

[16] 高春丽. 高速重载静压推力轴承油垫结构效应研究[D]. 哈尔滨: 哈尔滨理工大学硕士学位论文, 2013.

[17] 周启慧. 超重型卧式镗车床静压中心架润滑性能研究[D]. 哈尔滨: 哈尔滨理工大学硕士学位论文, 2015.

[18] 李东奇, 姜新波. 热磨机主轴径向静压轴承实验台的设计[J]. 林产工业, 2012, 39(6): 14-17.

[19] 王俊峰. 四油垫静压中心架静态性能有限元分析[J]. 机械工程师, 2011, (8): 84-85.

[20] 江桂云, 王勇勤, 严兴春, 等. 毛细管节流的油膜轴承结构参数设计分析[J]. 重庆大学学报, 2009, 32(4): 420-424.

[21] 朱有洪, 刘建亭, 杨建玺, 等. 液体静压轴承薄膜节流新结构的设计分析[J]. 轴承, 2008, (3): 27-30.

[22] 王宝沛, 翟鹏, 秦磊, 等. 液体静压轴承动态特性的探讨[J]. 液压与气动, 2007, (8): 58-61.

[23] 谢沛霖, 陈列, 段向阳. 一种典型的静压轴承动态特性分析[J]. 中国机械工程, 2005, 16(19): 1712-1715.

[24] 唐健. 不同节流方式静压轴承承载性能研究[J]. 机床与液压, 2010, 38(12): 77-80.

[25] 徐建宁, 屈文涛, 赵宁. 止推滑动轴承的温度场和热变形分析[J]. 润滑与密封, 2006, (8): 119-121.

[26] 冯素丽, 李志波, 宋连国, 等. 大型静压轴承工作状态的数值模拟[J]. 金属矿山, 2008, (7): 108-111.

[27] 杜军. 数控车床静压系统的研究[D]. 哈尔滨: 哈尔滨理工大学硕士学位论文, 2012.

[28] 贾文涛. 数控立式磨车的研制[D]. 哈尔滨: 哈尔滨理工大学硕士学位论文, 2011.

[29] 耿振坤. 静压导轨实验研究[D]. 哈尔滨: 哈尔滨理工大学硕士学位论文, 2008.

[30] 张艳芹. 基于 FLUENT 的静压轴承流场及温度场研究[D]. 哈尔滨: 哈尔滨理工大学硕士学位论文, 2007.

[31] 于晓东, 谭力, 李欢欢, 等. 一种静压推力轴承的可倾式油垫[P]: 中国, ZL201320304505.8. 2013.10.30.

[32] 于晓东, 付旭, 刘丹, 等. 一种扇形腔静压推力轴承的可倾式油垫[P]: 中国, ZL201520161793.5. 2015.8.26.

[33] 于晓东, 隋甲龙, 吴晓刚, 等. 一种三角形腔静压推力轴承油垫[P]: 中国, ZL201521031705.6. 2015.12.14.

[34] 于晓东, 付旭, 刘丹, 等. 一种圆形腔静压推力轴承的可倾式油垫[P]: 中国, ZL20152070075.4. 2015.3.25.

[35] 于晓东, 付旭, 刘丹, 等. 一种工字形腔静压推力轴承可倾式油垫[P]: 中国, ZL201520670256.3. 2015.9.1.

[36] 于晓东, 孙丹丹, 吴晓刚, 等. 一种王字形腔静压推力轴承可倾式油垫[P]: 中国, ZL201521017288.X. 2016.7.6.

[37] 于晓东, 辛黎明, 侯志敏, 等. 一种X形腔静压推力轴承的可倾式油垫[P]: 中国, ZL201621308823.1. 2016.12.1.

[38] 于晓东, 周启慧, 王志强, 等. 一种浅油腔静压中心架垫式托瓦[P]: 中国, ZL201320776242.0. 2014.4.30.

[39] Shao J P, Zhang Y Q, Yang X D. Temperature field simulation of heavy hydrostatic bearing based on FLUENT[C]. The 5th China-Japan Conference on Mechatronics, 2008: 16-20.

[40] Coombs J A, Dowson D. An experimental investigation of the effects of lubricant inertia in a hydrostatic thrust bearing[C]. Proceedings of the 3rd Lubrication and Wear Convention, 1964: 96-108.

[41] Yu X D, Meng X L, Shao J P. Comparative study of the performance on a constant flow annular hydrostatic thrust bearing having multi-circular recess and sector recess[C]. The 9th International Conference on Electronic Measurement & Instruments, 2009: 1005-1010.

[42] Chen X D, He X M. The effect of the recess shape on performance analysis of the gas lubricated bearing in optical lithography[J]. Tribology International, 2006, (39): 1336-1341.

[43] Arafa H A, Osman T A. Hydrostatic bearings with multiport viscous pumps[J]. Engineering Tribology, 2003, 21(4): 333-342.

[44] Canbulut F. The experimental analyses of the effects of the geometric and working parameters on the circular hydrostatic thrust bearings[J]. Machine Elements and Manufacturing, 2006, 48(4): 715-722.

[45] Liu H P, Xu H, Ellison P J, et al. Application of computational fluid dynamics and fluid-structure interaction method to the lubrication study of a rotor-bearing system[J]. Tribology Letters, 2010, 38(3): 325-336.

[46] Novikov E A, Shitikov I A, Maksimov V A. Calculation of the characteristics of a hydrostatic ring thrust bearing for refrigeration compressors[J]. Chemical and Petroleum Engineering, 2004, 40(3-4): 222-228.

[47] Kim S, Choi J. Lubrication characteristics analysis of journal bearing through numerical modeling considering bending effect[C]. The 6th Asian Conference on Multibody Dynamies, 2012: 26-30.

[48] Wang C Y. Off-centered stagnation flow towards a rotating disc[J]. International Journal of Engineering Science, 2008, 46(4): 391-396.

[49] Torii S, Yang W J. Thermal-fluid transport phenomena between twin rotating parallel disks[J]. International Journal of Rotating Machinery, 2008, (78): 755-763.

[50] Nelias D, Antaluca E, Boucly V. Rolling of an elastic ellipsoid upon an elastic-plastic flat[J]. Tribology International, 2007, 129(4): 791-800.

[51] Turkyilmazoglu M. Exact solutions corresponding to the viscous incompressible and conducting fluid flow due to a porous rotating disk[J]. Journal of Heat Transfer, 2009, 131(9): 7.

[52] Shevchuk I V. Turbulent heat and mass transfer over a rotating disk for the Prandtl or Schmidt numbers much larger than unity: An integral method[J]. Heat and Mass Transfer, 2009, 45(10): 1313-1321.

[53] Kim S K, Cho J W. Thermal characteristic analysis of a high-precision centerless grinding machine for machining ferrules[J]. International Journal of Precision Engineering and Manufacturing, 2007, 8(1): 32-39.

[54] Martin J K. Measured stiffness and displacement coefficients of a stationary rotor hydrostatic bearing[J]. Tribology International, 2004, (37): 809-816.

[55] Wang X, Yamaguchi A. Characteristics of hydrostatic bearing/seal parts for water hydraulic pumps and motors Part 2: On eccentric loading and power losses[J]. Tribology International, 2002, (35): 435-442.

[56] Stansfield F M. The design of hydrostatic journal bearings[C]. Proceedings of the 8th International Machine Tool Design and Research Conference, 1967: 419-445.

[57] Meruane V, Pascual R. Identification of nonlinear dynamic coefficients in plain journal bearing[J]. Tribology International, 2008, 41(8): 743-754.

[58] Chen C H, Kang Y, Chang Y P. Influences of recess depth on the stability of the Jeffcott rotor supported by hybrid bearings with orifice restrictors[J]. Industrial Lubrication and Tribology, 2005, 57(1): 41-51.

[59] Lewis P, Wilson M, Lock G, et al. Physical interpretation of flow and heat transfer in preswirl systems[J]. Journal of Engineering for Gas Turbines and Power, 2007, 129(3): 769-777.

[60] 杜巧连, 张克华. 动静压液体轴承油膜承载特性的数值分析[J]. 农业工程学报, 2008, 24(6): 137-140.

[61] Yu X D, Geng L, Zheng X J, et al. Matching the relationship between rotational speed and load-carrying capacity on high-speed and heavy-load hydrostatic thrust bearing[J]. Industrial Lubrication and Tribology, 2018, 70(1): 8-14.

[62] 于晓东, 耿磊, 郑小军, 等. 恒流环形腔多油垫静压推力轴承油膜刚度特性[J]. 哈尔滨工程大学学报, 2017, 38(12): 1951-1956.

[63] 于晓东, 吴晓刚, 隋甲龙, 等. 静压支承摩擦副温度场模拟与实验[J]. 推进技术, 2016, 37(10): 1946-1951.

[64] 于晓东, 孙丹丹, 吴晓刚, 等. 环形腔多油垫静压推力轴承膜厚高速重载特性[J]. 推进技术, 2016, 37(7): 1350-1355.

[65] 于晓东, 刘丹, 吴晓刚, 等. 静压支承工作台主变速箱振动测试诊断[J]. 哈尔滨理工大学学报, 2016, 21(2): 66-70.

[66] 于晓东, 潘泽, 何宇, 等. 重型静压推力轴承间隙油膜流态的数值模拟[J]. 哈尔滨理工大学学报, 2015, 20(6): 42-46.

[67] Yu X D, Sui J L, Meng X L, et al. Influence of oil seal edge on lubrication characteristics of circular recess fluid film bearing[J]. Journal of Computational and Theoretical Nanoscience, 2015, 12(12): 5839-5845.

[68] Yu X D, Sun D D, Meng X L, et al. Velocity characteristic on oil film thickness of multi-pad hydrostatic thrust bearing with circular recess[J]. Journal of Computational and Theoretical Nanoscience, 2015, 12(10): 3155-3161.

[69] Yu X D, Fu X, Meng X L, et al. Experimental and numerical study on the temperature performance of high-speed circular hydrostatic thrust bearing[J]. Journal of Computational and Theoretical Nanoscience, 2015, 12(8): 1540-1545.

[70] 于晓东, 付旭, 刘丹, 等. 环形腔多油垫静压推力轴承热变形[J]. 吉林大学学报(工学版), 2015, 45(2): 460-465.

[71] Yu X D, Zhou Q H, Meng X L, et al. Influence research of cavity shapes on temperature field of multi-pad hydrostatic thrust bearing[J]. International Journal of Control and Automation, 2014, 7(4): 329-336.

[72] Yu X D, Wang Z Q, Meng X L, et al. Research on dynamic pressure of hydrostatic thrust bearing under the different recess depth and rotating velocity[J]. International Journal of Control and Automation, 2014, 7(2): 439-446.

[73] 于晓东, 周启慧, 王志强, 等. 高速重载静压推力轴承温度场速度特性[J]. 哈尔滨理工大学学报, 2014, 19(1): 1-4.

[74] 于晓东, 高春丽, 邱志新, 等. 高速重载静压推力轴承润滑性能研究[J]. 中国机械工程, 2013, 24(23): 3230-3234.

[75] Yu X D, Tan L, Meng X L, et al. Influence of rotational speed on oil film temperature of multi-sector recess hydrostatic thrust bearing[J]. Journal of the Chinese Society of Mechanical Engineers, 2013, 34(5): 507-514.

第3章　高速重载静压推力轴承润滑理论

3.1　静压推力轴承工作原理

　　液体静压轴承及动静压轴承属于全液体摩擦轴承，具有效率高、油膜刚度大、支承精确度高、抗振动及使用寿命长等特点，因此在机械制造和仪器制造等领域得到快速的发展和应用，特别是在机床制造业中，其应用效果更为突出。近年来，国内外已将液体静压轴承及动静压轴承应用于动力机械、军事装备、航天设施及核工业中[1-15]。

　　利用一套特有的供油装置，将带有一定静压力的液压油输送到静压推力轴承的油腔中，随着液压油的不断供给，油腔的静压力逐渐增大，液压油将形成具有一定静压力的润滑油膜，此时轴承主轴在力的作用下被抬起而能够承受一定的载荷，在每一固定载荷与转速下轴承主轴表面与轴承表面被液压油膜完全分开，此时静压推力轴承处于流体润滑状态。

　　静压推力轴承的工作原理如图 3-1 所示，油液以泵 1 向油腔内供油，随着液压油的不断供给，工作台 3 被抬起，液压油沿油腔四周的封油边流出。静压推力轴承的特点是：工作台依靠油膜产生的静压力浮起，工作台与底座被油膜完全隔开，摩擦阻力相对较小，因此有很高的承载能力；液压油膜的支承强度较高，减振性较好，故加工精度较高，使用寿命长。

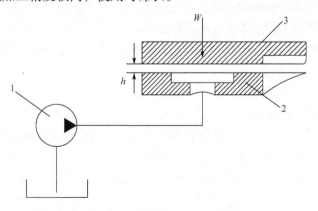

图 3-1　静压推力轴承的工作原理图

1-泵；2-底座；3-工作台；W-外载荷；h-油膜厚度

3.2　高速重载静压推力轴承润滑性能

3.2.1　静压推力轴承润滑机理

　　流体动力润滑现象是由美国的 Tower 于 1883 年在研究铁路车辆轮轴滑动轴承时偶然发现的。英国的雷诺应用流体动力学理论对轴承间隙中流体的流动进行了分析,在 1886 年推导出了楔形间隙中液膜压力的微分方程,即著名的雷诺方程,从而奠定了流体动力润滑的理论基础[16]。

　　液体润滑是利用摩擦表面的几何形状和相对运动,借助黏性流体的动力学作用,使润滑剂进入两摩擦表面之间,以形成动压润滑膜。处于流体充分润滑状态下的滑动轴承,摩擦面被一层厚的润滑膜隔开,不发生固相接触,摩擦仅发生在流体内部,故液体润滑具有极小的摩擦系数[17,18]。

　　应用流体力学和润滑理论方法研究黏性润滑膜的压力分布、支承力和摩擦阻力,目的是减小机器零件运转时的摩擦阻力和提高润滑膜的承载能力,最终达到加大转速、提高加工精度和提高加工效率的目标。

　　目前,润滑理论已经比较成熟,特别是对油类润滑的全周径向滑动轴承的设计计算已经比较系统、完整,但对于大尺度恒流多油垫开式静压支承盘轴承的力学性能和油膜态的研究尚属空白。要弄清大尺度恒流多油垫开式静压支承盘轴承的润滑性能,不仅要分析其润滑摩擦副的特点,还必须对轴承的流体润滑机理进行深入的研究和分析[19-22]。为了便于方程的推导,雷诺提出了如下假设:

　　(1) 流体黏度符合牛顿黏性公式;

　　(2) 润滑油膜中流体的运动是层流;

　　(3) 略去体积力如重力、电磁力等的影响;

　　(4) 润滑油膜厚度与摩擦表面轮廓尺寸相比甚小,可以认为润滑油膜压力和黏度沿膜厚方向是不变的;

　　(5) 略去流体惯性力;

　　(6) 流体和摩擦表面接触处没有滑移;

　　(7) 摩擦表面的曲率半径比油膜厚度大得多,可将摩擦表面视为平面。

　　方程推导的基本思路是,根据微元体平衡条件,求出流体沿膜厚度方向的流速分布;沿润滑油膜厚度方向进行积分,求得流量;应用流量连续条件导出雷诺方程。

　　液体静压轴承的润滑机理是依靠外部供油系统,供给具有一定流量的压力油而建立压力油膜,承受外加载荷,并保持主轴在预定载荷和任意转速下都与轴承处于完全液体摩擦状态。但影响大尺度恒流多油垫开式静压支承盘轴承的润滑性能的因素相当复杂，因而研究大尺度恒流多油垫开式静压支承盘轴承的润滑机理就要先从力学性能和油膜态的角度来进行分析。

工程上常用的圆导轨静压推力轴承分为扇形腔圆导轨静压推力轴承和圆形腔圆导轨静压推力轴承，它们分别又包括两种形式，即无回油槽和有回油槽。油腔间无回油槽的多腔圆导轨静压推力轴承，在受载时因油腔间有内流而降低了轴承抗倾覆力矩的能力；油腔间有回油槽的多油垫圆导轨静压推力轴承，其回油槽除了能阻止内流外，还能使油腔中的油经此槽顺利地排出。后者的刚度和抗倾覆力矩的能力虽然较高，但若回油槽的尺寸过大而不能经常充满油液，则在高速下可能有空气由此进入轴承，使其动刚度大大降低。本书就目前工程实际采用的定量供油有回油槽圆导轨静压推力轴承为研究对象，分别推导了扇形腔和圆形腔定量供油有回油槽导轨静压推力轴承的流量、油膜、承载能力、刚度、摩擦力和摩擦功率等润滑性能控制方程[23-33]。

3.2.2　平行平板间流量

将平行平板水平放置，在两平行平板之间的中线上取直角坐标系的原点。设 X 轴与平行平板平行，并与流速方向一致；Y 轴垂直于平行平板，如图 3-2 所示。设液体只沿 X 轴方向流动。

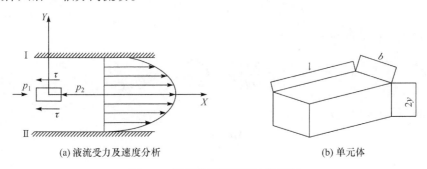

(a) 液流受力及速度分析　　　　　　　　(b) 单元体

图 3-2　固定平板间流量计算简图

在液体中取一长 l、宽 b 和高 $2y$ 的微体，左右两端分别作用有静压力 p_1 和 p_2，上下表面作用着内摩擦力 τ，由于 $p_1 > p_2$，所以需 τ 与 p_2 同向才能达到力的平衡，取 $\sum X = 0$，即

$$p_1 \cdot 2y \cdot b - p_2 \cdot 2y \cdot b - 2\tau \cdot l \cdot b = 0$$

$$\tau = \frac{p_1 - p_2}{l} y = \frac{\Delta p}{l} y \tag{3-1}$$

如果流过长度 l 时，流速 u 只是两平行平板之间法向距离坐标 y 的函数，那么

$\dfrac{\partial u}{\partial n} = \dfrac{\mathrm{d}u}{\mathrm{d}y}$，可推导出

$$\tau = -\mu \dfrac{\mathrm{d}u}{\mathrm{d}y} \tag{3-2}$$

式中，μ 为动力黏度。

将式(3-2)代入式(3-1)，可写为

$$\mathrm{d}u = -\dfrac{\Delta p}{\mu l} y \mathrm{d}y$$

两边积分，可得

$$u = -\dfrac{\Delta p}{2\mu l} y^2 + C$$

引进边界条件，当 $y = \pm \dfrac{h}{2}$ 时，$u = 0$，代入上式，则积分常数为

$$C = \dfrac{\Delta p h^2}{8\mu l}$$

因此，有

$$u = -\dfrac{\Delta p}{2\mu l}\left(y^2 - \dfrac{h^2}{4} \right) \tag{3-3}$$

流过平行平板间的流量为

$$Q = 2\int_0^{\frac{h}{2}} \dfrac{\Delta p}{2\mu l}\left(y^2 - \dfrac{h^2}{4} \right) b\mathrm{d}y = \dfrac{bh^3 \Delta p}{12\mu l} \tag{3-4}$$

将式(3-4)改写为

$$\dfrac{\Delta p}{l} = \dfrac{12\mu}{bh^3} Q \tag{3-5}$$

式中，$\Delta p/l$ 为沿平行平板流动方向单位长度的压差，该压差是线性的。

如果要求得在沿平行平板流动方向任意位移 x 处的压力 p 值，则可将式(3-5)改写为

$$\dfrac{p_1 - p}{x} = \dfrac{12\mu}{bh^3} Q$$

将式(3-4)代入上式，得到平行平板间沿流动方向的压力分布规律(图 3-3)为

$$p = p_1 - \dfrac{x}{l}(p_1 - p_2) \tag{3-6}$$

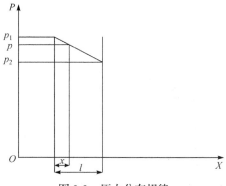

图 3-3　压力分布规律

3.2.3　相对运动平行平板间流量

如果两平行平板间有等速相对运动，由于液体的剪切作用，运动平板也带着液体流动，此时 $\Delta p = 0$。两固定平板间因压差而使液体流动，速度分布如图 3-4 所示，此时 $\Delta p \neq 0$，液体在两平行平板间总的流动是图 3-4(a)、(b)的叠加。

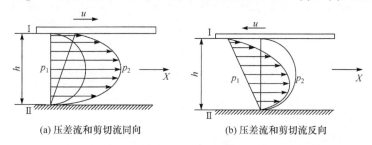

(a) 压差流和剪切流同向　　　　　(b) 压差流和剪切流反向

图 3-4　速度分布图

当 $\Delta p = 0$ 时各层流速呈直线分布，如取 z 方向宽度为 b，则流过截面积 $A = hb$ 的流量为

$$Q_1 = \frac{1}{2}uhb$$

流过平行平板间的总流量为

$$Q = \left(\frac{h^3 \Delta p}{12\mu l} \pm \frac{uh}{2} \right) b \tag{3-7}$$

3.2.4　圆台形平面间隙流量

一个空心圆台和一个平面形成圆台形平面间隙，如图 3-5 所示，液体沿圆台径向缝隙往外或往里流动。沿圆台的内、外圆半径分别为 r_1 和 r_2，如液体由内往外流，则缝隙两边的压差 $\Delta p = p_1 - p_2$。

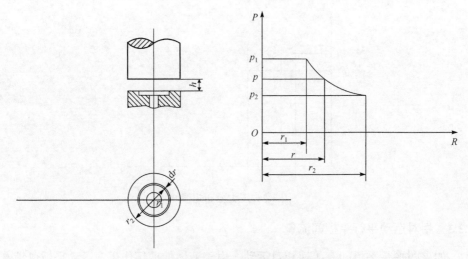

图 3-5 圆台形平面间隙流量计算简图

在任意半径 r 处取宽 dr 的圆环，展开后相当于宽度 $b = 2\pi r$ 的平行平板的缝隙，长度 $l = dr$，考虑到压力随半径的增大而减小，代入式(3-4)，推得

$$Q = -\frac{2\pi r h^3}{12\mu}\frac{dp}{dr}$$

可得

$$dp = -\frac{6\mu Q}{\pi h^3}\frac{dr}{r} \tag{3-8}$$

两边积分，可得

$$-\int_{p_1}^{p_2} dp = \int_{r_1}^{r_2}\frac{6\mu Q}{\pi h^3}\frac{dr}{r}$$

$$p_1 - p_2 = \Delta p = \frac{6\mu Q}{\pi h^3}\ln\frac{r_2}{r_1}$$

因此，有

$$Q = \frac{\pi h^3 (p_1 - p_2)}{6\mu \ln\frac{r_2}{r_1}} \tag{3-9}$$

若 $p_2 = 0$，可得

$$Q = \frac{\pi h^3 p_1}{6\mu \ln\frac{r_2}{r_1}} \tag{3-10}$$

根据式(3-8)，还可以求出压力 p 的分布规律。对式(3-8)两边积分，分别以 p

到 p_2 和 r 到 r_2 为限，可得

$$p - p_2 = \frac{6\mu Q}{\pi h^3} \ln \frac{r_2}{r}$$

(3-11)

将式(3-9)代入式(3-11)，即得

$$p = p_2 + (p_1 - p_2) \frac{\ln \dfrac{r_2}{r}}{\ln \dfrac{r_2}{r_1}}$$

(3-12)

若 $p_2 = 0$ ，则

$$p = p_1 \frac{\ln \dfrac{r_2}{r}}{\ln \dfrac{r_2}{r_1}}$$

(3-13)

如果液体在平行圆台形平面间隙中由外向内流动，可用同样方法推导出流量为

$$Q = \frac{\pi h^3 (p_2 - p_1)}{6\mu \ln \dfrac{r_2}{r_1}}$$

(3-14)

若 $p_1 = 0$ ，则

$$Q = \frac{\pi h^3 p_2}{6\mu \ln \dfrac{r_2}{r_1}}$$

(3-15)

压力分布规律为

$$p = p_1 + (p_2 - p_1) \frac{\ln \dfrac{r}{r_1}}{\ln \dfrac{r_2}{r_1}}$$

(3-16)

3.2.5 环形油腔平面油垫流量

图 3-6 是一个具有环形油腔的平面圆形腔油垫流量计算简图。依据式(3-9)和式(3-14)可以推导出其流量公式为

$$Q = \frac{\pi h^3 \Delta p}{6\mu \ln \dfrac{r_4}{r_3}} + \frac{\pi h^3 \Delta p}{6\mu \ln \dfrac{r_2}{r_1}} = \frac{\pi h^3 \ln \left(\dfrac{r_4 r_2}{r_3 r_1} \right)}{6\mu \ln \dfrac{r_4}{r_3} \ln \dfrac{r_2}{r_1}} \Delta p$$

(3-17)

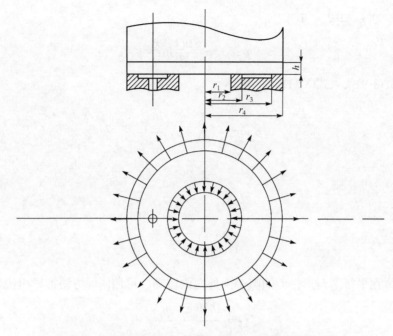

图 3-6 具有环形油腔的平面圆形腔油垫流量计算简图

图 3-7 为圆台形平面间隙在静压推力轴承中的应用。油液从中央进入油腔经过间隙外流，当被支承件以角速度 ω 转动时，油液质量的离心惯性力将引起油腔流量的变化。

在轴承间隙中取一油的质量单元体，分析其在半径方向的力平衡条件：

$$\mathrm{d}m\left(r+\frac{\mathrm{d}r}{2}\right)\left(\frac{y}{h}w\right)^2+\left(\tau+\frac{\partial\tau}{\partial y}\mathrm{d}y-\tau\right)\left(r+\frac{\mathrm{d}r}{2}\right)\mathrm{d}\varphi\mathrm{d}r+pr\mathrm{d}\varphi\mathrm{d}y$$

$$-\left(p+\frac{\mathrm{d}p}{\mathrm{d}r}\mathrm{d}r\right)(r+\mathrm{d}r)\mathrm{d}\varphi\mathrm{d}y=0$$

式中，$\mathrm{d}m$ 为油的单元体质量；τ 为液体摩擦的剪应力。

由于 $\mathrm{d}r\ll r$，上式可简化为

$$\rho_\mathrm{t}rw^2\frac{y^2}{h^2}-\frac{\mathrm{d}p}{\mathrm{d}r}+\frac{\partial\tau}{\partial y}=0$$

在间隙高度方向上的平均离心惯性力为

$$\rho_\mathrm{t}rw^2\left(\frac{y^2}{h^2}\right)_{平均}=\frac{1}{h}\int_0^h\rho_\mathrm{t}rw^2\left(\frac{y^2}{h^2}\right)\mathrm{d}y=\frac{1}{3}\rho_\mathrm{t}rw^2$$

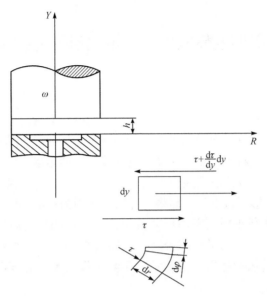

图 3-7　圆台形平面间隙在静压推力轴承中的应用

并假设在层流条件下有

$$\frac{\partial \tau}{\partial y} = y_t \frac{\partial^2 u_r}{\partial y^2}$$

式中，u_r 为单元体的径向分速度。

由流量连续条件，在某一间隙高度 y 处，流量 $2\pi r u_r$ 为常数。$\phi(y) = u_r$，

$\frac{\partial^2 u_r}{\partial y^2} = \frac{1}{r} \frac{\partial^2 \phi(y)}{\partial y^2}$，上式可以进一步化为

$$\frac{y_t}{r} \frac{\partial^2 \phi(y)}{\partial y^2} + \frac{1}{3} \rho_t r w^2 - \frac{dp}{dr} = 0$$

由边界条件 $y = 0$，h 时，$\phi(y) = 0$，解得

$$\phi(y) = \frac{1}{2} \left(\frac{r}{y_t} \frac{dp}{dr} - \frac{\rho_t r w^2}{3y_t} \right)(y - h)y$$

则因离心作用而甩出的流量为

$$Q(w) = 2\pi \int_0^k \frac{\rho_t r^2 w^2}{6y_t}(y - h)y \, dy = \frac{\pi h^3}{18 y_t} \rho_t r^2 w^2 \tag{3-18}$$

3.3 扇形腔静压推力轴承润滑性能控制方程

3.3.1 扇形腔模型

扇形腔形状如图 3-8 所示。以往对该模型的分析通常将该模型简化为两对矩形平行平板来进行计算，未考虑四个角处的流量，从而导致其各种性能参数的计算产生很大误差。从减小误差、提高理论计算精度的角度出发，本书作者依据计算流体动力学、润滑理论以及该模型的实际流动特点，将该模型简化为环形油腔平面油垫和两个矩形平行平板，即将内外出油边视为环形油腔平面油垫，将左右出油边视为矩形平行平板；考虑压差流、旋转速度和油流质量惯性力的影响，推导出该假设条件下的力学性能公式。经验证推导出的方程更符合重型大尺度扇形腔多油垫定量供油静压推力轴承的实际工作情况，对该模型提出的假设比较合理。

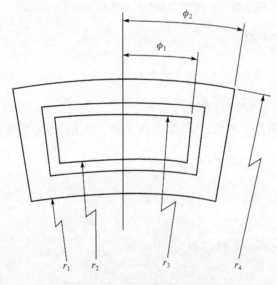

图 3-8 扇形腔形状

3.3.2 流量方程

根据式(3-4)和式(3-13)可以推导出以下方程。

矩形平行平板的流量方程为

$$Q_1 = \frac{(r_3 - r_2)h^3\Delta p}{6(r_4\phi_2 - r_4\phi_1)} + \frac{\pi}{20\mu}\rho h^3\omega^2\left(\frac{r_3 + r_2}{2}\right)^2 \tag{3-19}$$

环形油腔的流量方程为

$$Q_2 = \frac{\pi h^3 \ln\left(\dfrac{r_4 r_2}{r_3 r_1}\right)}{6\mu \ln\dfrac{r_4}{r_3} \ln\dfrac{r_2}{r_1}}\Delta p + \frac{\pi \rho h^3 \omega^2}{20\mu}\left[\left(\frac{r_1+r_2}{2}\right)^2 + \left(\frac{r_3+r_4}{2}\right)^2\right]$$

$$+ \frac{\omega h}{2}\left(\frac{r_4^2 - r_3^2}{2} + \frac{r_2^2 - r_1^2}{2}\right) \tag{3-20}$$

扇形腔单个油腔的流量方程为

$$Q = Q_1 + Q_2 \tag{3-21}$$

3.3.3　膜厚方程

封油边处油膜厚度方程为

$$h = h_0 - e_w \tag{3-22}$$

油腔区油膜厚度方程为

$$h = h_0 - e_w + h_z \tag{3-23}$$

式中，h_0 为设计油膜厚度；e_w 为在轴向载荷作用下工作台平移的距离；h_z 为油腔深度。

3.3.4　承载力方程

承载力方程为

$$W = \frac{3\mu Q\left\{\left[(r_1+r_4)\phi_2\right]^2 - \left[(r_2+r_3)\phi_1\right]^2\right\}\left[(r_4-r_1)^2 - (r_3-r_2)^2\right]}{2h^3\left\{\left[(r_1+r_4)\phi_2\right]^2 - \left[(r_2+r_3)\phi_1\right]^2\right\} + \left[(r_4-r_1)^2 - (r_3-r_1)^2\right]} \tag{3-24}$$

由式(3-24)可知，在定量供油系统中，导轨的承载力不仅与定量泵的流量及导轨的几何形状有关，而且与油的黏度有关。

3.3.5　刚度方程

油膜刚度是指油膜抵抗载荷变动的能力。当载荷有增减时，若油膜厚度变化很小，则油膜刚度就大。

将式(3-24)对油膜厚度进行微分推导出油膜刚度方程为

$$s = -\left(\frac{\partial W}{\partial h}\right) = \frac{3W}{h}$$

$$= \frac{9\mu Q\left\{\left[(r_1+r_4)\phi_2\right]^2 - \left[(r_2+r_3)\phi_1\right]^2\right\}\left[(r_4-r_1)^2 - (r_3-r_2)^2\right]}{2h^2\left\{\left[(r_1+r_4)\phi_2\right]^2 - \left[(r_2+r_3)\phi_1\right]^2\right\} + \frac{(r_4-r_1)^2 - (r_3-r_2)^2}{h}} \tag{3-25}$$

由式(3-25)可知，在定量供油的圆导轨静压推力轴承中，当外载和油膜厚度一定时，其油膜刚度是恒定的。

3.3.6 摩擦力方程

摩擦力方程如下：

$$F_f = \mu A_f \frac{u}{h} \tag{3-26}$$

式中，μ 为动力黏度；A_f 为封油边的面积；h 为油膜厚度；u 为滑动速度，即

$$u = \frac{\pi n r}{30}$$

$$r = \frac{r_1 + r_4}{2}$$

式中，n 为工作台转速。

3.3.7 摩擦功率方程

由前面的介绍推导出摩擦功率方程为

$$N_f = F_f u = \mu A_f \frac{4\pi^2 r^2 n^2}{3600h} = 10.7 \times 10^{-7} \frac{\mu n^2}{h}\left(\frac{r_1+r_4}{2}\right)^2 A_f \tag{3-27}$$

3.3.8 温升方程

计算润滑油进出口间温升时，根据能量守恒原理，假定油泵输入功率及摩擦功率消耗全部转化为热量，且全部被润滑油所吸收，则可得润滑油进出口间的最高温升为

$$\Delta T = T_o - T_i = \frac{N_p + N_f}{c\rho \sum Q_0} \tag{3-28}$$

式中，T_i 为油池温度；T_o 为间隙出油温度；c 为润滑油的比热容；ρ 为润滑油密度。

令 $C_v = \rho c$，式(3-28)稍加整理可得单个油垫上的温升为

$$\Delta T = \frac{1}{C_\upsilon}\frac{N_p + N_f}{Q_0} \tag{3-29}$$

需要指出的是，ΔT 是指从封油边流出的润滑油温度与油池润滑油温度的差值，而不是系统的绝对温升，后者取决于总功耗及散热条件。

从式(3-29)可以看出，油液的温升主要来自压差流和剪切流的联合作用，先分别求得这两者单独作用下的温升，然后将它们叠加，即可获得油液的总温升。

3.4　圆形腔静压推力轴承润滑性能控制方程

3.4.1　等面积当量半径概念

圆形腔结构如图 3-9 所示。由于瓦面的形状为扇形，而油腔的形状为圆形，对该形腔的力学性能参数进行计算十分困难，为了计算方便，本节根据该类型形腔的流动性质，提出了等面积当量半径的概念，将瓦面大扇形的面积用等面积的圆形表示，等面积圆的半径即当量半径。此时模型视为环形油腔平面油垫，考虑压差流、旋转速度和油流质量惯性力的影响，可推导出该假设情况条件下的润滑性能公式。经验证推导出的方程符合圆形腔多油垫定量供油静压推力轴承的实际工作情况，因此等面积当量半径简化了轴承润滑性能公式的推导过程。

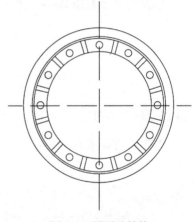

图 3-9　圆形腔结构

3.4.2　流量方程

依据流体力学和润滑理论推导圆形腔静压推力轴承流量方程：

$$Q = \frac{\Delta p h^3 (R-r)}{12\mu\pi(R+r)} + \frac{\omega(r_1 + r_4)(R-r)}{4} \tag{3-30}$$

式中，r 为圆形油腔半径；R 为等面积当量半径；r_1 为大扇形内径；r_4 为大扇形外径。

3.4.3　膜厚方程

封油边处的油膜厚度方程为

$$h = h_0 - e_w \tag{3-31}$$

油腔区的油膜厚度方程为

$$h = h_0 - e_w + h_z \tag{3-32}$$

式中，h_0 为设计油膜厚度；e_w 为在轴向载荷作用下工作台平移的距离；h_z 为油腔深度。

3.4.4　承载能力方程

承载能力方程为

$$W = \frac{6\mu Q}{\pi h^3} \ln \frac{R}{r} \frac{\pi \left(R^2 - r^2 \right)}{2 \ln \frac{R}{r}} \tag{3-33}$$

3.4.5　刚度方程

油膜刚度方程由式(3-24)推导如下：

$$s = -\left(\frac{\partial W}{\partial h} \right) = \frac{3W}{h} = \frac{\dfrac{6\mu Q}{\pi h^3} \ln \dfrac{R}{r} \dfrac{\pi \left(R^2 - r^2 \right)}{2 \ln \dfrac{R}{r}}}{h} \tag{3-34}$$

3.4.6　摩擦力方程

摩擦力方程表示如下：

$$F_f = \mu A_f \frac{u}{h} \tag{3-35}$$

式中，A_f 为封油边面积；u 为滑动速度；h 为油膜厚度；$u = \dfrac{\pi n \left(R + r \right)}{60}$，$n$ 为工作台转速。

3.4.7　摩擦功率方程

摩擦功率方程为

$$N_f = F_f u = \mu A_f \frac{4\pi^2 r^2 n^2}{3600 h} = 10.7 \times 10^{-7} \frac{\mu n^2}{h} \left(\frac{R + r}{2} \right)^2 A_f \tag{3-36}$$

3.4.8　温升方程

计算润滑油进出口间温升时，根据能量守恒原理，假定油泵输入功率及摩擦功率消耗全部转化为热量，且全部被润滑油吸收，则可得润滑油进出口间的最高温升为

$$\Delta T = \frac{1}{C_v} \frac{N_p + N_f}{Q_0}$$

3.5 环形腔静压推力轴承润滑性能控制方程

与动压润滑不同，静压润滑不需要依靠运动表面将流体带进楔形间隙，其工作原理及稳态性能通常以等间隙下的油腔轴承为模型来讨论。油泵开动后，油进入油腔，当腔中油压增大到足以顶起外载荷时，在封油边和被支承件表面之间形成油膜，此时承载面积增大，油腔压力有所降低，压差迫使腔中油液不断地经封油边间隙流回油箱。环形腔平面支承如图 3-10 所示。

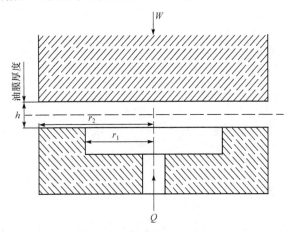

图 3-10 环形腔平面支承示意图

3.5.1 油腔的承载能力

可以推出，在 $p=p(r)$，油腔边界的压力 $p=p_r$，且油膜厚度 h 为常数的情况下，雷诺方程为

$$\frac{\mathrm{d}}{\mathrm{d}r}\left(r \frac{\mathrm{d}p}{\mathrm{d}r} \right) = 0 \tag{3-37}$$

按上述边界条件，两次积分的压力分布式为

$$p = p_r \frac{\ln \dfrac{r}{r_2}}{\ln \dfrac{r}{r_1}} \tag{3-38}$$

由此可计算承载能力为

$$W = \int_{p_r}^{0} \pi r^2 \mathrm{d}p = \frac{\pi p_r}{\ln \dfrac{r_1}{r_2}} \int_{r_1}^{r_2} r \mathrm{d}r = p_r \pi r_2^2 \frac{1 - \left(\dfrac{r_1}{r_2}\right)^2}{2\ln \dfrac{r_2}{r_1}} = p_r A_e \tag{3-39}$$

式中，$A_e = \pi r_2^2 \dfrac{1 - \left(\dfrac{r_1}{r_2}\right)^2}{2\ln \dfrac{r_2}{r_1}}$ 为有效承载面积。

3.5.2　油腔的流量

油腔的流量为

$$Q = \int_0^h 2\pi r u_r \mathrm{d}y = \frac{\pi}{6\ln \dfrac{r_2}{r_1}} \cdot \frac{h^3}{\mu} p_r = C_q \frac{h^3}{\mu} p_r = \frac{p_r}{R_h} \tag{3-40}$$

式中，$C_q = \dfrac{\pi}{6\ln \dfrac{r_2}{r_1}}$ 为流量系数；$R_h = \dfrac{6\mu \ln \dfrac{r_2}{r_1}}{\pi h^3}$ 为液阻。

3.5.3　油垫的总功耗

在供油压力恒定为 p_s 的情况下，使流量为 Q 的油经封油面间隙流出油垫时的功率——泵功率为

$$H_p = p_s Q = C_q \frac{h^3}{\mu} p_r p_s \tag{3-41}$$

油腔的深度比封油面间隙大得多，剪切功耗主要发生在封油面上，由剪切运动引起的摩擦运动功耗为

$$H_f = \int_{r_1}^{r_2} 2rw\tau \pi r \mathrm{d}r = \frac{\pi \mu w^2}{2h}(r_2^4 - r_1^4) = C_f \frac{\mu u_M^2 A}{h} \tag{3-42}$$

式中，$C_f = \dfrac{1 - \left(\dfrac{r_1}{r_2}\right)^4}{2}$ 为剪切功耗系数；$u_M = r_2 w$ 为边缘线速度。

油垫的总功耗为

$$H_T = H_p + H_f = C_q \frac{h^3}{\mu} p_r p_s + C_f \frac{\mu u_M^2 A}{h} \tag{3-43}$$

3.5.4 油液的温升

计算油液温升时，需要假设全部功耗所转化的热量都用于升高油温，则腔中油液流出封油面时的温升为

$$\Delta T = \frac{H_T}{c\rho Q} = \frac{1}{c\rho}\left(p_s + \frac{C_f}{C_q}\frac{\mu^2 u_M^2 A}{p_r h^4} \right) = \frac{p_s}{c\rho}(1 + K_H) \tag{3-44}$$

式中，c 为液压油的比热容；$K_H = H_f / H_p$。

3.6 数控车床静压导轨设计实例

本节针对某机床厂 4m 立式车床工作台静压导轨进行研究，在控制阀和泵体上进行设计优化，使它可以消除磨损、减小摩擦和获得以前从未达到的精确度，从而使车床能够更好地工作。液体静压导轨优越的吸振能力能够增强切削的功能和延长刀具的使用寿命，并显著改善车削圆度和表面粗糙度，因此选择液体静压导轨无疑是车床导轨的最佳方案[34-68]。

3.6.1 工作台静压导轨供油系统的组成

工作台静压导轨供油系统简图如图 3-11 所示，主要采用功能阀控制液压缸定压供油的方式。此静压导轨是利用多头泵等的分流作用使每个油腔的进油流量恒定。

3.6.2 静压导轨的有效承载面积、压力及流量计算

1. 静压导轨油腔的结构形式

本设计采用常用的扇形静压导轨油腔，整个导轨有 24 个油腔，图 3-12 为静压导轨单个油腔的结构图。

计算前，首先需要给出与导轨有关的主要技术参数，下面是 4m 立式车床的主要技术参数。

(1) 工作台直径：2400mm。

(2) 垂直切削力：63kN。

(3) 最大加工质量：35t。

(4) 油腔深度：5mm。

(5) 浮升：0.1mm。

(6) 工作台质量：20t。

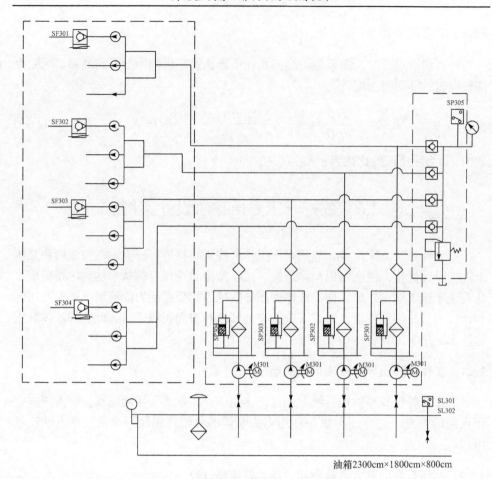

图 3-11　工作台静压导轨供油系统简图

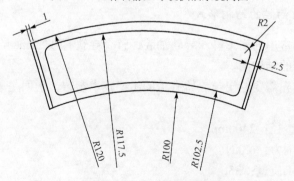

图 3-12　静压导轨单个油腔结构图(单位：cm)

导轨的外径为 120cm，内径为 100cm，分 12 个油腔，每个油腔除内外周向回油外，还有径向回油，各油腔压力互相无干扰。

2. 静压导轨有效承载面积的计算

首先需把导轨按油腔分成 12 个支座，然后对单个支座进行计算。

已知工作台重量 $G=200\text{kN}$[①]，则

$$W_0 = \frac{G}{12} = 16.667(\text{kN})$$

最大工件重量 $G_1 = 350\text{kN}$，垂直切削力 $F_1 = 63\text{kN}$，则

$$W = \frac{G_1 + F_1}{12} = 34.417(\text{kN})$$

已知封油边厚度为 2.5cm，床身导轨一个支座的结构尺寸为

$$L = 120 - 100 = 20(\text{cm})$$
$$l = L - 5 = 20 - 5 = 15(\text{cm})$$
$$B = \left(\frac{120+100}{2}\right) \times 2\pi \times \left(\frac{30°}{360°}\right) - 2 = 55.6(\text{cm})$$
$$b = B - 5 = 50.6(\text{cm})$$

求得一个支座的有效承载面积为

$$A_b = \frac{1}{6}\left(2LB + 2lb + Lb + LB\right)$$
$$= \frac{1}{6}\left(2 \times 20 \times 55.6 + 2 \times 15 \times 50.6 + 20 \times 50.6 + 15 \times 50.6\right)$$
$$\approx 918.83(\text{cm}^2)$$

3. 静压导轨油腔压力的计算

下面求导轨油腔压力。

空载时的导轨油腔压力为

$$P_0 = \frac{W_0}{A_b} = 18.1 \times 10^4(\text{N/m}^2)$$

满载时的导轨油腔压力为

$$P_1 = \frac{W_0 + W}{A_b} = 55.6 \times 10^4(\text{N/m}^2)$$

4. 静压导轨流量计算

1) 空载时

取导轨油膜厚度 $h=0.01\text{cm}$ 时的导轨流量，则

---

① 本书为计算方便，取重力加速度 $g=10\text{m/s}^2$。

$$Q_1 = \frac{p_0 h^3}{3\mu_{40}}\left(\frac{l}{B-b} + \frac{b}{L-l}\right) = 0.85(\text{L/min})$$

2) 满载时

取导轨油膜厚度 $h=0.01\text{cm}$ 时的导轨流量，则

$$Q_2 = \frac{p_1 h^3}{3\mu_{40}}\left(\frac{l}{B-b} + \frac{b}{L-l}\right) = 40.1(\text{L/min})$$

3.6.3　静压导轨供油系统油管的内径计算

液压系统安装时油管长度和弯头数目的不同会造成液压缸沿程阻力不相等的情形，长时间运行也会使得液压缸的工作特性发生变化，这些因素将导致各个分组中的液压缸推进时不同步。

油管的内径也称为通径，它的大小是由液体在油管中所能允许的流量以及平均流速决定的，计算公式为

$$d_{\text{g}} = \sqrt{\frac{4Q_{\text{g}}}{\pi v_{\text{g}}}} = 1.13\times 10^3\sqrt{\frac{Q_{\text{g}}}{v_{\text{g}}}} \tag{3-45}$$

式中，d_{g} 为油管的内径(mm)；Q_{g} 为通过油管的流量(m^3/s)；v_{g} 为液体在油管中所允许的平均流速(m/s)。

机械油在各种油管中的平均流速可以从表 3-1 中选取。

表 3-1　允许的平均流速　　　　　　　　　　（单位：m/s）

油管类型	油管用途	允许的平均流速
吸油管	有滤油器时	0.6～0.2
	无滤油器时	1.5～2
压力油管	中低压	2～4
	高压	5～8
	回油管	2～3

当车床在满载、工件质量为 35t 时静压系统的流量为

$$Q_{\text{g}} = 240\text{L/min} = 4000\times 10^{-6}\,\text{m}^3/\text{s}$$

由表 3-1 可知，本车床允许的平均流速取 $v_{\text{g}}=7\text{m/s}$，因此该静压系统的油管内径为

$$d_{\text{g}} = \sqrt{\frac{4Q_{\text{g}}}{\pi v_{\text{g}}}} = 1.13\times 10^3\sqrt{\frac{Q_{\text{g}}}{v_{\text{g}}}}$$

$$= 1.13\times 10^3\sqrt{\frac{4000\times 10^{-6}}{7}} = 27(\text{mm})$$

当工作介质(如机械油)为乳化液时,它的允许平均流速值应该比表 3-1 中的相应值大1/4 。

通过计算所得到的油管内径要符合国家标准尺寸,机床常用的油管公称通径、油管外径以及公称压力和推荐流量等数据见表 3-2。

表 3-2　油管公称通径、外径、壁厚、联接螺纹和推荐流量表

公称通径 DN		油管外径 /mm	管接头联接螺纹 尺寸/mm	油管壁厚/mm					推荐管路通过流量	
				公称压力 P_n/MPa						
mm	in			≤2.5	≤8	≤16	≤25	≤31.5	cm³/s	L/min
3		6		1	1	1	1	1.4	10.5	0.63
4		8		1	1	1	1.4	1.4	41.7	2.5
5; 6	1/8	10	$M10\times1$	1	1	1	1.6	1.6	105	6.3
8	1/4	14	$M14\times1.5$	1	1	1.6	2	2	417	25
10; 12	3/8	18	$M18\times1.5$	1	1.6	1.6	2	2.5	668	40
15	1/2	22	$M22\times1.5$	1.6	1.6	2	2.5	3	1050	63
20	3/4	28	$M27\times2$	1.6	2	2.5	3.5	4	1670	100
25	1	34	$M33\times2$	2	2	3	4.5	5	2670	160
32	$1\frac{1}{4}$	42	$M42\times2$	2	2.5	4	5	6	4170	250
40	$1\frac{1}{2}$	50	$M48\times2$	2.5	3	4.5	5.5	7	6680	400
50	2	63	$M60\times2$	3	3.5	5	6.5	8.5	10500	630
65	$2\frac{1}{2}$	75		3.5	4	6	8	10	16700	1000
80	3	90		4	5	7	10	12	20800	1250
100	4	120		5	6	8.5			41700	2500

注：1in=2.54cm。

油管的壁厚计算公式为

$$\delta = \frac{pd_g}{2[\sigma]} \tag{3-46}$$

式中, p 为油管中的压力(Pa); d_g 为油管的内径(mm); $[\sigma]$ 为许用拉伸应力(Pa),铜管: $[\sigma] \leqslant 250\times10^5$ Pa。 σ_b 为抗拉强度(Pa), n 为安全系数,当 $p < 70\times10^5$ Pa 时 n=8,当 $p < 175\times10^5$ Pa 时 n=6,当 $p > 175\times10^5$ Pa 时 n=4。

此系统采用铜管,取 $[\sigma]$=250×10⁵ Pa;油管中的压力 p=2.5MPa,因此有

$$\delta = \frac{pd_g}{2[\sigma]}$$

$$= \frac{2.5 \times 10^6 \times 27}{2 \times 250 \times 10^5}$$

$$= 1.35 \text{(mm)}$$

由以上计算可得油管外径 D 值约为

$$D = d_g + 2\delta = 29.7 \text{(mm)}$$

根据表 3-2 可查得油管标准外径取值为 28mm。

式(3-46)也可以用于计算液压缸的壁厚。

如果油管上需要加工螺纹，则油管的实际壁厚应等于计算得到的壁厚再加上螺纹深度。

安装油管时，管子的弯曲半径不应太小。通常油管的弯曲半径 R 不小于外径的 3 倍。软管的弯曲半径：对于两层钢丝层软管，$R \geqslant 12D$；对于三层钢丝层软管，$R \geqslant 15D$；D 为软管外径。

3.6.4　静压导轨供油系统中的压力损失

静压导轨供油系统中的压力损失可大致分为两种：长度损失和局部损失。液体的流动状态也可以分成两种：紊流和层流。紊流和层流的判别要通过雷诺数来进行，当雷诺数小于等于 2300 时，液体流动状态为层流流动；当雷诺数大于 2300 时，液体流动为紊流流动。

层流流动时，长度损失的计算公式为

$$\Delta P = \frac{128\mu L}{\pi d^4}Q_p \tag{3-47}$$

式中，μ 为动力黏度(Pa·s)；d 为油管的内径(m)；L 为直管部分的长度(m)；Q_p 为油管的流量(L/min)。

式(3-47)还适用于软管。取此液压系统的直管部分长度为 15m，油管的内径为 27mm，32 号机械油的动力黏度为 3.64×10^{-3}Pa·s；每条油管的流量为 60L/min，因此有

$$\Delta P = \frac{128\mu L}{\pi d^4}Q_p$$

$$= \frac{128 \times 3.64 \times 10^{-3} \times 15}{3.14 \times 0.027^4} \times 1 \times 10^{-3}$$

$$\approx 0.0042 \text{(MPa)}$$

油管横断面积为

$$A = \frac{\pi d^2}{4}$$

$$= \frac{3.14 \times 27^2}{4}$$

$$\approx 572.3 (\text{mm}^2)$$

根据油管横断面积来判断机械油的流速：

$$v = \frac{Q_p}{A}$$

$$= \frac{60 \times 10^3}{60 \times 572.3}$$

$$\approx 1.75 (\text{m/s})$$

计算雷诺数：

$$Re = \frac{vd}{\nu} = \frac{175 \times 2.7}{0.4} \approx 1181 < 2300$$

式中，ν 为运动黏度。

由于此液压系统流动性质属于层流，所以可以用上述公式进行计算。

如果为紊流流动，对光滑的管来说，压力损失按照式(3-48)来计算：

$$\Delta P = 0.2565 Re^{-0.25} \rho \frac{L}{d^2} Q_p^2 \qquad (3\text{-}48)$$

式中，ρ 为液体的密度。

当液体流经管接头、管子弯曲的部分和阀等部分，以及流过断面发生变化的部分时，均会发生局部的压力损失，这个损失的大小和局部装置的具体形状以及液体流动的方式、开口的大小有密切关系。因此，这些损失都是在实验局部阻力系数的基础上计算而来的，其计算公式为

$$\Delta P = \varepsilon_i v \frac{\gamma^2}{2g} \times 10^5 \qquad (3\text{-}49)$$

式中，ε_i 为某部位的局部阻力系数，它的值可根据局部阻力的形式从手册上查到；v 为液体在局部阻力处的平均流速(cm/s)；γ 为液体的重度(kgf/cm³)；g 为重力加速度(cm/s²)。

标准液压元件中的压力损失是指在额定流量下测得的压力损失，它的值标注在产品目录中。如果通过的实际流量不等于额定流量，则其压力局部损失可以按式(3-50)计算：

$$\Delta P = \Delta P_r \left(\frac{Q_a}{Q_r} \right)^2 \qquad (3\text{-}50)$$

式中，$\Delta P_{\rm r}$ 为额定流量下的压力损失(Pa)；$Q_{\rm a}$ 为实际流量(L/min)；$Q_{\rm r}$ 为额定流量(L/min)。

3.6.5　静压导轨供油系统液压元件及液压系统的发热量计算

每个静压导轨供油系统在工作过程中都会产生能量的损失，其原因是静压系统中各个元部件上存在着压力损失、机械损失和容积损失等，这些能量的损失全部转变为热量，散发到空气中。对本书的液压系统来说，其主要的热源在溢流阀上，在系统工作过程中，溢流阀的能量全部变成了热量，并且升高了油池中油的温度。

机械油在工作过程中流经其他元器件或油管时也会产生热量，因此用下面公式计算静压系统中各部分元件发热量的总和。

(1) 液压泵损失能量所产生的热量：

$$H_{\rm p} = P(1-\eta) \times 3600 \tag{3-51}$$

式中，P 为液压泵的驱动功率(kW)；η 为液压泵的总效率；$H_{\rm p}$ 的单位为 kJ/h。

(2) 通过阀时的发热量：

$$H_{\rm v} \approx 5.9 p Q_{\rm v} \times 10 \tag{3-52}$$

式中，p 为流经阀时的压力差(Pa)；$Q_{\rm v}$ 为流经阀时的流量(L/min)；$H_{\rm v}$ 的单位为 kJ/h。

3.6.6　液压泵的驱动功率计算和泵的选择

本书中液压泵采用齿轮泵，齿轮泵的结构如图 3-13 所示。

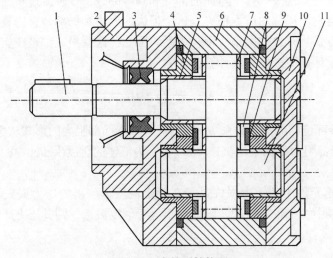

图 3-13　齿轮泵结构图

1-主轴齿轮轴；2-前盖；3-油封；4-轴套；5-滑动轴承；6-泵体；7-侧板；
8-背压槽；9-密封装置；10-后盖；11-从动齿轮

液压泵的驱动功率计算公式为

$$P_i = \frac{P_p Q_p}{\eta} \tag{3-53}$$

式中，P_p 为液压泵的额定输出压力(Pa)；Q_p 为液压泵的额定输出流量(L/min)；η 为液压泵的总效率。

目前，我国所生产的各类液压泵的效率列于表 3-3 中。

表 3-3　液压泵效率

液压泵类型	容积效率系数	总效率系数
齿轮泵	0.7～0.9	0.6～0.8
叶片泵	0.8～0.95	0.75～0.85
柱塞泵	0.85～0.98	0.75～0.9

此静压系统中，液压泵类型为定量齿轮泵，因此液压泵的总效率系数选择为 0.8。

液压泵的额定输出压力 P_p 为 2.5MPa。

液压泵的额定输出流量 Q_p 为 240L/min。

计算得出液压泵的驱动功率 P_i=12.25kW。

因此，选择泵型号为 P333RP06BT，排量为 33mL/r，额定压力为 18MPa，转速为 600～2500r/min。

3.6.7　油箱设计

油箱用来储存整个系统在工作时所需要的所有油液，散发油液在工作时吸收的热量，清除油液在工作中所掺入的灰尘、杂质，还提供了系统元件的安装空间，使液压系统的结构更加紧凑。

本系统采用的是开式油箱，齿轮泵的安装位置设置在油箱的内部，在提高泵的吸油效率的同时还减小了系统的占地面积。

油箱主要需要设计的参数是油箱的容积。油箱的容积越大，其散热性越好，但成本上升；反之，油箱容积越小散热性越不好，但成本会降低。在实际设计中，经常用以下经验公式来确定油箱的容积。

油箱容积的估算经验公式为

$$V_t = \zeta Q_r \tag{3-54}$$

式中，V_t 为油箱的容积(L)；Q_r 为液压泵的额定流量(L/min)；ζ 为经验系数，对低压系统，ζ =2～4min，对中压系统，ζ =5～7min，对中、高压或高压大功率系统，ζ =6～12min。

将 ζ =8min、Q_r=82L/min 代入式(3-54)，得 V_t=656L。

本书设计的系统采用四个相同的齿轮泵，则 $4V_t$=2624L，确定油箱的容积为3000L。

可用油箱容积、功率、温升关系验算容积。系统允许温度范围为 30～50℃，该系统的功率为 11kW，允许温升为 35℃，由图 3-14 可查得其容积应为 5000L。

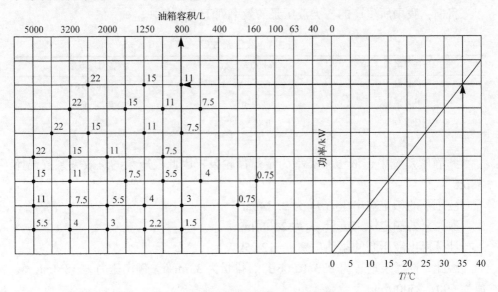

图 3-14　油箱容积、功率、温升的关系

3.6.8　冷却器的选择

液压系统工作时，各种能量损失全部转化为热量。这些热量除部分通过油箱、管道等散发到周围空间外，大部分热量使得系统油液温度升高，严重影响液压系统的正常工作。因此，必须采用强制冷却的办法，通过冷却器来控制油液的温度。

由上述内容可知油箱容积为 3000L 不满足散热要求，必须安装冷却器。冷却器按冷却介质不同可分为水冷冷却器和风冷冷却器，本系统采用 FL10 风冷冷却器，其基本机构为电机加一风扇，性能参数为传热系数小于等于 55W/(m² · ℃)，工作压力为 1.6MPa，压力损失为 0.1MPa，换热面积为 10m²，风量为 2210m³/h，风机功率为 0.12kW。为提高资源利用率，系统中设计了温度发讯装置，当温度高于 40℃时，风冷冷却器启动，进行冷却，确保系统油温一直维持在 40℃以下。

3.6.9　过滤器的选择

该液压系统在回油路上设置过滤器(图 3-15)，在系统油液流回油箱之前，过滤器将外界侵入系统的和系统内产生的污染物滤除，为系统提供清洁的油液。本系统采用 ZU-H250×10BDP 纸质过滤器，安装在油箱顶部，并带有滤芯污染堵塞发讯器及旁通阀，过滤器公称流量为 250L/min，过滤精度为 10μm，通径为 40mm，最大压力损失为 0.35MPa。

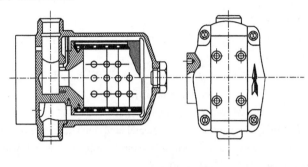

图 3-15　过滤器结构图

3.6.10　溢流阀的选择

溢流阀是使系统中多余液体通过阀口溢出，从而维持其进口压力近于恒定的压力控制阀。它能保证液压系统中压力的基本稳定，并起稳压、调压或限压作用。常用的溢流阀有直动式和先导式两种。

本书研究的液压系统压力高、流量大，应选用先导式溢流阀，通过查样本，选用 ZDB10-VP-1-40/200 型溢流阀，其额定流量为 100L/min，通径为 10mm，调压范围为 1～20MPa。

系统选用的齿轮泵额定压力为 18MPa，则溢流阀调定压力确定为 18×0.8=14.4MPa。

本章通过对静压系统油管、导轨油腔、油箱、溢流阀、过滤器和液压泵的选择，得到了所要设计的静压系统的原始模型，同时对系统的能量损失、压力损失进行了计算分析，为下一步的控制仿真研究打下基础。

参 考 文 献

[1] Yu X D, Geng L, Zheng X J, et al. Matching the relationship between rotational speed and load-carrying capacity on high-speed and heavy-load hydrostatic thrust bearing[J]. Industrial Lubrication and Tribology, 2018, 70(1): 8-14.

[2] 于晓东, 耿磊, 郑小军, 等. 恒流环形腔多油垫静压推力轴承油膜刚度特性[J]. 哈尔滨工程大学学报, 2017, 38(12): 1951-1956.

[3] 于晓东, 吴晓刚, 隋甲龙, 等. 静压支承摩擦副温度场模拟与实验[J]. 推进技术, 2016, 37(10): 1946-1951.

[4] 于晓东, 孙丹丹, 吴晓刚, 等. 环形腔多油垫静压推力轴承膜厚高速重载特性[J]. 推进技术,

2016, 37(7): 1350-1355.

[5] 于晓东, 刘丹, 吴晓刚, 等. 静压支承工作台主变速箱振动测试诊断[J]. 哈尔滨理工大学学报, 2016, 21(2): 66-70.

[6] 于晓东, 潘泽, 何宇, 等. 重型静压推力轴承间隙油膜流态的数值模拟[J]. 哈尔滨理工大学学报, 2015, 20(6): 42-46.

[7] Yu X D, Sui J L, Meng X L, et al. Influence of oil seal edge on lubrication characteristics of circular recess fluid film bearing[J]. Journal of Computational and Theoretical Nanoscience, 2015, 12(12): 5839-5845.

[8] Yu X D, Sun D D, Meng X L, et al. Velocity characteristic on oil film thickness of multi-pad hydrostatic thrust bearing with circular recess[J]. Journal of Computational and Theoretical Nanoscience, 2015, 12(10): 3155-3161.

[9] Yu X D, Fu X, Meng X L, et al. Experimental and numerical study on the temperature performance of high-speed circular hydrostatic thrust bearing[J]. Journal of Computational and Theoretical Nanoscience, 2015, 12(8): 1540-1545.

[10] 于晓东, 付旭, 刘丹, 等. 环形腔多油垫静压推力轴承热变形[J]. 吉林大学学报(工学版), 2015, 45(2): 460-465.

[11] Yu X D, Zhou Q H, Meng X L, et al. Influence research of cavity shapes on temperature field of multi-pad hydrostatic thrust bearing[J]. International Journal of Control and Automation, 2014, 7(4): 329-336.

[12] Yu X D, Wang Z Q, Meng X L, et al. Research on dynamic pressure of hydrostatic thrust bearing under the different recess depth and rotating velocity[J]. International Journal of Control and Automation, 2014, 7(2): 439-446.

[13] 于晓东, 周启慧, 王志强, 等. 高速重载静压推力轴承温度场速度特性[J]. 哈尔滨理工大学学报, 2014, 19(1): 1-4.

[14] 于晓东, 高春丽, 邱志新, 等. 高速重载静压推力轴承润滑性能研究[J]. 中国机械工程, 2013, 24(23): 3230-3234.

[15] Yu X D, Tan L, Meng X L, et al. Influence of rotational speed on oil film temperature of multi-sector recess hydrostatic thrust bearing[J]. Journal of the Chinese Society of Mechanical Engineers, 2013, 34(5): 507-514.

[16] Reynolds O. On the theory of lubrication and its application Mr. Beauchamp Tower's experiments, including an experimental determination of the viscosity of olive oil[J]. Philosophical Transactions of the Royal Society of London, 1886, 177(1):157-234.

[17] 张直明. 滑动轴承的流体动力润滑理论[M]. 北京: 高等教育出版社, 1986.

[18] 陈伯贤. 流体润滑理论及其应用[M]. 北京: 机械工业出版社, 1991.

[19] 张本照. 流体力学中的有限元法[M]. 北京: 机械工业出版社, 1986.

[20] 杨沛然. 流体润滑数值分析[M]. 北京: 国防工业出版社, 1998.

[21] 朱均, 虞烈. 流体润滑理论[R]. 西安: 西安交通大学润滑理论及轴承研究所, 1991.

[22] 许尚贤. 液体静压和动静压滑动轴承设计[M]. 南京: 东南大学出版社, 2008.

[23] 于晓东. 重型静压推力轴承力学性能及油膜态数值模拟研究[D]. 哈尔滨: 东北林业大学硕士学位论文, 2007.

[24] 隋甲龙. 自适应油垫可倾式静压推力轴承摩擦学行为研究[D]. 哈尔滨: 哈尔滨理工大学硕士学位论文, 2017.

[25] 王志强. 高速动静压混合润滑推力轴承性能研究[D]. 哈尔滨: 哈尔滨理工大学硕士学位论文, 2015.

[26] 向洪君. 大尺度静压支承环隙油膜润滑性能研究[D]. 哈尔滨: 哈尔滨理工大学硕士学位论文, 2012.

[27] 刘丹. 高速重载静压支承动静压合理匹配关系研究[D]. 哈尔滨: 哈尔滨理工大学硕士学位论文, 2016.

[28] 谭力. 高速重载静压推力轴承摩擦失效预测[D]. 哈尔滨: 哈尔滨理工大学硕士学位论文, 2014.

[29] 孙丹丹. 双矩形腔静压支承润滑性能优化研究[D]. 哈尔滨: 哈尔滨理工大学硕士学位论文, 2017.

[30] 邱志新. 高速重载静压推力轴承润滑性能预测研究[D]. 哈尔滨: 哈尔滨理工大学硕士学位论文, 2013.

[31] 李欢欢. 静压推力轴承高速重载效应研究[D]. 哈尔滨: 哈尔滨理工大学硕士学位论文, 2014.

[32] 吴晓刚. 计及摩擦副变形的静压推力轴承润滑性能预测[D]. 哈尔滨: 哈尔滨理工大学硕士学位论文, 2017.

[33] 高春丽. 高速重载静压推力轴承油垫结构效应研究[D]. 哈尔滨: 哈尔滨理工大学硕士学位论文, 2013.

[34] 杜军. 数控车床静压系统的研究[D]. 哈尔滨: 哈尔滨理工大学硕士学位论文, 2012.

[35] 邵学博. 基于 ANSYS 的机翼的流固耦合分析[D]. 哈尔滨: 哈尔滨工程大学硕士学位论文, 2012.

[36] 黄平, 雒建斌. 止推轴承流体动压润滑失效分析[J]. 机械工程学报, 2000, 36(1): 96-100.

[37] 黄平. 润滑失效分析[J]. 华南理工大学学报(自然科学版), 2002, 30(11): 95-100.

[38] Garratt J E, Hibberd S, Cliffe K A. Centrifugal inertia effects in high-speed hydrostatic air thrust bearings[J]. Journal of Engineering Mathematics, 2012, 76(1): 59-80.

[39] Maher B M A. Performance characteristics of an elliptic hydrostatic bearing and comparative analysis based on stokes'conditions[J]. Acta Mechanica, 2012, 223(6): 1187-1198.

[40] 张言羊, 黄念椿. 滑动轴承的紊流润滑油膜中的速度分布和压力分布[J]. 西安交通大学学报, 1981, (5): 12-23.

[41] 张直明. 关于紊流理论中的 Hirs 法的理论基础[J]. 西安交通大学学报, 1978, (4): 25-27, 123.

[42] 张运青, 张直明. 应用高级紊流模式的紊流润滑理论分析[J]. 上海工业大学学报, 1994, 15(1): 55-60.

[43] 诸文俊, 张言羊. 滑动轴承油膜从层流到紊流过渡区域的研究[J]. 西安交通大学学报, 1991, 25(3): 28-35.

[44] 诸文俊, 胡浩川, 张言羊. 滑动轴承油膜从层流到紊流过渡区域的实验研究[J]. 西安交通大学学报, 1992, 26(3): 17-24.

[45] 欧特尔 H, 等. 普朗特流体力学基础[M]. 朱自强, 钱翼稷, 李宗瑞, 译. 北京: 科学出版社, 2008.

[46] 温诗铸. 我国摩擦学研究的现状与发展[J]. 机械工程学报, 2004, (11): 1-6.

[47] 王丽丽. 新型高速滑动轴承的发展现状及其特性[J]. 农业装备与车辆工程, 2007, (5): 35-39.

[48] 窦国仁, 王国兵. 层流向紊流过渡状态下黏弹性流体的紊流结构[J]. 水利水运科学研究, 1988, 3: 2-10.

[49] 董勋. 润滑理论[M]. 上海: 上海交通大学出版社, 1984.

[50] 陈燕生. 液体静压支承原理和设计[M]. 北京: 国防工业出版社, 1980.

[51] 岑少起, 杨金锋. 惯性项对动静压浮环径向轴承压力场的影响[J]. 郑州工业大学学报, 2001, 22(3): 6-8.

[52] 张永宇, 岑少起, 杨金锋. 缝隙节流浮环动静压推力轴承紊流有限元分析[J]. 郑州大学学报, 2002, 23(3): 56-58.

[53] Guo H, Lai X M, Wu X L. Performance of flat capillary compensated deep/shallow pockets hydrostatic/hydrodynamic journal-thrust floating ring bearing[J]. Tribology Transactions, 2009, 52: 204-212.

[54] 郭红. 径向-推力联合浮环动静压轴承理论研究及应用(推力轴承部分)[D]. 郑州: 郑州工业大学硕士学位论文, 1996.

[55] 孟凡明. 径向-推力动静压浮环轴承静特性研究[D]. 郑州: 郑州大学硕士学位论文, 2000.

[56] 杨金锋. 径推浮环动静压轴承动特性研究[D]. 郑州: 郑州大学硕士学位论文, 2001.

[57] 钟洪, 张冠坤. 液体静压动静压轴承设计使用手册[M]. 北京: 电子工业出版社, 2007.

[58] 陈皓生, 陈大融, 汪家道, 等. 粗糙表面滑动轴承非牛顿介质润滑的计算[J]. 摩擦学学报. 2005, 25(6): 559-563.

[59] 陈皓生, 陈大融, 汪家道, 等. 动载荷下径向轴承的非牛顿介质润滑[J]. 润滑与密封, 2005, (5): 29-31, 37.

[60] 马震岳, 董毓新. 推力轴承油膜刚度的二维热弹流动力润滑计算[J]. 大连理工大学学报, 1990, 30(2): 205-211.

[61] 马震岳, 董毓新. 推力轴承油膜刚度的三维热弹流动力润滑计算[J]. 大连理工大学学报, 1991, 31(1): 101-106.

[62] Gupta M C, Goyal M C. Unsteady plane poiseuille flow between two parallel plates[J]. Proceedings Mathematical Sciences, 1971, 74(2): 68-78.

[63] Tabatabai M, Pollard A. Turbulence in radial flow between parallel disks at medium and low reynolds numbers[J]. Fluid Mechanics, 1987, 185:483-502.

[64] Vatistas G H, Ghila A, Zitouni G. Radial inflow between two flat disks[J]. Acta Mechanica, 1995, 113: 109-118.

[65] Nakabayashi K, Ichikawa T, Morinishi Y. Size of annular separation bubble around the inlet corner and viscous flow structure between two parallel disks[J]. Experiments in Fluids, 2002, 32: 425-433.

[66] 池长青. 流体力学润滑[M]. 北京: 国防工业出版社, 1998.

[67] 邵俊鹏. 静压推力轴承润滑性能研究方向[J]. 哈尔滨理工大学学报, 2011, 6: 1-4, 10.

[68] Yu X D, Zhang Y Q. Numerical simulation of cap flow of sector recess multi-pad hydrostatic thrust bearing[C]. The 7th International Conference on Simulation and Scientific Computing Asia Simulation Conference, 2008: 819-823.

第4章　润滑性能数值计算方法

4.1　数值计算环境

计算流体动力学是以经典流体力学和数值离散方法为数学基础，借助计算机求解描述流体运动的基本方程，研究流体运动规律的一门新型独立学科。计算流体动力学的基本思想可以归结为：首先把原来在时间域及空间域上连续的物理量的场，如速度场、压力场和温度场等，用一系列有限个离散点上的变量值的集合来代替，通过一定的原则和方式建立起关于这些离散点上变量之间关系的代数方程组，然后求解代数方程组获得场变量的近似值。

计算流体动力学是近代流体力学、数值计算方法和计算机应用技术三者有机结合的产物。纵观计算流体动力学的发展史，它的发展经历了由线性到非线性，由无黏到有黏，由层流到紊流，由紊流的工程模拟到完全的直接数值模拟的过程。因此，可以将计算流体动力学的发展大致分为 4 个阶段：线性无黏流阶段、非线性无黏流阶段、雷诺平均 N-S 方程求解阶段和非定常完全 N-S 方程求解阶段。

计算流体动力学的兴起推动了研究工作的发展。自 1687 年牛顿定律公布以来，到 20 世纪 50 年代初，研究流体运动规律的主要方法有两种，一种是单纯的实验研究，它以实验为研究手段；另一种是单纯的理论分析方法，它利用简单流动模型假设，给出所研究问题的解析解。计算流体动力学方法与传统的理论分析方法和实验研究方法组成了研究流体流动问题的完整体系，图 4-1 给出了表征三者之间关系的"三维"流体力学示意图。

计算流体动力学方法是将流场的控制方程组用数值方法离散到一系列网格节点上，并求其离散数值解的一种方法。由控制所有流体流动的基本规律可以分别导出连续性方程、动量方程和能量方程，得到 N-S 方程组。N-S 方程组是流体流动所必须遵守的普遍规律。在守恒方程组基础上，加上反映流体流动特殊性质的数学模型(如湍流模型、燃烧模型、多相流模型等)和边界条件、初始条件，构成封闭的方程组来数学描述特定流场、流体的流动规律，其主要用途是对流体进行数值仿真模拟计算。

流体的运动可以用一组非线性的偏微分方程组来描述。但要用解析法求解这些问题，仅对极简单的情况才有可能。对于一些实际工程问题，经典流体力学就无能为力了。对于非线性的或者求解域相当复杂的实际工程问题，只能求助于数值法来求解。计算流体动力学的主要控制方程基于质量守恒、动量守恒和能量守恒这些自然规律。通过控制方程对流动的数值模拟，可以得到极其复杂问题的流场内各个位置上的基本物理量(如速度、压力和温度等)分布，以及这些物理量随时间的变化情况，确定流场中的速度、压力和涡流等分布。

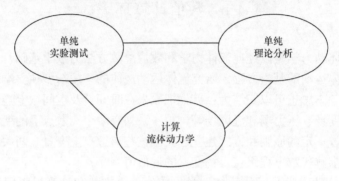

图 4-1　"三维"流体力学示意图

计算流体动力学的兴起促进了实验研究和理论分析方法的发展，为简化流动模型的建立提供了许多理论依据，使很多分析方法得到发展和完善。更重要的是计算流体动力学采用它独有的新的研究方法——数值模拟方法，来研究流体运动的基本物理特性。这种方法的特点是工作者在研究流体运动规律的基础上建立了各种类型的主控方程，提出了各种简化流动模型，给出了一系列解析解和计算方法。相关研究成果推动了流体力学的发展，奠定了计算流体动力学的基础，很多方法仍是目前解决实际问题时常采用的方法。计算流体动力学方法的特点如下：

(1) 给出流体运动区域内的离散解，而不是解析解。这区别于一般的理论分析方法。

(2) 它的发展与计算机技术的发展直接相关。这是因为可能模拟的流体运动的复杂程度、解决问题的广度和所能模拟的物理尺度以及给出解的精度，都与计算机运行速度、内存、运算及输出图形的能力直接相关。

(3) 若物理问题的数学提法(包括数学方程及其相应的边界条件)是正确的，则可在较广泛的流动参数(如马赫数、雷诺数、飞行高度、气体性质、模型尺度等)范围内研究流体力学问题，且能给出流场参数的定量结果。

计算流体动力学技术经常被看作虚拟的流体实验室，实验是在计算机上完成的。相对而言，数值仿真通常比传统的方法有优势，包括速度、费用、完整的信息和所有操作条件的模拟。仿真的速度明显快于实验，更多的设计可以用更少的时间在计算机上实现测试，从而加快新产品的研发速度；在绝大部分场合，计算机本身和运行的费用大大低于同等条件下实验设备的费用；计算流体动力学能够提供流场区域每一个点的全部数据，流场中的任何位置和数值都是可以在计算流体动力学的计算结果中得到的；由于数值仿真模拟没有物理条件的限制，所以可以在非正常工作区域内进行求解，得到全操作条件的流场数据，这些常常是实验和理论分析难以做到的[1-7]。

计算流体动力学是 20 世纪 60 年代初伴随计算机技术发展起来的学科。计算流体动力学研究主要集中于数学物理模型、计算方法、网格技术等方面的工作。

(1) 数学物理模型。流体力学中的数学物理模型 N-S 方程在计算流体动力学研究中基本上分为四个阶段：①求解线性无黏流方程；②求解非线性无黏流方程；③求解黏性、时间平均方程即雷诺时均 N-S 方程；④求解非定常全 N-S 方程。

(2) 计算方法。为了实现上述模型方程的数值计算，还必须对这些方程进行适当的离散，这就是计算流体动力学的计算方法。计算技术主要由两部分组成：方程的离散及离散方程的求解。解的精度取决于前者，而求解的效率取决于两者。在计算流体动力学中应用比较成熟和普遍的离散方法包含有限差分法(finite difference method, FDM)、有限体积法、有限元法。

(3) 网格技术。在计算流体动力学中，按照一定规律分布于流场中的离散点的集合称为网格，分布这些网格节点的过程称为网格生成。

网格生成对计算流体动力学至关重要，这直接关系到计算流体动力学计算的成败。现在网格生成技术已经发展成为计算流体动力学的一个重要分支，它也是计算流体动力学近二十年来取得较大进展的一个领域。正是网格生成技术的迅速发展，才实现了流场的高质量求解，使工业界能够将计算流体动力学的研究成果——求解 Euler 或 N-S 方程方法应用于设计中。目前网格技术方面重点突出网格与流动特征的相容性、分区网格和混合网格。

总之，计算流体动力学主要向两个方面发展：一方面是研究流动非定常稳定特性、分叉解及湍流流动的机理，为流动控制(如湍流控制)提供理论依据，开展对于更为复杂的非定常、多尺度的流动特征，以及高精度、高分辨率的计算方法和并行算法的研究；另一方面是将计算流体动力学直接用于模拟各种实际流动，解决工业生产中提出来的各种问题，除用于航空航天领域中的复杂外形绕流或内流以及超声速燃烧的数值模拟外，计算流体动力学还应用于大气、生态环境、汽车工业、高速火车、高速船舶、燃烧火焰以及工业中化学反应流对材料的腐蚀等各个领域，显示了其强大的活力，表明计算流体动力学已逐渐成为推动生产力发展的重要手段之一[8]。

4.2　计算流体动力学方程

计算流体动力学已经成为独立于流体力学的一门专门学科，有其自己的方法和特点。计算流体动力学是多领域的交叉学科，它所涉及的学科有流体力学、偏微分方程的数学理论、数值计算方法和计算机科学等。

流体流动要受物理守恒定律的支配，基本的守恒定律包括质量守恒定律、动量守恒定律和能量守恒定律。如果流动包含不同成分的混合或相互作用，那么系统要遵守组分守恒定律。如果流动处于紊流状态，那么系统还要遵守附加的湍流输运方程。控制方程是这些守恒定律的数学描述。

4.2.1　质量守恒方程

对固定在空间位置的微元体，质量守恒定律可表示为单位时间内微元体中流体质量的增加，等于同一时间间隔内流入该微元体的净质量。

任何流动问题都必须满足质量守恒定律。按照这一定律可以得出质量守恒方程，即连续方程：

$$\frac{\partial \rho}{\partial t} + \frac{\partial (\rho u)}{\partial x} + \frac{\partial (\rho v)}{\partial y} + \frac{\partial (\rho w)}{\partial z} = 0 \tag{4-1}$$

引入矢量符号，式(4-1)可以写成

$$\frac{\partial \rho}{\partial t} + \nabla \cdot (\rho \boldsymbol{u}) = 0 \tag{4-2}$$

式中，ρ 为密度(kg/m^3)；t 为时间(s)；u、v 和 w 为速度矢量 $\boldsymbol{u}$ 在 x、y 和 z 方向的分量。

式(4-1)给出的是瞬态三维可压流体的质量方程。若流动处于稳态且流体为均质不可压，密度 ρ 为常数，则可以写为

$$\frac{\partial u}{\partial x} + \frac{\partial v}{\partial y} + \frac{\partial w}{\partial z} = 0 \tag{4-3}$$

4.2.2　动量守恒方程

动量守恒定律也是任何流动系统都必须满足的基本定律。该定律可表述为微元体中流体动量对时间的变化率等于外界作用在该微元体上各种力之和。

$$\frac{\partial(\rho u)}{\partial t}+\frac{\partial(\rho uu)}{\partial x}+\frac{\partial(\rho vu)}{\partial y}+\frac{\partial(\rho wu)}{\partial z}$$

$$=\rho f_x-\frac{\partial p}{\partial x}+\frac{\partial}{\partial x}\left[2\mu\frac{\partial u}{\partial x}+\lambda\left(\frac{\partial u}{\partial x}+\frac{\partial v}{\partial y}+\frac{\partial w}{\partial z}\right)\right]$$

$$+\frac{\partial}{\partial y}\left[\mu\left(\frac{\partial u}{\partial y}+\frac{\partial v}{\partial x}\right)\right]+\frac{\partial}{\partial z}\left[\mu\left(\frac{\partial w}{\partial x}+\frac{\partial u}{\partial z}\right)\right] \qquad (4-4)$$

$$\frac{\partial(\rho v)}{\partial t}+\frac{\partial(\rho uv)}{\partial x}+\frac{\partial(\rho vv)}{\partial y}+\frac{\partial(\rho wv)}{\partial z}$$

$$=\rho f_y-\frac{\partial p}{\partial y}+\frac{\partial}{\partial y}\left[2\mu\frac{\partial v}{\partial y}+\lambda\left(\frac{\partial u}{\partial x}+\frac{\partial v}{\partial y}+\frac{\partial w}{\partial z}\right)\right]$$

$$+\frac{\partial}{\partial z}\left[\mu\left(\frac{\partial v}{\partial z}+\frac{\partial w}{\partial y}\right)\right]+\frac{\partial}{\partial x}\left[\mu\left(\frac{\partial u}{\partial y}+\frac{\partial v}{\partial x}\right)\right] \qquad (4-5)$$

$$\frac{\partial(\rho w)}{\partial t}+\frac{\partial(\rho uw)}{\partial x}+\frac{\partial(\rho vw)}{\partial y}+\frac{\partial(\rho ww)}{\partial z}$$

$$=\rho f_z-\frac{\partial p}{\partial z}+\frac{\partial}{\partial z}\left[2\mu\frac{\partial w}{\partial z}+\lambda\left(\frac{\partial u}{\partial x}+\frac{\partial v}{\partial y}+\frac{\partial w}{\partial z}\right)\right]$$

$$+\frac{\partial}{\partial x}\left[\mu\left(\frac{\partial w}{\partial x}+\frac{\partial u}{\partial z}\right)\right]+\frac{\partial}{\partial y}\left[\mu\left(\frac{\partial v}{\partial z}+\frac{\partial w}{\partial y}\right)\right] \qquad (4-6)$$

式中，μ 为动力黏度；λ 为第二分子黏度，对于气体可以取为–2/3。

当动力黏度为常数时，不随坐标位置而变化条件下的矢量形式为

$$\frac{\partial(\rho \boldsymbol{u})}{\partial t}=\rho \boldsymbol{F}+\nabla p+\frac{\mu}{3}\nabla(\nabla\cdot\boldsymbol{u})+\mu\nabla^2\boldsymbol{u} \qquad (4-7)$$

式中，$\boldsymbol{F}$ 为质量力(N)；p 为压力(N)。

流动处于不可压缩、流体的密度和黏性系数为常数的条件下，方程可以写成

$$a_p\varphi_p+\sum_{nb}a_{nb}\varphi_{nb}=b_p \qquad (4-8)$$

$$\frac{\partial(\rho v)}{\partial t}+\frac{\partial(\rho uv)}{\partial x}+\frac{\partial(\rho vv)}{\partial y}+\frac{\partial(\rho wv)}{\partial z}$$

$$=\frac{\partial}{\partial x}\left(\mu\frac{\partial v}{\partial x}\right)+\frac{\partial}{\partial y}\left(\mu\frac{\partial v}{\partial y}\right)+\frac{\partial}{\partial z}\left(\mu\frac{\partial v}{\partial z}\right)-\frac{\partial p}{\partial y} \qquad (4-9)$$

$$\frac{\partial(\rho w)}{\partial t}+\frac{\partial(\rho uw)}{\partial x}+\frac{\partial(\rho vw)}{\partial y}+\frac{\partial(\rho ww)}{\partial z}$$

$$=\frac{\partial}{\partial x}\left(\mu\frac{\partial w}{\partial x}\right)+\frac{\partial}{\partial y}\left(\mu\frac{\partial w}{\partial y}\right)+\frac{\partial}{\partial z}\left(\mu\frac{\partial w}{\partial z}\right)-\frac{\partial p}{\partial z} \tag{4-10}$$

动量守恒方程也称为 N-S 方程。黏性流体的运动方程首先由 Navier 在 1927 年提出，该方程只考虑了不可压缩流体的流动。Poisson 在 1831 年提出可压缩流体的运动方程。Stokes 在 1845 年独立地提出黏性系数为一常数的形式，现在称为 Navier-Stokes 方程，简称 N-S 方程。N-S 方程比较准确地描述了流体的实际流动情况，黏性流体的流动分析均可归为对此方程的研究。由于其形式甚为复杂，实际上只有极少量的情况可以求出精确解，所以产生了数值求解的方法，这也是计算流体动力学的最基本方程。

4.2.3 能量守恒方程

能量守恒定律是包含热交换的流动系统必须满足的基本定律。该定律可以表述为微元体中能量的增加率等于进入微元体的净热流量加上体力与面力对微元体所做的功。该定律实际是热力学第一定律。

$$\frac{\partial(\rho T)}{\partial t}+\frac{\partial(\rho uT)}{\partial x}+\frac{\partial(\rho vT)}{\partial y}+\frac{\partial(\rho wT)}{\partial z}$$

$$=\frac{\partial}{\partial x}\left(\frac{k}{c}\frac{\partial T}{\partial x}\right)+\frac{\partial}{\partial y}\left(\frac{k}{c}\frac{\partial T}{\partial y}\right)+\frac{\partial}{\partial z}\left(\frac{k}{c}\frac{\partial T}{\partial z}\right)+S_{\mathrm{T}} \tag{4-11}$$

式中，c 为比热容 $(\mathrm{J/(kg \cdot K)})$；$T$ 为温度(K)；k 为流体传热系数；S_{T} 为流体的内热源及由黏性作用流体机械能转换为热能的部分。

式(4-2)、式(4-4)、式(4-5)、式(4-6)及式(4-11)包含 6 个未知量，即 u、v、w、p、T 及 ρ，还需补充一个联系 p 和 ρ 的状态方程，方程组才能封闭。

4.3 湍流基本方程

自然界中的流体流动状态主要有两种形式，即层流和湍流。在许多文献中湍流也被译为紊流。前面已提到层流是指流体在流动过程中两层之间没有相互混杂，而湍流是指流体不是处于分层流动的状态。自然环境和工程中的流动常常是湍流流动。

对于圆管内流动，定义雷诺数

$$Re=\frac{ud}{\nu} \tag{4-12}$$

式中，u 为流体流速(m/s)；ν 为运动黏度(m²/s)；d 为水力直径(m)。

当 $Re \leqslant 2300$ 时，流动为层流；当 $12000 \geqslant Re \geqslant 8000$ 时，流动为湍流。

在采用气体冷却的大型同步发电机中，在风扇的作用下，采用强迫对流方式进行热交换，$Re>10000$，故发电机中的流体流动属于湍流。模拟任何实际过程首先会遇到湍流问题。对湍流最根本的模拟方法是在湍流尺度的网格尺寸内求解瞬态三维 N-S 方程的全模拟，这无须引入任何模型。然而，这是目前计算机难以解决的问题。另一种要求稍低的办法是亚网格尺度模拟，即大涡模拟(LES)，这也是从 N-S 方程出发进行模拟，其网格尺寸比湍流尺度大，可以模拟湍流发展过程的一些细节，但计算工作量仍然很大。目前工程上常用的模拟方法，仍是由雷诺时均方程出发的模拟方法，这就是目前常说的湍流模型。

根据黏性流体力学理论，以不可压缩流体湍流流动在笛卡儿坐标系中写出通用的连续和瞬时 N-S 控制方程：

$$\frac{\partial u_i}{\partial x_i} = 0 \tag{4-13}$$

$$\rho \frac{\partial u_i}{\partial t} + \rho u_j \frac{\partial u_i}{\partial x_j} = \rho F_i - \frac{\partial p}{\partial x_i} + \mu \frac{\partial^2 u_i}{\partial x_j \partial x_j} \tag{4-14}$$

湍流具有随机性质，可采用统计平均方法处理紊流运动。设湍流运动瞬时流场为 $u(x,y,z,t)$。瞬时流场中的某一点流速 u 随时间变化，因而是不恒定的。但是湍流的这种非恒定性与一般概念的非恒定流动并不相同，它可能是非恒定的湍流，也可能仅仅因为湍流随机性质而表现出来的随时间的变化。研究湍流运动的统计平均方法有多种，常用的有时间平均法、空间平均法和系统平均法。

采用时间平均法，将 $u_i = \overline{u}_i + u_i'$ 和 $p = \overline{p} + p'$ 分别代入式(4-13)和式(4-14)，可得如下时均连续方程和时均瞬时 N-S 方程(雷诺方程)描述：

$$\frac{\partial \overline{u}_i}{\partial x_i} = 0 , \qquad \frac{\partial u_i'}{\partial x_i} = 0 \tag{4-15}$$

$$\rho \frac{\partial \overline{u}_i}{\partial t} + \rho \overline{u}_j \frac{\partial \overline{u}_i}{\partial x_j} = \rho \overline{F}_i - \frac{\partial \overline{p}}{\partial x_i} + \frac{\partial}{\partial x_j} \left(\mu \frac{\partial \overline{u}_i}{\partial x_j} - \rho \overline{u_i' u_j'} \right) \tag{4-16}$$

式中，$\overline{u}_i$ 为时均流速；u_i' 为脉动流速；F_i 为质量力；$\overline{p}$ 为时均压力；$-\dfrac{\partial}{\partial x_j} \rho \overline{u_i' u_j'}$ 为雷诺应力；$i, j = x, y, z$，其中 $i \neq j$。

仅仅应用雷诺方程和连续方程不能解决紊流问题中由于其未知量多于方程式的数目而出现紊流方程的封闭性问题。为了寻求附加的条件和关系式使方程封闭可解，近年来出现了各种湍流计算模型。

为了使方程封闭，引入 Boussinesq 假设：

$$-\rho \overline{u_i' u_j'} = \mu_t \left(\frac{\partial u_i}{\partial x_j} + \frac{\partial u_j}{\partial x_i} \right) - \frac{2}{3} \left(\rho k + \mu_t \frac{\partial u_i}{\partial x_i} \right) \delta_{ij}$$

式中，δ_{ij} 为克罗内克符号，当 $i=j$ 时，$\delta_{ij}=1$；当 $i \neq j$ 时，$\delta_{ij}=0$。

当不考虑质量力或在重力场中压力项代表流体动压力时，应用湍流瞬时的 N-S 方程和时均连续方程通过推导有如下标准 k-ε 方程。$k = \frac{1}{2} \overline{u_i' u_i'}$ 代表脉动动能，称为 k 方程，$\varepsilon = v \overline{\frac{\partial u_i'}{\partial x_l} \frac{\partial u_i'}{\partial x_l}}$ 代表能量耗散率，称为 ε 方程。在计算流体动力学中，标准 k-ε 方程应用十分广泛。

$$\frac{\partial}{\partial t}(\rho k) + \frac{\partial}{\partial x_i}(\rho k u_i) = \frac{\partial}{\partial x_j} \left[\left(\mu + \frac{\mu_t}{\sigma_k} \right) \frac{\partial k}{\partial x_j} \right] + G_k - \rho \varepsilon \tag{4-17}$$

$$\frac{\partial}{\partial t}(\rho \varepsilon) + \frac{\partial}{\partial x_i}(\rho \varepsilon u_i) = \frac{\partial}{\partial x_j} \left[\left(\mu + \frac{\mu_t}{\sigma_\varepsilon} \right) \frac{\partial \varepsilon}{\partial x_j} \right] + C_{1\varepsilon} \frac{\varepsilon}{k} G_k - C_{2\varepsilon} \rho \frac{\varepsilon^2}{k} \tag{4-18}$$

式中，$G_k = \mu_t \left(\frac{\partial u_i}{\partial x_j} + \frac{\partial u_j}{\partial x_i} \right) \frac{\partial u_j}{\partial x_i}$ 表示湍流产生率，湍流黏性系数 $\mu_t = \rho C_\mu \frac{k^2}{\varepsilon}$；$C_\mu$、$C_{1\varepsilon}$、$C_{2\varepsilon}$ 是常量；σ_k 和 σ_ε 是 k 方程和 ε 方程的湍流普朗特数（Pr）。

式(4-17)和式(4-18)中，等号左边第一项为非稳态项，第二项为对流项；等号右边第一项为扩散项，第二项为产生项，第三项为耗散项。

4.4 控制方程离散

4.4.1 离散方法

在计算流体动力学中，研究流体运动规律的手段是采用数值计算方法，求解描述流体运动基本规律的微分方程。首先把微分方程离散化，即对空间上连续的计算区域进行划分，分成许多个子区域，并确定每个区域中的节点，从而生成网格。然后将控制方程在网格上离散，即将偏微分格式的控制方程转化为各个节点上的代数方程组。此外，对于瞬态问题，还需要涉及时间域离散。

应变量在节点之间的分布假设及推导离散方程的方法不同，因此就形成了有限差分法、有限元法和有限体积法等不同类型的离散化方法[9-21]。

1) 有限差分法

有限差分法是计算机数值模拟最经典的方法，至今仍被广泛运用。该方法首先将求解域划分为差分网格，用有限个网格节点代替连续的求解域，然后将偏微分方程的导数用差商代替，从而建立含有离散点上有限个未知数的差分方程组。

求差分方程组的解就是求微分方程定解问题的数值近似解, 该方法是一种数学概念直观、表达简单、发展较早且比较成熟的数值方法。

2) 有限元法

有限元法是将一个连续的求解域任意分成适当形状的许多微小单元, 并对各小单元分片构造差值函数; 根据变分原理和加权余量法, 将问题的控制方程转化为所有单元上的有限元方程, 把总体的极值作为各单元极值之和, 即将微分方程中的变量改写成由各变量或其导数的节点值与所选用的插值函数组成的线性表达式; 借助变分原理或加权余量法, 将微分方程离散求解。采用不同的权函数和插值函数形式, 便构成不同的有限元法。

3) 有限体积法

有限体积法又称为控制体积法。其基本思想是: 将计算区域划分为一系列不重复的控制体积, 并使每个网格点周围有一个控制体积; 将待解的微分方程对每一个控制体积积分, 得出一组离散方程, 其中的未知数是网格点上因变量的数值。为了求出控制体积的积分, 必须假定值在网格点之间的变化规律。从积分区域的选取方法来看, 有限体积法属于加权剩余法中的子区域法; 从未知解的近似方法来看, 有限体积法属于采用局部近似的离散方法。简言之, 子区域法是有限体积法的基本方法。有限体积法的基本思路易于理解, 并能得出直接的物理解释。

离散方程的物理意义就是因变量在有限大小的控制体积中的守恒原理, 如同微分方程表示因变量在无限小的控制体积中的守恒原理一样。用有限体积法得出的离散方程, 要求因变量的积分守恒对任意一组控制体积都得到满足, 对整个计算区域, 自然也得到满足。这是有限体积法吸引人的优点。有限差分法仅当网格极其细密时, 离散方程才满足积分守恒; 而有限体积法即使在粗网格情况下, 也显示出准确的积分守恒。就离散方法而言, 有限体积法可视作有限单元法和有限差分法的中间物。有限单元法必须假定值在网格点之间的变化规律(即插值函数), 并将其作为近似解。有限差分法只考虑网格点上的数值而不考虑值在网格点之间的变化。有限体积法只寻求节点值, 这与有限差分法相类似; 但有限体积法在寻求控制体积的积分时, 必须假定值在网格点之间的分布, 这又与有限单元法相类似。在有限体积法中, 插值函数只用于计算控制体积的积分, 得出离散方程之后便可忘掉插值函数; 如果需要, 可以对微分方程中不同的项采取不同的插值函数。

三种离散方法各有所长, 有限差分法具有直观、理论成熟、精度可选、易于编程的优点, 但是不规则区域处理烦琐, 虽然网格生成可以使有限差分法应用于不规则区域, 但是对区域的连续性等要求较严; 有限元法具有适合处理复杂区域、精度可选的优势, 缺点在于内存和计算量巨大, 并行处理不如有限差分法和有限体积法直观, 但有限元法的并行是当前和将来应用的一个不错的方向; 有限体积法适于流体计算, 可以应用于不规则网格, 适于并行, 但是基本上只能达到二阶精度，总体上看有限体积法的优势正逐渐显现出来[22-35]。

4.4.2　离散格式

将式(4-1)～式(4-15)的各控制方程表示为以下通用的矢量形式：

$$\frac{\partial}{\partial t}(\rho\varphi) + \nabla\cdot(\rho u\varphi) = \nabla\cdot(\Gamma\nabla\varphi) + S \tag{4-19}$$

其展开形式为

$$\frac{\partial}{\partial t}(\rho\varphi) + \frac{\partial}{\partial x}(\rho u\varphi) + \frac{\partial}{\partial y}(\rho v\varphi) + \frac{\partial}{\partial z}(\rho w\varphi)$$

$$= \frac{\partial}{\partial x}\left(\Gamma\frac{\partial\varphi}{\partial x}\right) + \frac{\partial}{\partial y}\left(\Gamma\frac{\partial\varphi}{\partial y}\right) + \frac{\partial}{\partial z}\left(\Gamma\frac{\partial\varphi}{\partial z}\right) + S \tag{4-20}$$

式中，φ 为通用变量，可以代表 l、u、v、w、T 等求解变量；Γ 为广义扩散系数；S 为广义源项。

对于特定的方程，φ、Γ 和 S 具有特定的形式，表 4-1 给出了三个符号与各特定方程的对应关系。

表 4-1　通用控制方程中各符号的具体形式

方程	φ	扩散系数 Γ	源项 S
连续	l	0	0
x-动量	u	$\mu_{\text{eff}} = \mu + \mu_t$	$-\dfrac{\partial p}{\partial x} + \dfrac{\partial}{\partial x}\left(\mu_{\text{eff}}\dfrac{\partial u}{\partial x}\right) + \dfrac{\partial}{\partial y}\left(\mu_{\text{eff}}\dfrac{\partial v}{\partial x}\right) + \dfrac{\partial}{\partial z}\left(\mu_{\text{eff}}\dfrac{\partial w}{\partial x}\right) + S_u$
y-动量	v	$\mu_{\text{eff}} = \mu + \mu_t$	$-\dfrac{\partial p}{\partial y} + \dfrac{\partial}{\partial x}\left(\mu_{\text{eff}}\dfrac{\partial u}{\partial y}\right) + \dfrac{\partial}{\partial y}\left(\mu_{\text{eff}}\dfrac{\partial v}{\partial y}\right) + \dfrac{\partial}{\partial z}\left(\mu_{\text{eff}}\dfrac{\partial w}{\partial y}\right) + S_v$
z-动量	w	$\mu_{\text{eff}} = \mu + \mu_t$	$-\dfrac{\partial p}{\partial z} + \dfrac{\partial}{\partial x}\left(\mu_{\text{eff}}\dfrac{\partial u}{\partial z}\right) + \dfrac{\partial}{\partial y}\left(\mu_{\text{eff}}\dfrac{\partial v}{\partial z}\right) + \dfrac{\partial}{\partial z}\left(\mu_{\text{eff}}\dfrac{\partial w}{\partial z}\right) + S_w$
湍动能	k	$\mu + \dfrac{\mu_t}{\sigma_k}$	$G_k + \rho\varepsilon$
耗散率	ε	$\mu + \dfrac{\mu_t}{\sigma_s}$	$\dfrac{\varepsilon}{k}(C_{1\varepsilon}G_k + C_{2\varepsilon}\rho\varepsilon)$
能量	T	$\dfrac{\mu}{Pr} + \dfrac{\mu_t}{\sigma_T}$	S 按实际问题而定

注：μ_{eff} 为湍流的有效黏度。

对所有控制方程进行适当的数学处理，将方程中的因变量、时变量、对流项和扩散项写成标准形式，将方程右端的其余各项集中在一起定义为源项，从而化为通用微分方程。因此只需要考虑通用方程(4-19)的数值解，写出求解方程(4-19)的源程序，就足以求解不同类型的流体流动。对于不同的 φ，只要重复调用该程序，并给定 Γ 和 S 的适当表达形式及适当的初始条件和边界条件，便可求解。

由于离散格式并不影响控制方程中的源项及瞬态项，为了便于说明各种离散格式的特性，本节选定三维、稳态、无源项的对流-扩散问题为讨论对象，假定速度场为 u，根据式(4-20)得出关于广义未知量 φ 的输运方程：

$$\frac{\partial}{\partial x}(\rho u \varphi) + \frac{\partial}{\partial y}(\rho v \varphi) + \frac{\partial}{\partial z}(\rho w \varphi)$$

$$= \frac{\partial}{\partial x}\left(\Gamma \frac{\partial \varphi}{\partial x}\right) + \frac{\partial}{\partial y}\left(\Gamma \frac{\partial \varphi}{\partial y}\right) + \frac{\partial}{\partial z}\left(\Gamma \frac{\partial \varphi}{\partial z}\right) \tag{4-21}$$

该流动也必须满足连续方程，因此有

$$\frac{\partial(\rho u)}{\partial x} + \frac{\partial(\rho v)}{\partial y} + \frac{\partial(\rho w)}{\partial z} = 0 \tag{4-22}$$

考虑图 4-2 所示的三维控制体积，这里用 P 表示所研究的节点及其周围的控制体积；东侧即 x 轴正方向相邻的节点及相应的控制体积均用 E 表示，西侧相邻的节点及相应的控制体积均用 W 表示；控制体积 P 东西两个界面分别用 e 和 w 表示，两个界面的距离用 Δx 表示；同理在 y 轴和 z 轴上控制体积 P 南北上下相邻的四个控制体积及其节点分别用 S、N、T 和 B 表示，控制体积 P 的四个界面分别用 s、n、t 和 b 表示，在两个方向上控制体积的宽度分别用 Δy 和 Δz 表示。

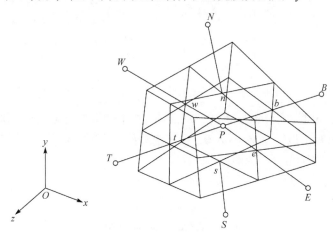

图 4-2　控制体积 P 及界面上的流速
E、W、N、S、T、B 代表主节点

根据控制体积 P 上的积分控制方程(4-16)，有

$$(\rho u A \varphi)_e - (\rho u A \varphi)_w + (\rho v A \varphi)_n - (\rho v A \varphi)_s + (\rho w A \varphi)_t - (\rho w A \varphi)_b$$

$$= \left(\Gamma A \frac{\partial \varphi}{\partial x}\right)_e - \left(\Gamma A \frac{\partial \varphi}{\partial x}\right)_w + \left(\Gamma A \frac{\partial \varphi}{\partial y}\right)_n - \left(\Gamma A \frac{\partial \varphi}{\partial y}\right)_s + \left(\Gamma A \frac{\partial \varphi}{\partial z}\right)_t - \left(\Gamma A \frac{\partial \varphi}{\partial z}\right)_b \tag{4-23}$$

积分连续方程有

$$\left(\rho uA\varphi\right)_e - \left(\rho uA\varphi\right)_w + \left(\rho vA\varphi\right)_n - \left(\rho vA\varphi\right)_s + \left(\rho wA\varphi\right)_t - \left(\rho wA\varphi\right)_b = 0 \quad (4\text{-}24)$$

为了获得对流-扩散问题的离散方程，必须对方程(4-23)的界面上的物理量做某种近似处理。为讨论方便，定义两个新的物理量 F 和 D，其中 F 表示通过界面上单位面积的对流质量通量，简称对流质量流量，D 表示界面的扩散的传导性。因此，有

$$F \equiv \rho uA \quad (4\text{-}25)$$

$$D \equiv \frac{\Gamma}{\delta l}A, \quad l = x, y, z \quad (4\text{-}26)$$

这样，F 和 D 在控制体积界面上的值分别为

$$\begin{cases} F_w = \left(\rho u\right)_w A_w, & F_e = \left(\rho u\right)_e A_e \\ F_s = \left(\rho v\right)_s A_s, & F_n = \left(\rho v\right)_n A_n \\ F_t = \left(\rho w\right)_t A_t, & F_b = \left(\rho w\right)_b A_b \end{cases} \quad (4\text{-}27)$$

$$\begin{cases} D_w = \dfrac{\Gamma_w}{\left(\delta x\right)_w} A_w, & D_e = \dfrac{\Gamma_e}{\left(\delta x\right)_e} A_e \\ D_s = \dfrac{\Gamma_s}{\left(\delta y\right)_s} A_s, & D_n = \dfrac{\Gamma_n}{\left(\delta y\right)_n} A_n \\ D_t = \dfrac{\Gamma_t}{\left(\delta z\right)_t} A_t, & D_b = \dfrac{\Gamma_b}{\left(\delta z\right)_b} A_b \end{cases} \quad (4\text{-}28)$$

在此基础上，定义单元的佩克莱数 $Pe = \dfrac{F}{D} = \dfrac{\rho u}{F/(\delta l)}$，$Pe$ 表示对流与扩散的强度之比。可以知道，当 Pe 为 0 时，对流-扩散问题演变为纯扩散问题，即流场中没有流动，只有扩散；当 Pe 不为 0，且其绝对值很大时，对流-扩散问题演变为纯对流问题，扩散作用可以忽略。

参数 A 表示控制体积的界面的面积，其计算公式为

$$\begin{cases} A_w = \Delta y\Delta z, & A_e = \Delta y\Delta z \\ A_s = \Delta x\Delta z, & A_n = \Delta x\Delta z \\ A_t = \Delta x\Delta y, & A_b = \Delta x\Delta y \end{cases} \quad (4\text{-}29)$$

这样，方程(4-23)可写为

$$F_e\varphi_e - F_w\varphi_w + F_n\varphi_n - F_s\varphi_s + F_t\varphi_t - F_b\varphi_b$$
$$= D_e\left(\varphi_E - \varphi_P\right) - D_w\left(\varphi_P - \varphi_W\right) + D_n\left(\varphi_S - \varphi_P\right) - D_s\left(\varphi_P - \varphi_N\right)$$
$$+ D_t\left(\varphi_T - \varphi_P\right) - D_b\left(\varphi_P - \varphi_B\right) \quad (4\text{-}30)$$

同时，连续方程(4-21)的积分结果为

$$F_e - F_w + F_n - F_s + F_t - F_b = 0 \tag{4-31}$$

为简化问题的讨论，假定速度场已通过某种方式变为已知，这样，对流质量流量式(4-24)便为已知。为了求解方程(4-27)，需要计算广义未知量 φ 在界面 e、w、s、n、t、b 处的值。要完成这一任务，必须确定界面物理量是如何通过节点物理量来插值表示的，采用不同的插值格式，将得出不同的离散格式。

计算流体动力学中常用的插值格式有中心差分格式、一阶迎风格式、二阶迎风格式、SIMPLE 算法和 QUICK 格式等。本书主要应用中心差分格式、一阶迎风格式和 SIMPLE 算法对控制方程进行离散。

1) 中心差分格式

中心差分格式，就是界面上的物理量采用线性插值公式来计算。对于给定的均匀网格，可以写出控制体积的界面上物理量的 φ 值：

$$\varphi_e = \frac{\varphi_P + \varphi_E}{2} \tag{4-32}$$

$$\varphi_w = \frac{\varphi_P + \varphi_W}{2} \tag{4-33}$$

$$\varphi_s = \frac{\varphi_P + \varphi_S}{2} \tag{4-34}$$

$$\varphi_n = \frac{\varphi_P + \varphi_N}{2} \tag{4-35}$$

$$\varphi_t = \frac{\varphi_P + \varphi_T}{2} \tag{4-36}$$

$$\varphi_b = \frac{\varphi_P + \varphi_B}{2} \tag{4-37}$$

将式(4-32)～式(4-37)代入式(4-27)中的对流项，有

$$\frac{F_e}{2}(\varphi_P + \varphi_E) - \frac{F_w}{2}(\varphi_P + \varphi_W) + \frac{F_n}{2}(\varphi_P + \varphi_N) - \frac{F_s}{2}(\varphi_P + \varphi_S) + \frac{F_t}{2}(\varphi_P + \varphi_T) - \frac{F_b}{2}(\varphi_P + \varphi_B)$$
$$= D_e(\varphi_E - \varphi_P) - D_w(\varphi_P - \varphi_W) + D_n(\varphi_N - \varphi_P) - D_s(\varphi_P - \varphi_S) + D_t(\varphi_T - \varphi_P) - D_b(\varphi_P - \varphi_B)$$
$$\tag{4-38}$$

改写式(4-38)后，有

$$\left[\left(D_w - \frac{F_w}{2}\right) + \left(D_e + \frac{F_e}{2}\right) + \left(D_s - \frac{F_s}{2}\right) + \left(D_n + \frac{F_n}{2}\right) + \left(D_b - \frac{F_b}{2}\right) + \left(D_t + \frac{F_t}{2}\right)\right]\varphi_P$$
$$= \left(D_w + \frac{F_w}{2}\right)\varphi_W + \left(D_e - \frac{F_e}{2}\right)\varphi_E + \left(D_s + \frac{F_s}{2}\right)\varphi_S + \left(D_n - \frac{F_n}{2}\right)\varphi_N$$
$$+ \left(D_b + \frac{F_b}{2}\right)\varphi_B + \left(D_t - \frac{F_t}{2}\right)\varphi_T \tag{4-39}$$

引入连续方程的离散形式(4-28)，式(4-39)变成

$$\left[\left(D_w - \frac{F_w}{2}\right) + \left(D_e + \frac{F_e}{2}\right) + \left(D_s - \frac{F_s}{2}\right) + \left(D_n + \frac{F_n}{2}\right) + \left(D_b - \frac{F_b}{2}\right)\right.$$

$$\left. + \left(D_t + \frac{F_t}{2}\right) + \left(F_e - F_w + F_n - F_s + F_t - F_b\right)\right]\varphi_P$$

$$= \left(D_w + \frac{F_w}{2}\right)\varphi_W + \left(D_e - \frac{F_e}{2}\right)\varphi_E + \left(D_s + \frac{F_s}{2}\right)\varphi_S + \left(D_n - \frac{F_n}{2}\right)\varphi_N$$

$$+ \left(D_b + \frac{F_b}{2}\right)\varphi_B + \left(D_t - \frac{F_t}{2}\right)\varphi_T \tag{4-40}$$

整理后，得到

$$\left[\left(D_w + \frac{F_w}{2}\right) + \left(D_e - \frac{F_e}{2}\right) + \left(D_s + \frac{F_s}{2}\right) + \left(D_n - \frac{F_n}{2}\right) + \left(D_b + \frac{F_b}{2}\right) + \left(D_t - \frac{F_t}{2}\right)\right]\varphi_P$$

$$= \left(D_w + \frac{F_w}{2}\right)\varphi_W + \left(D_e - \frac{F_e}{2}\right)\varphi_E + \left(D_s + \frac{F_s}{2}\right)\varphi_S + \left(D_n - \frac{F_n}{2}\right)\varphi_N$$

$$+ \left(D_b + \frac{F_b}{2}\right)\varphi_B + \left(D_t - \frac{F_t}{2}\right)\varphi_T \tag{4-41}$$

将式(4-41)中的广义未知量 φ 前的系数分别用 a_P、a_E、a_W、a_N、a_S、a_T、a_B 表示，得到中心差分格式的对流-扩散方程的离散方程。

通用控制方程的离散形式可以写成如下最终形式：

$$a_P\varphi_P = a_E\varphi_E + a_W\varphi_W + a_N\varphi_N + a_S\varphi_S + a_T\varphi_T + a_B\varphi_B \tag{4-42}$$

式中，

$$\begin{cases} a_W = D_w + \dfrac{F_w}{2} \\[2mm] a_E = D_e - \dfrac{F_e}{2} \\[2mm] a_S = D_s + \dfrac{F_s}{2} \\[2mm] a_N = D_n - \dfrac{F_n}{2} \\[2mm] a_B = D_b + \dfrac{F_b}{2} \\[2mm] a_T = D_t - \dfrac{F_t}{2} \\[2mm] a_P = a_W + a_E + a_S + a_N + a_B + a_T + \left(F_e - F_w + F_n - F_s + F_t - F_b\right) \end{cases} \tag{4-43}$$

写出所有网格节点(控制体积中心)上的具有式(4-42)形式的离散方程，从而组成一个线性方程组，方程组中的未知量就是各节点上的 φ 值。求解这个方程组，可以得到未知量 φ 在空间的分布。

式(4-42)是对扩散项和对流项均采用中心差分格式离散后得到的结果。系数 a 包含了扩散与对流的影响。其中，系数中的 D 是由中心差分形成的，代表扩散过程的影响。系数中与流量 F 有关的部分是界面上的分段线性插值方式在均匀网格下的表现，体现了对流的作用。

可以证明，当 $Pe < 2$ 时，中心差分格式的计算结果与精确解基本吻合。但当 $Pe > 2$ 时，中心差分所得的解完全失去了物理意义。从离散方程的系数来说，这是由 $Pe > 2$ 时系数 a_E、a_N、a_T 小于 0 造成的。需要注意的是，通过定义控制体积上的 Pe 是如下参数的组合：流体特性(ρ 和 Γ)、流动特性(u)及计算网格特性(δx)。这样，对于给定的 ρ 和 Γ，要满足 $Pe < 2$，只能是速度很小或者网格间距很小。基于此限制，中心差分不能作为一般流动问题的离散形式[10,36-47]。

2) 一阶迎风格式

在中心差分格式中，界面处的物理量 φ 的值受到相邻两个 φ 的共同影响。在一个对流占据主导地位的流动中上述处理方式明显是不合适的，迎风格式在确定界面的物理量时考虑了流动方向。

一阶迎风格式规定，因对流造成的界面上的 φ 值被认为等于上游的节点(即迎风层节点)的 φ 值。

于是，当流动沿正方向，即 $u_w > 0, u_e > 0 (F_w > 0, F_e > 0)$ 时，存在

$$\varphi_w = \varphi_W, \quad \varphi_e = \varphi_P \tag{4-44}$$

同理，当 $v_s > 0, v_n > 0$ 和 $w_b > 0, w_t > 0$ 时，有

$$\varphi_n = \varphi_N, \quad \varphi_s = \varphi_P \tag{4-45}$$

$$\varphi_b = \varphi_B, \quad \varphi_t = \varphi_P \tag{4-46}$$

代入离散方程(4-30)可得

$$F_e\varphi_P - F_w\varphi_W + F_n\varphi_P - F_s\varphi_S + F_t\varphi_P - F_b\varphi_B$$
$$= D_e(\varphi_E - \varphi_P) - D_w(\varphi_P - \varphi_W) + D_n(\varphi_S - \varphi_P) - D_s(\varphi_P - \varphi_N)$$
$$+ D_t(\varphi_T - \varphi_P) - D_b(\varphi_P - \varphi_B) \tag{4-47}$$

整理为

$$(F_e + F_n + F_t + D_e + D_w + D_n + D_s + D_t + D_b)\varphi_P$$
$$= (F_w + D_w)\varphi_W + D_e\varphi_E + (F_s + D_s)\varphi_S + D_n\varphi_N + (F_b + D_b)\varphi_B + D_t\varphi_T$$

引入连续方程的离散形式(4-31)，上式变为

$$\left[\left(F_w+D_w\right)+D_e+\left(F_s+D_s\right)+D_n+\left(F_b+D_b\right)+D_t+\left(F_e-F_w+F_n-F_s+F_t-F_b\right)\right]\varphi_P$$
$$=\left(F_w+D_w\right)\varphi_W+D_e\varphi_E+\left(F_s+D_s\right)\varphi_S+D_n\varphi_N$$
$$+\left(F_b+D_b\right)\varphi_B+D_t\varphi_T \tag{4-48}$$

当流动沿负方向时，存在

$$\varphi_w=\varphi_P,\quad \varphi_e=\varphi_E \tag{4-49}$$

$$\varphi_s=\varphi_P,\quad \varphi_n=\varphi_N \tag{4-50}$$

$$\varphi_b=\varphi_P,\quad \varphi_t=\varphi_T \tag{4-51}$$

代入离散方程(4-30)可得

$$F_e\varphi_E-F_w\varphi_P+F_n\varphi_N-F_s\varphi_P+F_t\varphi_T-F_b\varphi_P$$
$$=D_e\left(\varphi_E-\varphi_P\right)-D_w\left(\varphi_P-\varphi_W\right)+D_n\left(\varphi_S-\varphi_P\right)-D_s\left(\varphi_P-\varphi_N\right)$$
$$+D_t\left(\varphi_T-\varphi_P\right)-D_b\left(\varphi_P-\varphi_B\right) \tag{4-52}$$

整理为

$$\left(D_e+D_w+D_n+D_s+D_t+D_b-F_w-F_s-F_b\right)\varphi_P$$
$$=D_w\varphi_W+\left(D_e-F_e\right)\varphi_E+D_s\varphi_S+\left(D_n-F_n\right)\varphi_N+D_b\varphi_B+\left(D_t-F_t\right)\varphi_T$$

代入离散方程(4-30)可得

$$\left[\left(D_e-F_e\right)+D_w+\left(D_n-F_n\right)+D_s+\left(D_t-F_t\right)+D_b+\left(F_e-F_w+F_n-F_s+F_t-F_b\right)\right]\varphi_P$$
$$=D_w\varphi_W+\left(D_e-F_e\right)\varphi_E+D_s\varphi_S+\left(D_n-F_n\right)\varphi_N+D_b\varphi_B$$
$$+\left(D_t-F_t\right)\varphi_T \tag{4-53}$$

综合式(4-48)和式(4-53)，得到一阶迎风格式的对流-扩散方程的离散方程：

$$a_P\varphi_P=a_E\varphi_E+a_W\varphi_W+a_N\varphi_N+a_S\varphi_S+a_T\varphi_T+a_B\varphi_B \tag{4-54}$$

式中，

$$\begin{cases}
a_W=D_w+\max\left(F_w,0\right)\\
a_E=D_e+\max\left(0,-F_e\right)\\
a_S=D_s+\max\left(F_s,0\right)\\
a_N=D_n+\max\left(0,-F_n\right)\\
a_B=D_b+\max\left(F_b,0\right)\\
a_T=D_t+\max\left(0,-F_t\right)\\
a_P=a_W+a_E+a_S+a_N+a_B+a_T+\left(F_e-F_w+F_n-F_s+F_t-F_b\right)
\end{cases} \tag{4-55}$$

一阶迎风格式考虑了流动方向的影响，由于式(4-40)所表示的一阶迎风格式离散方程的系数永远大于零，所以在任何条件下都不会引起解的振荡，永远都可得到在物理上看起来合理的解，没有中心差分格式中的条件限制。也正是这一点，一阶迎风格式得到广泛的应用。

当然一阶迎风格式在构造方式上有其不足之处，主要表现在以下方面。

(1) 迎风差分简单地按界面上流速大于零还是小于零来决定取值，但精确解表明界面上的值还与 Pe 的大小有关。

(2) 迎风格式不管 Pe 的大小，扩散项永远按中心差分计算。但是，当 $|Pe|$ 很大时，界面上的扩散作用接近于零，此时迎风格式夸大了扩散项的影响。

(3) 一阶迎风格式所产生的离散方程的截差等级较低，虽然不会出现解的振荡，但也限制了解的精度。

3) SIMPLE 算法

SIMPLE 是英文 semi-implicit method for pressure-linked equations 的缩写，意为"求解压力耦合方程组的半隐式方法"。算法的基本思想可描述如下：对于给定的压力场(它可以是假定值或上一次迭代计算所得到的结果)，求解离散形式的动量方程，得出速度场。因为压力场是假定或不精确的，由此得到的速度场一般不满足连续方程，所以必须对给定的压力场加以修正。修正的原则是与修正后的压力场相对应的速度场能满足这一迭代层次上的连续方程。据此原则，把由动量方程的离散形式所规定的压力与速度的关系代入连续方程的离散形式，从而得到压力修正方程，由压力修正方程得出压力修正值；根据修正后的压力场，求得新的速度场；检查速度场是否收敛，若不收敛，则用修正后的压力值作为给定的压力场，开始下一层次的计算，如此反复，直到得到收敛的解。

SIMPLE 算法的计算步骤如下：

(1) 假定一个速度分布，记为 u_0、v_0、w_0，以此计算动量离散方程中的系数及常数项。

(2) 假定一个压力场 p^*。

(3) 依次求解动量方程，得 u^*、v^*、w^*。

(4) 求解压力修正方程，得 p'。

(5) 根据 p' 值改变速度值。

(6) 利用改进后的速度场求解那些通过源项物性等与速度场耦合的 φ 变量，如果 φ 并不影响速度场，则应在速度场收敛后再求解。

(7) 利用改进后的速度场重新计算动量离散方程的系数，并用改进后的压力场作为下一层次迭代计算的初值，重复上述步骤，直到获得收敛的解。

无论采用何种离散形式，也无论采用什么算法，最终都要生成离散方程组。

在采用有限体积法离散计算区域后，所生成的对流-扩散问题的离散方程组具有如下一般形式：

$$a_P\varphi_P + \sum_{nb} a_{nb}\varphi_{nb} = b_P \tag{4-56}$$

式中，φ_P 为控制体积 P 上的待求物理量；a_P 为 φ_P 的非稳态项系数矩阵；a_{nb} 为 φ_P 的产生项和扩散项的合成系数矩阵；b_P 为 φ_P 的源项系数矩阵。

本节建立了与控制方程相应的离散方程，即代数方程组，可以采用迭代法求解代数方程组。

4.5　离散求解边界条件

在离散求解计算过程中，边界条件的正确设置是关键的一步。边界条件包括流动进口边界、流动出口边界、恒压边界、壁面边界、对称边界和周期性边界。

1) 流动进口边界

流动进口边界条件是指在进口边界上指定流动参数的情况。常用的流动进口边界包括速度进口边界、压力进口边界和质量进口边界。速度进口边界表示给定进口边界上各节点的速度值。质量进口边界主要用于可压缩流动。

在使用流动进口边界条件时，需要涉及某些流动参数，如参考压力、进口边界处 k 和 ε 的估算值、绝对压力、湍动能及耗散率等，这些参数需要做特殊考虑，为此对其进行如下说明。

(1) 参考压力。在流场数值计算程序中，压力总是按相对值表示的，实际求解的压力并不是绝对值，而是相对于进口压力(即参考压力场)而言的。因此，在某些情况下，可以通过设定进口的压力为 0 来求其他点压力。有时为了减小数字截断误差，往往故意抬高或降低参考压力场的值，这样可使其余各处的计算压力场与整个数值计算的量级相吻合。

(2) 进口边界处 k 和 ε 的估算值。在使用各种 k-ε 模型对湍流进行计算时，需要给定进口边界上 k 和 ε 的估算值。目前没有理论上精确计算这两个参数的公式，只能通过实验得到。在计算中通常采用近似公式来估算。

2) 流动出口边界

流动出口边界条件是指在指定位置(几何出口)上给定流动参数，包括速度、压力等。流动出口边界条件是与流动进口边界条件联合使用的。

3) 恒压边界

在流动分布的详细信息未知但边界的压力值已知的情况下，使用恒压边界条件。应用该边界条件的典型问题包括物体外部绕流、自由表面流、自然通风及燃烧等浮力驱动流以及有多个出口的内部流动。

在使用恒压边界条件时，最主要的问题在于不知道流动方向，该流动方向受计算域的内部状态影响。求解过程中，通过使每一单元都满足连续性，可求得计算域边界上的速度分量，从而得出解的一部分，再利用这些值根据控制体积的质量守恒求出速度。

4) 壁面边界

壁面是流动问题中最常用的边界。对于壁面边界条件，除压力修正方程外，各离散方程源项需要做特殊处理。特别对于湍流计算，因为湍流在壁面区演变为层流，所以需要针对近壁面区，采用壁面函数法，将壁面上的已知值引入内节点的离散方程的源项。

当给定壁面边界条件时，针对紧邻壁面的节点的控制方程，需要构造特殊的源项，以引入所给定的壁面条件。对于层流和湍流两种状态，离散方程的源项是不同的。对于层流流动，流动相对比较简单；而对于湍流流动，就需要区分近壁面流动与湍流核心区的流动。

5) 对称边界

对称边界条件是指所求解的问题在物理上存在对称性。应用对称边界条件，可以避免求解整个计算域，从而使求解规模缩减到整个问题的 1/2。

在对称边界上，垂直边界的速度取为零，而其他物理量的值在该边界内外是相等的，即计算域外紧邻边界的节点的值等于对应的计算域内紧邻边界的节点的值。

6) 周期性(循环)边界

周期性边界条件也称为循环边界条件，通常是针对对称问题提出的。例如，在轴流式水轮机或水泵中，叶轮的流动可划分为与叶片数相等的子域，子域的起始边界和终止边界就是周期性边界。在这两个边界上的流动完全相同。

要使用周期性边界条件，必须取流出循环边界出口的所有流动变量的通量等于进入循环边界的对应变量的通量，可以通过取进口面左右侧的节点变量值分别等于出口面左右侧的节点变量值来实现[48-56]。

参 考 文 献

[1] 马铁犹. 计算流体动力学[M]. 北京: 北京航空航天大学出版社, 1986.

[2] 苏铭德, 黄素逸. 计算流体力学基础[M]. 北京: 清华大学出版社, 1997.

[3] Rogers S E, Kwak D. Upwind differencing scheme for the time-accurate incompressible Navier-Stokes equations[J]. AIAA Journal, 1990, (28): 253-262.

[4] Rogers S E, Kwak D, Kiris C. Steady and unsteady solutions of the incompressible Navier-Stokes

equations[J]. AIAA Journal, 1991, (29): 603-610.

[5] Merkle C L, Althavale M. Times accurate unsteady incompressible algorithms based on artificial compressibility[J]. AIAA Journal, 1987, (87): 125-132.

[6] 朱自强, 等. 应用计算流体力学[M]. 北京: 北京航空航天大学出版社, 1998.

[7] 姚征, 陈康民. FLUENT 通用软件综述[J]. 上海理工大学学报, 2002, 24(20): 137-144.

[8] 刘星, 卞思荣, 朱金福. 非结构网格生成技术[J]. 南京航空航天大学学报, 1999, 12(6): 696-700.

[9] 王福军. 计算流体动力学分析——FLUENT 软件原理与应用[M]. 北京: 清华大学出版社, 2004.

[10] 周天孝, 白文. CFD 多块网格生成新进展[J]. 力学进展, 1999, 29(3): 344-368.

[11] Versteeg H K, Malalasekera W. Computational Fluid Dynamics[M]. New York: John Wiley & Sons, 1995.

[12] 韩占忠, 王敬, 兰小平. FLUENT 流体工程仿真计算实例与应用[M]. 北京: 北京理工大学出版社, 2008.

[13] 刘霞, 葛新峰. FLUENT 软件及其在我国的应用[J]. 能源研究与应用, 2003, (2): 36-38.

[14] 陶文铨. 数值传热学[M]. 西安: 西安交通大学出版社, 2001.

[15] 章梓雄, 董曾南. 粘性流体力学[M]. 北京: 清华大学出版社, 1998.

[16] 陈克栋. 液体静压支承的发展趋势及商品化过程中有待进一步解决的问题[J]. 机床与液压, 1995, (2): 63-71.

[17] 张京平. 液压缸内动边界流场的数值分析[D]. 杭州: 浙江大学博士学位论文, 2001.

[18] 庞志成. 液体气体静压技术[M]. 哈尔滨: 黑龙江人民出版社, 1981.

[19] 于晓东, 陆怀民. 圆形可倾瓦推力轴承润滑的计算机仿真[J]. 润滑与密封, 2006, (3): 84-87.

[20] 于晓东, 陆怀民, 郭秀荣, 等. 扇形推力瓦润滑性能的数值分析[J]. 润滑与密封, 2007, 32(1): 123-125.

[21] 于晓东, 陆怀民, 郭秀荣, 等. 速度对扇形可倾瓦推力轴承润滑性能的影响研究[J]. 润滑与密封, 2007, 32(3): 136-138.

[22] 王志强. 高速动静压混合润滑推力轴承性能研究[D]. 哈尔滨: 哈尔滨理工大学硕士学位论文, 2015.

[23] 陈飞鹏. 大型精密重载静压工作台结构设计与性能分析[D]. 武汉: 湖北工业大学硕士学位论文, 2016.

[24] 孟晶. 液体动静压轴承承载特性的分析与实验研究[D]. 上海: 东华大学硕士学位论文, 2012.

[25] 郭力, 李波, 章泽. 液体动静压轴承的温度场和热变形仿真分析[J]. 机械科学与技术, 2014, 33(4): 511-515.

[26] 钟洪, 张冠坤. 液体动静压轴承设计手册[M]. 北京: 电子工业出版社, 2007.

[27] 张艳芹. 基于 FLUENT 的静压轴承流场及温度场研究[D]. 哈尔滨: 哈尔滨理工大学硕士学位论文, 2007.

[28] 斯坦菲尔特 F M. 流体静压轴承及其应用[M]. 重庆大学镗铣床研制组, 译. 北京: 科学技术文献出版社, 1975.

[29] 陈燕生. 静压支承原理和设计[M]. 北京: 国防工业出版社, 1980.

[30] 金朝铭. 液压流体力学[M]. 北京: 国防工业出版社, 1994.

[31] 邵俊鹏, 张艳芹, 李鹏程. 基于FLUENT的静压轴承椭圆腔和扇形腔静止状态流场仿真[J]. 润滑与密封, 2007, 32(1): 93-95.

[32] 邵俊鹏, 张艳芹, 于晓东, 等. 重型静压轴承扇形腔和圆形腔温度场数值模拟与分析[J]. 水动力学研究与进展, 2009, 24(1): 119-124.

[33] 于晓东. 重型静压推力轴承力学性能及油膜态数值模拟研究[D]. 哈尔滨: 东北林业大学博士学位论文, 2007.

[34] 李君栋. 气体静压主轴轴承热特性的有限元分析[D]. 哈尔滨: 哈尔滨工业大学硕士学位论文, 2005.

[35] 朱希玲. 基于ANSYS的静压轴承油腔结构优化设计[J]. 轴承, 2009, (7): 12-15.

[36] 王志刚, 蒋立军, 俞炳丰, 等. 可倾瓦推力轴承瞬态热效应的实验研究[J]. 机械科学与技术, 2010, 19(6): 981-984.

[37] Yu X D, Zhou Q H, Meng X L, et al. Influence research of cavity shapes on temperature field of multi-pad hydrostatic thrust bearing[J]. International Journal of Control and Automation, 2014, 7(4): 329-336.

[38] Yu X D, Meng X L, Shao J P. Comparative study of the performance on a constant flow annular hydrostatic thrust bearing having multi-circular recess and sector recess[C]. The 9th International Conference on Electronic Measurement & Instruments, 2009: 1005-1010.

[39] Thompson J F, Warsi Z U A, Marstin C W. Numerical Grid Generation, Foundation and Application[M]. New York: North-Holland, 1985.

[40] 丁源, 王清. ANSYS ICEM CFD从入门到精通[M]. 北京: 清华大学出版社, 2013.

[41] 纪兵兵, 陈金瓶. ANSYS ICEM CFD网格划分技术实例详解[M]. 北京: 中国水利水电出版社, 2012.

[42] 高飞, 李昕. ANSYS CFX 14.0超级学习手册[M]. 北京: 人民邮电出版社, 2013.

[43] 丁源, 吴继华. ANSYS CFX 14.0从入门到精通[M]. 北京: 清华大学出版社, 2013.

[44] 王建磊, 李军杰, 杨培基, 等. 动静压轴承温度场和热变形的仿真分析[C]. 第十届全国振动理论及应用学术会议, 2011: 389-393.

[45] 付旭. 极端工况下静压推力轴承动压效应研究[D]. 哈尔滨: 哈尔滨理工大学硕士学位论文, 2016.

[46] 高春丽. 高速重载静压推力轴承油垫结构效应研究[D]. 哈尔滨: 哈尔滨理工大学硕士学位论文, 2013.

[47] 吴晓刚. 计及摩擦副变形的静压推力轴承润滑性能预测[D]. 哈尔滨: 哈尔滨理工大学硕士学位论文, 2017.

[48] 李欢欢. 静压推力轴承高速重载效应研究[D]. 哈尔滨: 哈尔滨理工大学硕士学位论文, 2014.

[49] 邱志新. 高速重载静压推力轴承润滑性能预测研究[D]. 哈尔滨: 哈尔滨理工大学硕士学位论文, 2013.

[50] 孙丹丹. 双矩形腔静压支承润滑性能优化研究[D]. 哈尔滨: 哈尔滨理工大学硕士学位论文, 2017.

[51] 谭力. 高速重载静压推力轴承摩擦失效预测[D]. 哈尔滨: 哈尔滨理工大学硕士学位论文, 2014.

[52] 向洪君. 大尺度静压支承环隙油膜润滑性能研究[D]. 哈尔滨: 哈尔滨理工大学硕士学位论文, 2012.

[53] 刘丹. 高速重载静压支承动静压合理匹配关系研究[D]. 哈尔滨: 哈尔滨理工大学硕士学位论文, 2016.

[54] 隋甲龙. 自适应油垫可倾式静压推力轴承摩擦学行为研究[D]. 哈尔滨: 哈尔滨理工大学硕士学位论文, 2017.

[55] 马文琦, 姜继海, 赵克定. 变粘度条件下静压止推轴承温升的研究[J]. 中国机械工程, 2001, 12(8): 953-955.

[56] 唐军, 黄筱调, 张金. 大重型静压支承静态性能及油膜流体仿真[J]. 辽宁工程技术大学学报(自然科学版), 2011, 30(3): 426-429.

第 5 章　高速重载静压推力轴承结构效应

静压推力轴承是机床部件中的重要组成部分，对主轴的旋转精度有很大影响，而油腔的结构对旋转精度及运行稳定性都有很大的影响，因此必须对油腔结构进行深入研究，才能更好地优化静压轴承性能[1-3]。静压支承有单油腔平面支承与多油腔平面支承的区别，单油腔的支承往往不能承受偏载荷，为此设计了多油腔静压支承。另外，旋转机械越来越普遍地应用于工业领域，轴承的润滑性能影响着轴承的旋转精度、轴承的使用寿命和可靠性，而静压推力轴承在高速重载工况下的润滑性能与油垫结构参数有很大联系，因此合理选择封油边尺寸、油腔深度和转速对提高润滑性能起着至关重要的作用。从第 4 章可以看出，在等面积圆形腔、扇形腔和十字形腔的环隙油膜静压推力轴承中，圆形腔环隙油膜静压推力轴承具有很好的综合性能。

本章基于具有 12 个对称分布油腔的静压导轨，对圆形腔、扇形腔和十字形腔这三种形状油腔的静压推力轴承的温度场、压力场和速度场进行分析；以圆形腔静压推力轴承间隙流体为对象，重点介绍封油边尺寸、油腔深度、转速对扇形腔静压推力轴承流场和温度场的影响[4-46]。

5.1　润滑性能数值模拟环境及前处理

5.1.1　数值模拟环境

计算流体动力学是一门发展迅速的学科，网格生成是计算流体动力学数值计算中的重要环节，选择恰当的网格划分软件至关重要。

网格划分软件 ANSYS ICEM CFD 因其简便的操作界面、丰富的几何接口、完善的几何功能、灵活的拓扑创建、先进的 O 网技术、丰富的求解器接口等优势，越来越被专业人士所认可。作为一款强大的前处理软件，它不仅可以为世界上几乎所有主流 CFD 软件提供高质量网格，还可用于完成多种 CAE 软件的前处理工作；具有强大的网格生成功能与几何建模功能，可以通过自动生成网格功能划分四面体网格，也可以使用拓扑功能生成质量更高的六面体网格和 O 网网格。

流体分析与仿真技术 ANSYS CFX 主要分为三个基本模块：前处理、求解和后处理。CFX 前处理主要用来建立计算区域，选择物质、模型，设定边界条件，设定求解等。CFX 后处理可以快速地展示计算结果，生成点、线、面、体等，创建矢量图、云图、流线等对象，以及生成数据、输出数据等[47-50]。

5.1.2　间隙流体几何模型及网格生成

　　静压导轨上对称均布 12 个等面积的环隙油膜，结构如图 5-1 所示，通过 UG 软件构建几何模型，由于静压导轨对称分布，所以只需取其 1/12 进行研究即可。等面积不同腔形的重型静压推力轴承间隙流体的三维模型分别如图 5-2～图 5-4 所示。

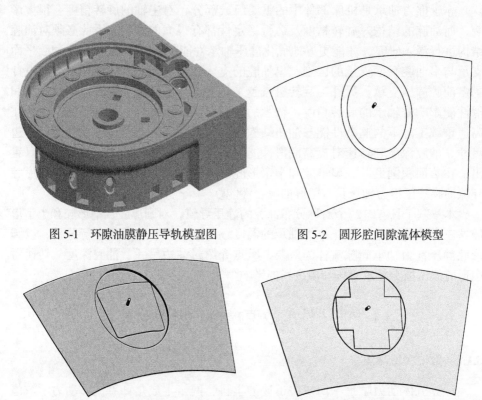

图 5-1　环隙油膜静压导轨模型图　　　　图 5-2　圆形腔间隙流体模型

图 5-3　扇形腔间隙流体模型　　　　图 5-4　十字形腔间隙流体模型

　　静压轴承几何形状复杂，且油膜很薄，求解过程中对网格质量要求很高，因此采用结构化六面体网格。六面体网格继承了笛卡儿网格与非结构化网格的优点，网格质量高，可以通过加密网格来调整网格质量。为了使计算结果更精确，对油膜厚度为 0.12mm 的薄层进行加密网格，对网格进行局部放大，如图 5-5 所示。在油腔内部使用 O 网，以防止网格发生变形，影响运算精度，最终得到的油膜网格如图 5-6 所示，其网格总数为 980296，其中质量分布 0.8 以下的网格数为 0；0.8～0.9 的网格数为 7693，占总数的 0.785%[51-65]；0.9～1 的网格数为 972603，占总数的 99.215%，说明网格质量优秀，符合计算要求。油膜网格及质量检测图如图 5-6 所示。

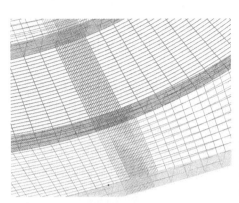

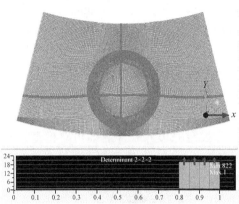

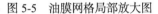

图 5-5　油膜网格局部放大图　　　　　　图 5-6　油膜网格及质量检测图

5.1.3　边界条件设定及求解结果分析

　　静压轴承的润滑油为 46 号液压油，密度 $\rho = 880\mathrm{kg/m^3}$，比热容 $c = 1884\mathrm{J/(kg\cdot K)}$，热导率 $\lambda = 0.132\mathrm{W/(m\cdot K)}$，运动黏度(液体为 40℃时) ν 为 41.4～50.6cst，相应地取动力黏度 μ 为 0.0365Pa·s，热膨胀系数为 0.00087/K。在 ANSYS ICEM CFD 软件中创建体(body)为流体(liquid)，设置几何模型区域为流体区域，创建区域(part)，定义入口为质量流量入口(inlet)，定义压力出口边界分别为压力出口 1(outlet1)和压力出口 2(outlet2)，定义对称边界分别为接口面 1(interface1)和接口面 2(interface2)，与工作台接触的壁面设置为旋转面(rotate)，如图 5-7 所示[66-77]。

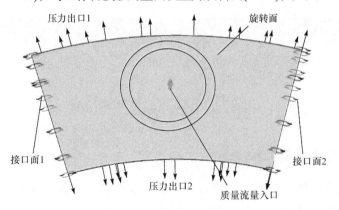

图 5-7　边界类型的设置

　　边界条件设定如下。

　　入口：质量流量入口(inlet)为速度入口，入口速度为 0.15m/s，入口温度为 293K。

出口：压力出口 1(outlet1)、压力出口 2(outlet2)和大气相通，压力为标准大气压。

旋转面：即工作台下表面与导轨上表面相接触的面，其转速与工作台转速相同。

周期性边界：本书所研究的模型为对称分布的 12 腔静压轴承，因此只需取其 1/12 即可。

设定完边界条件后即可对模型进行求解，首先将求解域流体设定为 Shear Stress Transport 紊流模型，并设置求解步数，设定初始值，然后开启求解器CFX-solver 进行求解，计算结果如图 5-8 所示。由图可知，均方根已达到 10^{-4}，即认为收敛，可达到准确求解。

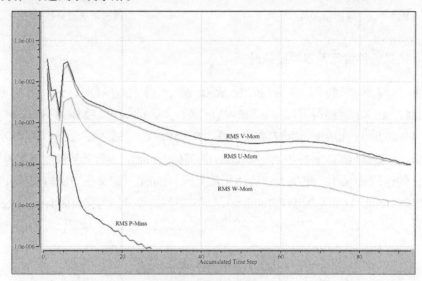

图 5-8　迭代残差曲线

5.2　油腔形状对润滑性能的影响

5.2.1　油腔形状对温度场的影响

油腔的温度场可以反映腔内各个位置的温度变化，为了研究腔形对静压推力轴承的影响，这里采取等面积法进行计算。取进油口直径为 8mm，油腔深度为 5mm，回油槽深度为 5.12mm，入口流量为恒流，流速为 0.15m/s，工作台的转速为 80r/min，分别模拟等油腔面积的圆形腔、扇形腔和十字形腔间隙流体的温度场，模拟结果分别如图 5-9～图 5-20 所示[75-88]。

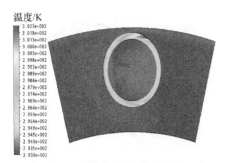

图 5-9 圆形腔油膜温度分布

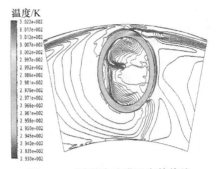

图 5-10 圆形腔油膜温度等值线

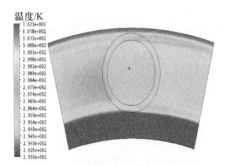

图 5-11 圆形腔旋转面油膜温度分布

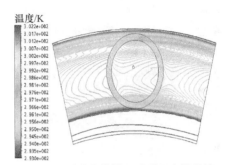

图 5-12 圆形腔旋转面油膜温度等值线

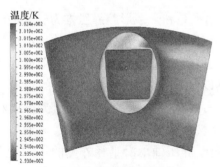

图 5-13 扇形腔油膜温度分布

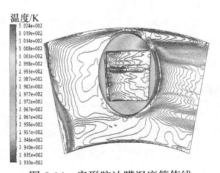

图 5-14 扇形腔油膜温度等值线

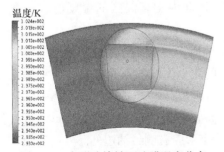

图 5-15 扇形腔旋转面油膜温度分布

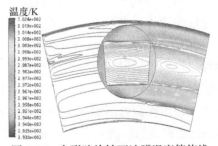

图 5-16 扇形腔旋转面油膜温度等值线

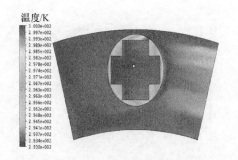

图 5-17　十字形腔油膜温度分布

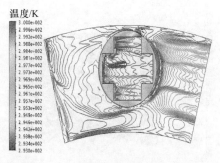

图 5-18　十字形腔油膜温度等值线

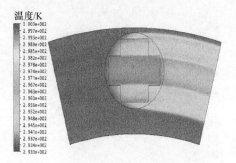

图 5-19　十字形腔旋转面油膜温度分布

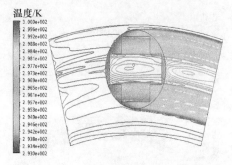

图 5-20　十字形腔旋转面油膜温度等值线

由图 5-9~图 5-20 可看出，圆形腔、扇形腔和十字形腔静压推力轴承的温度场都呈非对称分布，这是因为润滑油本身是具有一定黏度的流体，所以油质点在运动过程中不断消耗主轴供给的机械能，工作台与油膜上表面的剪切和油质点间的剪切等摩擦功耗转变为热以及系统发热，使油质点的温度升高，形成油膜中不均匀的温度场。由于右侧封油边压差流与剪切流方向相反，所以流速相对于左侧要慢，热量不能被及时带走。由圆形腔、扇形腔和十字形腔封油边处的温度场还可看出，由于静压轴承沿半径外侧的散热效果较差，加上压差流与剪切流的综合影响，最高温度出现在径向外侧封油边边缘处，所以径向外侧高温区的温度值高于径向内侧高温区的温度值，温度由高温带向两侧逐渐降低。

由图 5-17~图 5-20 可以看出，十字形腔四个内角处封油边内侧压差流方向相反，导致十字形腔之间流速缓慢，产生的热量不能被及时带走；十字形腔静压推力轴承油膜温度场除了封油边右侧具有高温区之外，封油边左侧十字形腔拐角处也出现两处高温区，但封油边左侧高温区的温度值明显低于封油边右侧高温区的温度值，因此最高温度仍出现在十字形腔右侧封油边处。

通过观察回油槽的温度分布，可看出圆形腔、扇形腔和十字形腔回油槽均是沿径向内外两侧温度最低，这是由于出口处与大气相通，温度自然会降低直至室温值。但圆形腔左右两侧回油槽温度基本对称分布，而扇形腔和十字形腔左右两侧回油槽温度不对称分布，均是右侧温度高于左侧温度，这是因为扇形腔和十字形腔的压差分布不均匀，导致右侧散热较差。

表 5-1 列出了三种形腔静压推力轴承的油膜温度最高值。从表中可以看出，温升由高到低的顺序依次是扇形腔、圆形腔和十字形腔，虽然十字形腔温升较低，但它有多处高温区，因此从温升角度来看，圆形腔静压推力轴承的性能较佳。

表 5-1　三种形腔静压推力轴承的油膜温度最高值　　　　　（单位：K）

油腔形状	圆形腔	扇形腔	十字形腔
温度最高值	302.3	302.4	300.0

从温升角度考虑，无论是圆形腔、扇形腔还是十字形腔都应该对高温区加强散热，温度升高，润滑油的黏度会降低，这会影响轴承的工作性能，甚至使油膜厚度低至产生金属摩擦，导致润滑失效。通过数值模拟高速重载静压推力轴承的温度场，可以找出高温区出现的大致位置，采取有效的措施来控制温度，为研究高速重载静压推力轴承性能打下良好基础。

5.2.2　油腔形状对压力场的影响

为了研究等油腔面积的不同腔形对高速重载静压推力轴承间隙流体压力场的影响，这里分别模拟了等油腔面积的圆形腔、扇形腔和十字形腔重载静压推力轴承间隙流体的压力场。图 5-21～图 5-26 揭示了静压推力轴承间隙流体的压力场分布规律。

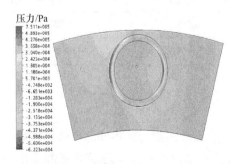

图 5-21　圆形腔油膜压力分布

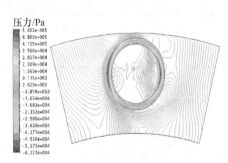

图 5-22　圆形腔油膜压力等值线

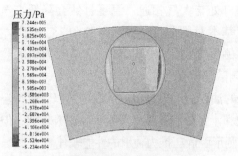

图 5-23　扇形腔油膜静压分布

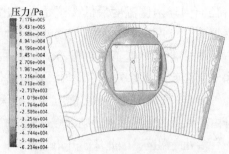

图 5-24　扇形腔油膜静压等值线

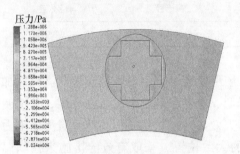

图 5-25　十字形腔油膜静压分布

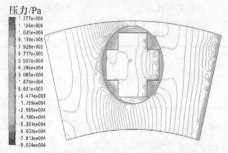

图 5-26　十字形腔油膜静压等值线

由图 5-21～图 5-26 可以看出，压力分布为从油腔向回油槽压力逐渐降低，且在回油槽处出现负压，这是因为整个回油槽都是相贯通的，自然有回油形成。油腔右侧靠封油边位置有一处高压区，这是因为静压轴承主轴做逆时针旋转，离心力的作用使得右侧边缘处压力会高些。表 5-2 列出了三种形腔静压轴承最大压力值，从中可以看出油腔压力与油腔形状有关系。

表 5-2　三种形腔静压轴承最大压力值　（单位：Pa）

油腔形状	圆形腔	扇形腔	十字形腔
最大压力值	751100	724400	128800

5.2.3　油腔形状对速度场的影响

为了研究等油腔面积的不同形腔对高速重载静压推力轴承间隙流体速度场的影响，这里分别模拟了等油腔面积的圆形腔、扇形腔和十字形腔重载静压推力轴承间隙流体的速度场，模拟结果分别如图 5-27～图 5-32 所示。

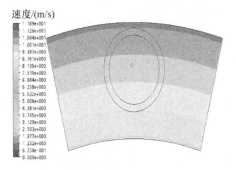

图 5-27　圆形腔旋转面速度场

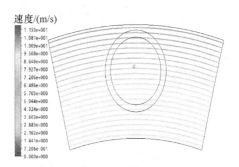

图 5-28　圆形腔旋转面速度等值线

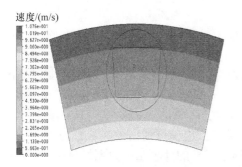

图 5-29　扇形腔旋转面速度场

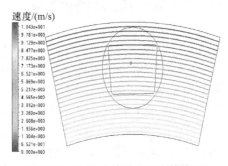

图 5-30　扇形腔旋转面速度等值线

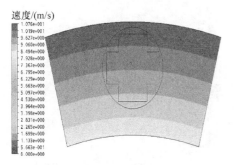

图 5-31　十字形腔旋转面速度场

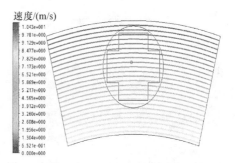

图 5-32　十字形腔旋转面速度等值线

由图 5-27～图 5-32 可以看出,静压推力轴承各处油膜速度沿半径方向由内向外逐渐增大,内边缘处有速度最小值,外边缘处有速度最大值。这和流体的线速度与导轨半径成正比的结论相符。从图中还可以看出,扇形腔、十字形腔的高速带和低速带的宽度大致相同,而圆形腔的低速带要比高速带宽很多,并且圆形腔静压轴承中的油膜最大速度要比扇形腔和十字形腔大。三种形腔静压推力轴承的油膜速度最大值如表 5-3 所示。

表 5-3　三种形腔静压推力轴承油膜速度最大值（单位：m/s）

油腔形状	圆形腔	扇形腔	十字形腔
速度最大值	11.89	10.76	10.76

综合圆形腔、扇形腔和十字形腔静压推力轴承的温度场、压力场和油膜速度场可知，圆形腔静压推力轴承的油膜综合润滑性能最佳，因此在此基础上进一步分析封油边尺寸和油腔深度对润滑性能的影响。

5.3　封油边尺寸对圆形腔静压推力轴承润滑性能的影响

5.3.1　封油边尺寸对温度场的影响

本节分析封油边尺寸对圆形腔静压推力轴承间隙流体温度场的影响，在腔深为 5mm，回油槽深度为 5.12mm，入油口直径为 8mm，恒流供油入口质量流量为 73.3kg/s，工作台的转速为 60r/min 时，通过改变油腔的半径来改变封油边的大小，分别模拟了油腔半径为 75mm、80mm、85mm、90mm、95mm、98mm、100mm 和 102mm 的圆形腔静压推力轴承间隙流体的温度场。图 5-33～图 5-38 揭示了不同封油边尺寸的间隙流体的流动规律。这里只列出油腔半径为 75mm、90mm 和 102mm 时的温度场分布图，其他尺寸的计算结果数据详见图 5-39 和图 5-40[89-99]。

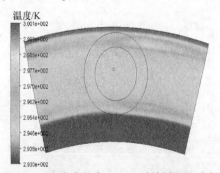

图 5-33　油腔半径为 75mm 时旋转面温度场

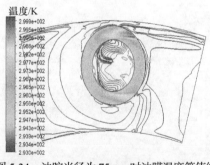

图 5-34　油腔半径为 75mm 时油膜温度等值线

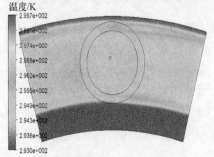

图 5-35　油腔半径为 90mm 时旋转面温度场

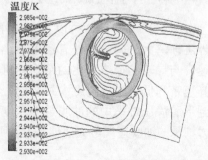

图 5-36　油腔半径为 90mm 时油膜温度等值线

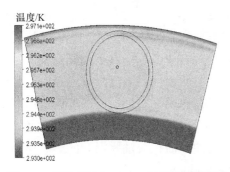

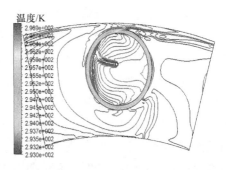

图 5-37　油腔半径为 102mm 时旋转面温度场　　图 5-38　油腔半径为 102mm 时油膜温度等值线

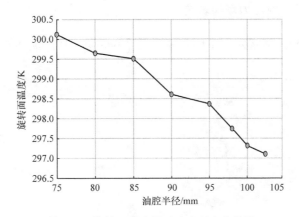

图 5-39　旋转面温度随油腔半径变化曲线

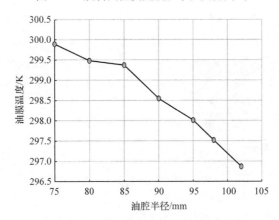

图 5-40　油膜温度随油腔半径变化曲线

由图 5-33～图 5-38 可以看出，油腔半径不同的圆形腔温度场都呈非对称分布，这是因为润滑油本身是具有一定黏度的流体，工作台与油膜上表面的剪切使油质点的温度升高，形成油膜中不均匀的温度场。由于右侧封油边压差流与剪切流方向相反，所以流速相对于左侧要慢，热量不能被及时带走。由于工作台做逆时针旋转，油腔左侧速度要小于右侧速度，流体在旋转过程中的旋转速度与其散发的热量呈正比例关系，所以封油边右侧温度会高于左侧温度。由于流体的速度是沿半径方向由内向外逐渐增大，所以最高温度出现在径向外侧封油边边缘处，径向外侧高温区的温度值高于径向内侧高温区的温度值，温度由高温带向两侧逐渐降低。由图 5-39 和图 5-40 可以看出，随着油腔半径的增大，油液温度逐渐降低，但数值变化不大，说明油腔面积对油膜温升的影响很小，而且旋转面上的油液温度要高于腔内的油液温度。

5.3.2　封油边尺寸对压力场的影响

图 5-41～图 5-46 揭示了不同封油边尺寸的间隙流体的流动规律。

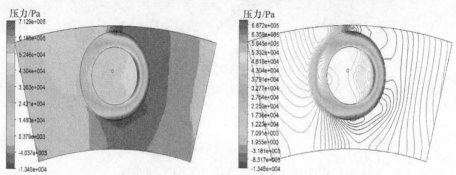

图 5-41　油腔半径为 75mm 时旋转面压力场　　图 5-42　油腔半径为 75mm 时油膜压力等值线

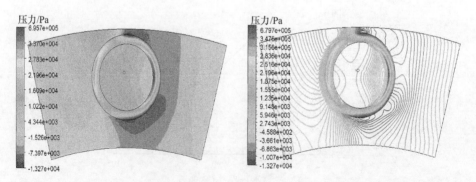

图 5-43　油腔半径为 90mm 时旋转面压力场　　图 5-44　油腔半径为 90mm 时油膜压力等值线

由图 5-41～图 5-46 可以看出，压力分布为从油腔向回油槽压力逐渐降低，且在回油槽处出现负压，这是因为整个回油槽都是相贯通的，自然有回油形成。油腔右侧靠封油边位置有一处高压区，油腔与封油边接触的左侧也出现一处高压区。

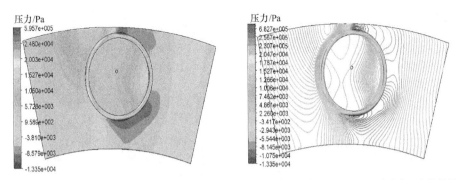

图 5-45　油腔半径为 102mm 时旋转面压力场　　图 5-46　油腔半径为 102mm 时油膜压力等值线

图 5-47 显示了旋转面压力随油腔半径的变化曲线，可见旋转面压力随油腔半径的增大先稳定而后达到一个最高值再逐渐下降，说明中间的转折点为压力最大值点，即最优面积值。

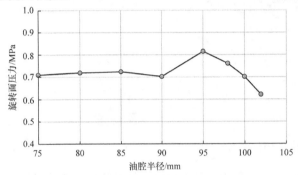

图 5-47　旋转面压力随油腔半径的变化曲线

5.3.3　封油边尺寸对速度场的影响

本节分别模拟了油腔半径为 75mm、80mm、85mm、90mm、95mm、98mm、100mm 和 102mm 的圆形腔静压推力轴承间隙流体的速度场。图 5-48～图 5-53 揭示了不同封油边尺寸的间隙流体的流动规律这里只列出油腔半径为 75mm、90mm

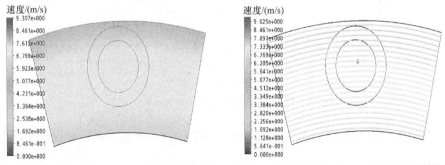

图 5-48　油腔半径为 75mm 时旋转面速度场　　图 5-49　油腔半径为 75mm 时油膜速度等值线

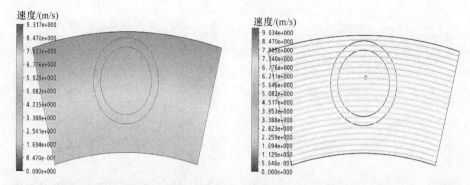

图 5-50　油腔半径为 90mm 时旋转面速度场　　图 5-51　油腔半径为 90mm 时油膜速度等值线

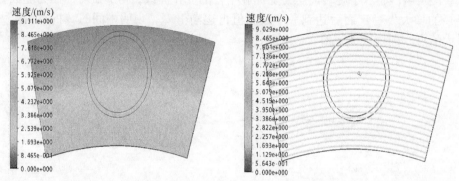

图 5-52　油腔半径为 102mm 时旋转面速度场　　图 5-53　油腔半径为 102mm 时油膜速度等值线

和 102mm 时的速度场分布图，其他尺寸的计算结果数据详见图 5-54。

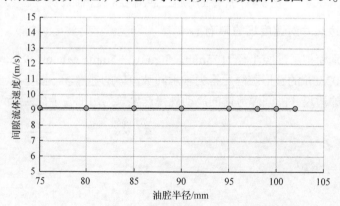

图 5-54　间隙流体速度随油腔半径的变化曲线

由图 5-49～图 5-53 可以看出，速度由导轨内径向外径方向逐渐增大，这是因为在转速一定的情况下，速度与半径成正比。由图 5-54 可以看出，随着半径的增大，速度很稳定，可见半径变化对速度基本无影响。

5.4　油腔深度对圆形腔静压推力轴承润滑性能的影响

5.4.1　油腔深度对温度场的影响

本节分析油腔深度对圆形腔静压推力轴承间隙流体温度场的影响，在回油槽深度为 5.12mm，进油孔直径为 8mm，恒流供油入口质量流量为 73.3kg/s，工作台的速度分别为20r/min 和80r/min 时，分别模拟了油腔深度为2mm、2.5mm、3mm、3.5mm、4mm、4.5mm 和 5mm 的圆形腔静压推力轴承间隙流体的温度场。图 5-55～图 5-62 揭示了圆形腔静压推力轴承间隙流体的流动规律。这里只给出油腔深度为 2mm 和 4mm 时的数值计算结果图，其他工况的计算结果数据详见图 5-63。

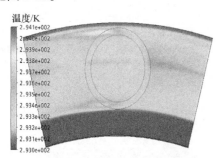

图 5-55　20r/min 油腔深度 2mm 旋转面温度场

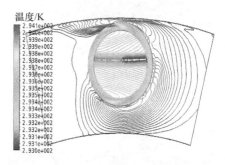

图 5-56　20r/min 油腔深度 2mm 油膜温度等值线

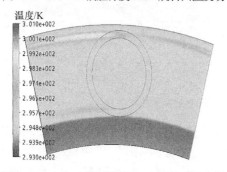

图 5-57　80r/min 油腔深度 2mm 旋转面温度场

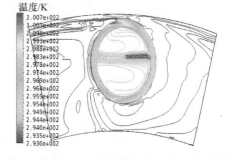

图 5-58　80r/min 油腔深度 2mm 油膜温度等值线

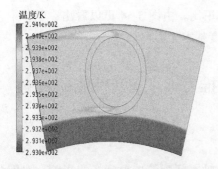
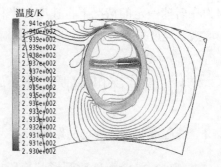

图 5-59　20r/min 油腔深度 4mm 旋转面温度场　　图 5-60　20r/min 油腔深度 4mm 油膜温度等值线

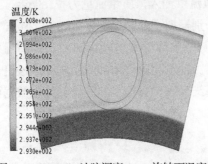
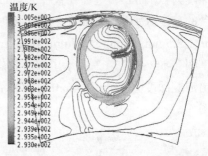

图 5-61　80r/min 油腔深度 4mm 旋转面温度场　　图 5-62　80r/min 油腔深度 4mm 油膜温度等值线

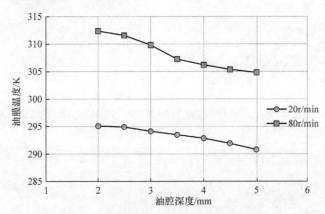

图 5-63　油膜温度随油腔深度的变化曲线

由图 5-55～图 5-62 可以看出，当为低转速 20r/min 时，旋转面上的高温区产生在旋转油膜的左侧，这是因为压差流与剪切流方向相反，此处流速较慢，产生的热量不能被及时带走，使得旋转油膜左侧出现一条高温带；当为高转速 80r/min 时，旋转面的右侧也会出现一条高温带。油腔内油膜的最高温度出现在封油边径向外侧阶梯处，最低温度出现在回油槽处。

由图 5-63 可以看出，在低转速时随着油腔深度的增大，最高温度值逐渐变小，但是变化幅度很微小，在高转速时下降幅度稍大。转速为 80r/min 时的温升高于转速为 20r/min 时的温升，两者温差大约为 7K。

5.4.2　油腔深度对压力场的影响

本节在工作台的速度分别为 20r/min 和 80r/min 时，分别模拟了油腔深度为 2mm、2.5mm、3mm、3.5mm、4mm、4.5mm 和 5mm 的圆形腔静压推力轴承间隙流体的压力场。图 5-64～图 5-71 揭示了圆形腔静压推力轴承间隙流体的压力分布规律。这里只给出油腔深度为 2mm 和 4mm 时的数值计算结果图，其他工况的计算结果数据详见图 5-72。

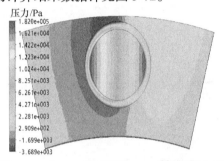

图 5-64　20r/min 油腔深度 2mm 旋转面压力场　　图 5-65　20r/min 油腔深度 2mm 油膜压力等值线

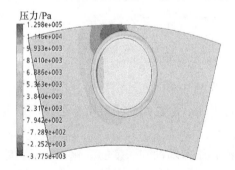
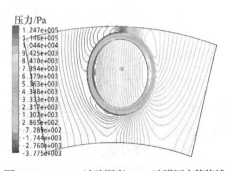

图 5-66　20r/min 油腔深度 4mm 旋转面压力场　　图 5-67　20r/min 油腔深度 4mm 油膜压力等值线

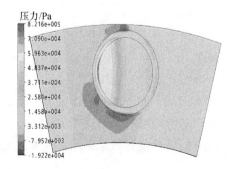
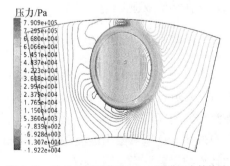

图 5-68　80r/min 油腔深度 2mm 旋转面压力场　　图 5-69　80r/min 油腔深度 2mm 油膜压力等值线

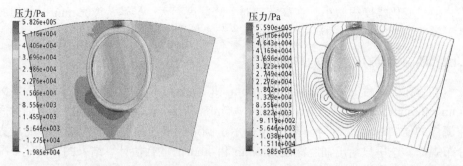

图 5-70　80r/min 油腔深度 4mm 旋转面压力场　　图 5-71　80r/min 油腔深度 4mm 油膜压力等值线

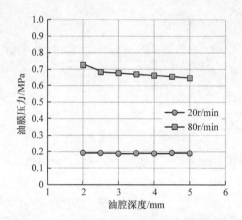

图 5-72　油膜压力随油腔深度的变化曲线

　　由图 5-64～图 5-71 可看出，压力分布为从油腔向回油槽压力逐渐降低，且在回油槽处出现负压。旋转面处会出现高压区，是因为油膜很薄，油膜温度会随着工作台的转动而升高。

　　由图 5-72 可以看出，在低转速时，油膜压力随油腔深度的变化不明显，略有波动，而在高转速时油膜压力随着油腔深度的增加而降低，这是因为油腔很浅，存在动压效应。

5.4.3　油腔深度对速度场的影响

　　本节在工作台的速度分别为 20r/min 和 80r/min 时，分别模拟了油腔深度为 2mm、2.5mm、3mm、3.5mm、4mm、4.5mm 和 5mm 的圆形腔静压推力轴承间隙流体的速度场。图 5-73～图 5-76 揭示了圆形腔静压推力轴承间隙流体的速度分布规律。这里只给出油腔深度为 2mm 和 4mm 时的数值计算结果图，其他工况的计算结果数据详见图 5-77。

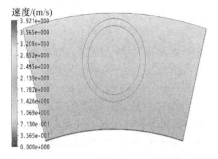

图 5-73　20r/min 油腔深度 2mm 旋转面速度场

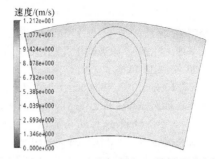

图 5-74　80r/min 油腔深度 2mm 旋转面速度场

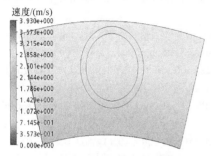

图 5-75　20r/min 油腔深度 4mm 旋转面压力场

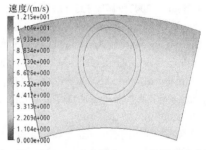

图 5-76　80r/min 油腔深度 4mm 旋转面速度场

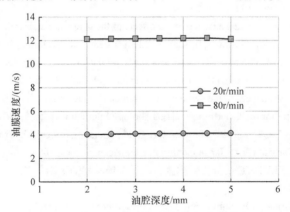

图 5-77　油膜速度随油腔深度的变化曲线

由图 5-73～图 5-76 可知，速度沿半径方向由内向外逐渐增大，这和理论转速与半径成正比相吻合。由图 5-77 可以看出，无论是低转速还是高转速，油膜速度都随油腔深度基本无变化。综上所述，对于圆形腔静压推力轴承，可推算出油腔深度 3.5mm 为其最优值。

参 考 文 献

[1] 斯坦菲尔特 F M. 流体静压轴承及其应用[M]. 重庆大学镗铣床研制组，译. 北京: 科学技术文献出版社，1975.

[2] 陈燕生. 静压支承原理和设计[M]. 北京: 国防工业出版社, 1980.

[3] 金朝铭. 液压流体力学[M]. 北京: 国防工业出版社, 1994.

[4] 刘基博, 刘浪飞. 球磨机开式静压轴承的液压参数计算和油腔结构优化探讨[J]. 矿山机械, 2000, 4(4): 33-36.

[5] Tish C S, Jain S C, Bharuka D K. Influence of recess shape on the performance of a capiliary compensated circular thrust pad hydrostatic bearing[J]. Tribology International, 2002, 35(6): 347-356.

[6] Johnson R E, Manring N D. Sensitivity studies for the shallow-pocket geometry of a hydrostatic thrust bearing[C]. ASME International Mechanical Engineering Congress and Exposition on Fluid Power and Systems Technology, 2003: 231-238.

[7] Arafa H A, Osman T A. Hydrostatic bearings with multiport viscous pumps[J]. Engineering Tribology, 2003, 21(4): 333-342.

[8] Guo L. Different geometric configurations research of high speed hybrid bearings[J]. Journal of Hunan University of Arts and Science (Natural Science Edition), 2003, 15(3): 40-43.

[9] Crabtree A B, Johnson R E. Pressure measurements for translating hydrostatic thrust bearings[J]. International Journal of Fluid Power, 2005, 3(6): 19-24.

[10] Johnson R E, Manring N D. Translating circular thrust bearings[J]. Journal of Fluid Mechanics, 2005, (530): 197-212.

[11] 车建明. 静压向心轴承的结构创新设计[J]. 润滑与密封, 2005, 102(3): 102-104.

[12] 刘涛, 王益群, 王海芳, 等. 冷轧 AGC 静-动压轴承油膜厚度的分析与补偿[J]. 机床与液压, 2005, 8(4): 62-64, 132.

[13] Canbulut F. The experimental analyses of the effects of the geometric and working parameters on the circular hydrostatic thrust bearings[J]. Machine Elements and Manufacturing, 2006, 48(4): 715-722.

[14] Chen X D, He X M. The effect of the recess shape on performance analysis of the gas lubricated bearing in optical lithography[J]. Tribology International, 2006, (39): 1336-1341.

[15] Li Y T, Ding H. Influences of the geometrical parameters of aerostatic thrust bearing with pocketed orifice-type restrictor on its performance[J]. Tribology International, 2007, (40): 1120-1126.

[16] Shao J P, Zhang Y Q, Yang X D. Temperature field simulation of heavy hydrostatic bearing based on fluent[C]. The 5th China-Japan Conference on Mechatronics, 2008: 16-20.

[17] 张艳芹. 基于 FLUENT 的静压轴承流场及温度场研究[D]. 哈尔滨: 哈尔滨理工大学硕士学位论文, 2007.

[18] Christian B, Christoph B. Simulation of dynamic effects on hydrostatic bearings and membrane restrictors[J]. Production Engineering, 2007, 1(4): 415-420.

[19] Grabovskii V I. Optimum clearance of a gas hydrostatic thrust bearing with maximum load capacity[J]. Fluid Dynamics, 2007, 35(4): 525-533.

[20] Yu X D, Meng X L, Shao J P. Comparative study of the performance on a constant flow annular hydrostatic thrust bearing having multi-circular recess and sector recess[C]. The 9th International Conference on Electronic Measurement & Instruments, 2009: 1005-1010.

[21] 何胜帅, 孙险峰. 大型水平滑台的力学特性研究与结构优化[J]. 强度与环境, 2010, 37(2): 1-7.

[22] 郝大庆, 高奋武, 胡英贝. 一种精密测量用立柱气浮导轨的设计[J]. 轴承, 2010, (2): 41-43.

[23] 孙仲元, 黄筱调, 方成刚. 重型静压轴承流场与压力场仿真分析[J]. 机械设计与制造,

2010, (10): 203-204.

[24] 杨正凯, 赵德勇, 戚索漪. 双金属静压轴承在进口主轴上的应用[J]. 装备维修技术, 2011, (4): 26-30.

[25] 邰雪涛. CZ61250 重型卧式车床主轴滚动轴承改造设计与工艺[J]. 科技创新与应用, 2012, 11(Z): 1.

[26] 徐林. M7120 型平面磨床主轴轴承静压改造[J]. 液压气动与密封, 2012, (4): 58-60.

[27] 孔中科, 陶继忠. 不同压力腔的气体静压轴承静特性的数值模拟[J]. 机械研究与应用, 2012, (5): 16-18, 21.

[28] 芦定军, 杨建军, 黄德全, 等. 推力滑动轴承瓦块倾角的数值研究[J]. 润滑与密封, 2004, (3): 40-41.

[29] Novikov E A, Shitikov I A. Calculation of the characteristics of a hydrostatic ring thrust bearing for refrigeration compressors[J]. Chemical and Petroleum Engineering, 2005, 40(3): 222-228.

[30] Liu Z B, Bao G, Wang Z Q. Analysis of load-bearing capacity with consideration of flow inertia and centrifugal inertia for a spherical hydrostatic thrust bearing[J]. Chinese Journal of Mechanical Engineering (English Edition), 2005, 21(1): 64-74.

[31] 王宁. 基于 MATLAB 的滑动轴承压力分布的数值计算[D]. 大连: 大连理工大学硕士学位论文, 2006.

[32] 朱希玲. 数值模拟在静压轴承系统中的应用[J]. 润滑与密封, 2006, (3): 136-137, 150.

[33] 王宝沛, 翟鹏, 秦磊, 等. 液体静压轴承动态特性的探讨[J]. 液压与气动, 2007, (8): 58-61.

[34] Fazil C. Analysis of effects of sizes of orifice and pockets on the rigidity of hydrostatic bearing using neural network predictor system[J]. Journal of Mechanical Science and Technology, 2008, 18(3): 432-442.

[35] 杜巧连, 张克华. 动静压液体轴承油膜承载特性的数值分析[J]. 农业工程学报, 2008, 24(6): 137-140.

[36] 杨文勇. 空气静压支承电主轴动态性能流固耦合分析与实验研究[D]. 广州: 广东工业大学硕士学位论文, 2008.

[37] 冯素丽, 李志波, 宋连国, 等. 大型静压轴承工作状态的数值模拟[J]. 金属矿山, 2008, (7): 108-111.

[38] 刘德民, 刘小兵. 基于流固耦合的静压轴承密封性能分析[J]. 流体传动与控制, 2008, (4): 52-54.

[39] Han G H, Li J Y, Dong Y H.Control method of heavy hydrostatic thrust bearing[C]. International Conference on Intelligent Human-Machine Systems and Cybernetics, 2009: 62-65.

[40] 蒙文, 易传云, 钟瑞龄, 等. 高速插齿机主轴静压支承流体仿真分析[J]. 制造技术与机床, 2009, 10(8): 127-131.

[41] 于春建, 黄筱调. 大重型数控转台静压主轴承载及蜗轮蜗杆啮合侧隙优化[J]. 南京工业大学学报(自然科学版), 2011, 33(3): 74-77, 92.

[42] 蒙文, 易传云, 钟瑞龄, 等. 高速插齿机静压主轴实验设计[J]. 润滑与密封, 2010, 35(2): 87-89.

[43] 张新宇, 陈忠基, 吴晓元, 等. 基于APDL的球磨机静压轴承油膜参数化有限元分析[J]. 矿山机械, 2010, 38(7): 66-69.

[44] 吴笛. 局部多孔质气体静压径向轴承的建模与仿真[J]. 轴承, 2010, (10): 31-36.

[45] 张学忱, 曹国华, 聂风明, 等. 光学非球面超精密磨削的微振动对成形精度影响研究[J]. 兵工学报, 2012, 33(9): 1066-1069.

[46] 姚方, 马希直. 辊压机液体静压轴承的设计及性能研究[J]. 润滑与密封, 2012, 37(4): 82-86, 101.

[47] 李东奇, 姜新波. 热磨机主轴径向静压轴承实验台的设计[J]. 林产工业, 2012, 39(6): 14-17.

[48] 于晓东, 陆怀民. 圆形可倾瓦推力轴承润滑的计算机仿真[J]. 润滑与密封, 2006, (3):84-87.

[49] 于晓东, 陆怀民, 郭秀荣, 等. 高速圆形可倾瓦推力轴承的润滑性能[J]. 农业机械学报, 2007, 38(12): 204-207.

[50] 陆怀民, 于晓东, 郭秀荣, 等. 复合材料瓦面推力轴承弹性模量的研究[J]. 机械设计, 2007, 24(2): 22-24.

[51] 于晓东, 陆怀民, 郭秀荣, 等. 扇形推力轴瓦润滑性能的数值分析[J]. 润滑与密封, 2007, 32(1): 123-125.

[52] 于晓东, 陆怀民, 李永海, 等. 速度对扇形可倾瓦推力轴承润滑性能的影响研究[J]. 润滑与密封, 2007, 32(3): 136-138.

[53] Yu X D, Zhang Y Q, Shao J P, et al. Numerical simulation of gap flow of sector recess multi-pad hydrostatic thrust bearing[C]. The 7th International Conference on System Simulation and Scientific Computing Asia Simulation Conference, 2008: 675-679.

[54] Yu X D, Meng X L, Wu B, et al. Simulation research on temperature field of circular cavity hydrostatic thrust bearing[J]. Key Engineering Materials, 2010, 419(420): 141-144.

[55] Yu X D, Zhang Y Q, Shao J P, et al. Simulation research on gap flow of circular cavity multi-pad hydrostatic thrust bearing[C]. Proceedings of the International Conference on Intelligent Human-Machine Systems and Cybernetics, 2009: 41-44.

[56] Yu X D, Meng X L, Jiang H, et al. Numerical simulation on oil-flow-state of gap oil film in sector cavity multi-pad hydrostatic thrust bearing[J]. Advances in Engineering Design and Optimization, 2010, 37-38: 743-747.

[57] Yu X D, Jiang H, Meng X L, et al. Lubricating characteristics of circular tilting pad thrust bearing[J]. Manufacturing Processes and Systems, Advanced Materials Research, 2011, 148-149: 267-270.

[58] Yu X D, Xiang H J, Lou X Z, et al. Influence research of velocity on lubricating properties of sector cavity multi-pad hydrostatic thrust bearing[J]. Material and Manufacturing Technology, 2010, 129-131: 1104-1108.

[59] Yu X D, Meng X L, Jiang H, et al. Research on lubrication performance of super heavy constant flow hydrostatic thrust bearing[J]. Advanced Science Letters, 2011, 4: 2738-2741.

[60] Yu X D. Numerical simulation of the static interference fit for the spindle and chuck of high speed horizontal lathe[C]. International Conference on Electronic & Mechanical Engineering and Information Technology, 2011: 1574-1577.

[61] Yu X D. Research on temperature field of hydrostatic thrust bearing with annular cavity multi-pad[J]. Applied Mechanics & Materials, 2012, 121-126: 3477-3481.

[62] Yu X D, Li Z G, Zhou D F, et al. Influence research of recess shape on dynamic effect of hydrostatic thrust bearing[J]. Applie Mechanics & Materials, 2013, 274: 57-60.

[63] Yu X D, Meng X L, Li H H, et al. Research on pressure field of multi-pad annular recess hydrostatic

thrust bearing[J]. Journal of Donghua University (English Edition), 2013, 30(3): 254-257.

[64] 于晓东, 高春丽, 邱志新, 等. 高速重载静压推力轴承润滑性能研究[J]. 中国机械工程, 2013, 24(23): 3230-3234.

[65] 于晓东, 邱志新, 李欢欢, 等. 扇形腔多油垫静压推力轴承润滑性能速度特性[J]. 热能动力工程, 2013, 28(3): 296-300, 328.

[66] Li Y H, Yu X D. Simulation on temperature field of gap oil film in constant flow hydrostatic center frame[J]. Applied Mechanics & Materials, 2012, 121-126: 4706-4710.

[67] Zhou D F, Yu X D. Theoretical research on bending deflection of ram in DVT250 numerical control double-column lathe[C]. International Conference on Electronic & Mechanical Engineering and Information Technology, 2011: 1567-1570.

[68] Wu B, Yu X D. Design of intelligent washout filtering algorithm for water and land tank simulation[C]. Proceedings of the International Conference on Intelligent Human-Machine Systems and Cybernetics, 2009: 19-22.

[69] Li Y H, Yu X D, Li C, et al. Study of monitoring for oil film thickness of elastic metallic plastic pad thrust bearing[J]. Advanced Design and Manufacture III, 2011, 450: 239-242.

[70] Wu B, Yu X D, Chang X M, et al. Influence of working parameters on dynamic pressure effect of heavy constant flow hydrostatic center rest[J]. Applied Mechanics & Materials, 2013, 274: 82-87.

[71] Zhou D F, Meng X L, Yu X D, et al. Experimental research on elastic modulus of composites pad thrust bearing[J]. International Journal of Advancements in Computing Technology, 2012, 4(22): 706-713.

[72] Shao J P, Zhang Y Q, Li Y H, et al. Influence of the load capacity for hydrostatic journal support deformation in finite element calculation[J]. Journal of Central South University, 2008, 15(s2): 245-249.

[73] 邵俊鹏, 张艳芹, 于晓东, 等. 重型静压轴承扇形腔和圆形腔温度场数值模拟与分析[J]. 水动力学研究与进展(A 辑), 2009, 24(1):119-124.

[74] 张艳芹, 邵俊鹏, 韩桂华, 等. 大尺寸扇形静压推力轴承润滑性能的数值分析[J]. 机床与液压, 2009, 37(1): 69-71.

[75] 付旭. 极端工况下静压推力轴承动压效应研究[D]. 哈尔滨: 哈尔滨理工大学硕士学位论文, 2016.

[76] 高春丽. 高速重载静压推力轴承油垫结构效应研究[D]. 哈尔滨: 哈尔滨理工大学硕士学位论文, 2013.

[77] 吴晓刚. 计及摩擦副变形的静压推力轴承润滑性能预测[D]. 哈尔滨: 哈尔滨理工大学硕士学位论文, 2017.

[78] 李欢欢. 静压推力轴承高速重载效应研究[D]. 哈尔滨: 哈尔滨理工大学硕士学位论文, 2014.

[79] 邱志新. 高速重载静压推力轴承润滑性能预测研究[D]. 哈尔滨: 哈尔滨理工大学硕士学位论文, 2013.

[80] 孙丹丹. 双矩形腔静压支承润滑性能优化研究[D]. 哈尔滨: 哈尔滨理工大学硕士学位论文, 2017.

[81] 谭力. 高速重载静压推力轴承摩擦失效预测[D]. 哈尔滨: 哈尔滨理工大学硕士学位论文, 2014.

[82] 王志强. 高速动静压混合润滑推力轴承性能研究[D]. 哈尔滨: 哈尔滨理工大学硕士学位论文, 2015.

[83] 向洪君. 大尺度静压支承环隙油膜润滑性能研究[D]. 哈尔滨: 哈尔滨理工大学硕士学位论文, 2012.

[84] 周启慧. 超重型卧式镗车床静压中心架润滑性能研究[D]. 哈尔滨: 哈尔滨理工大学硕士学位论文, 2015.

[85] 刘丹. 高速重载静压支承动静压合理匹配关系研究[D]. 哈尔滨: 哈尔滨理工大学硕士学位论文, 2016.

[86] 隋甲龙. 自适应油垫可倾式静压推力轴承摩擦学行为研究[D]. 哈尔滨: 哈尔滨理工大学硕士学位论文, 2017.

[87] 于晓东. 重型静压推力轴承力学性能及油膜态数值模拟研究[D]. 哈尔滨: 东北林业大学博士学位论文, 2007.

[88] 于晓东, 周启慧, 王志强, 等. 高速重载静压推力轴承温度场速度特性[J]. 哈尔滨理工大学学报, 2014, 19(1): 1-4.

[89] Yu X D, Wang Z Q, Meng X L, et al. Research on dynamic pressure of hydrostatic thrust bearing under the different recess depth and rotating velocity[J]. International Journal of Control and Automation, 2014, 7(2): 439-446.

[90] Yu X D, Wang Z Q, Meng X L, et al. Comparative study on pressure field of hydrostatic thrust bearing with different recess shapes[J]. Key Engineering Materials, 2014, 621: 431-436.

[91] 于晓东, 付旭, 刘丹, 等. 环形腔多油垫静压推力轴承热变形[J]. 吉林大学学报(工学版), 2015, 45(2): 460-465.

[92] Yu X D, Fu X, Meng X L, et al. Experimental and numerical study on the temperature performance of high-speed circular hydrostatic thrust bearing[J]. Journal of Computational and Theoretical Nanoscience, 2015, 12(8): 351-359.

[93] Yu X D, Sun D D, Meng X L, et al. Velocity characteristic on oil film thickness of multi-pad hydrostatic thrust bearing with circular recess[J]. Journal of Computational and Theoretical Nanoscience, 2015, 12(10): 3155-3161.

[94] 于晓东, 李欢欢, 谭力, 等. 圆形腔多油垫恒流静压推力轴承流场数值分析[J]. 哈尔滨理工大学学报, 2013, 18(1): 41-44.

[95] 于晓东, 潘译, 何宇, 等. 重型静压推力轴承间隙油膜流态的数值模拟[J]. 哈尔滨理工大学学报, 2015, 20(6): 42-46.

[96] 于晓东, 刘丹, 吴晓刚, 等. 静压支承工作台主变速箱振动测试诊断[J]. 哈尔滨理工大学学报, 2016, 21(2): 66-70.

[97] Yu X D, Sui J L, Meng X L, et al. Influence of oil seal edge on lubrication characteristics of circular recess fluid film bearing[J]. Journal of Computational and Theoretical Nanoscience, 2015, (12): 5839-5845.

[98] 于晓东, 孙丹丹, 吴晓刚, 等. 环形腔多油垫静压推力轴承膜厚高速重载特性[J]. 推进技术, 2016, 37(7): 1350-1355.

[99] 于晓东, 吴晓刚, 隋甲龙, 等. 静压支承摩擦副温度场模拟与实验[J]. 推进技术, 2016, 37(10): 1946-1951.

第 6 章　高速重载静压支承摩擦副变形计算

对流换热是流体与另一物体表面相接触时两者间发生的换热过程，对流换热过程的分析可以使传热学机理的研究更加深入。目前，许多对流换热与传导问题已经求得分析解，或者借助计算机求得数值解，解决了我国国民经济发展中的有关课题，对实际生产具有指导意义[1-13]。随着机床朝着高速化和高效率方向发展，静压推力轴承中的传热问题变得更加复杂，必须系统地考虑轴承的温度场分布情况、温度的高低对润滑性能的影响。润滑油剪切发热会使整个系统温度升高，影响重型立式车床的工作性能，一方面静压支承的承载能力会因油膜的变薄而降低，运行稳定性变差；另一方面工作台和底座的温度分布不均匀，局部受热过大，致使产生很大的变形，造成加工精度下降。因此，要想获得力变形和热变形后油膜的预测模型，对工作台和底座的温度场进行求解，关键要了解其内部的温度分布规律[14-25]。

热量的传导和对流是对流换热过程的主要表现形式，本章将简述对流换热过程的基本原理，介绍确定对流传热表面换热系数的方法。求解结构温度场的方法很多，如差分法、有限元法、有限体积法等，本章采用有限元法对工作台和底座的温度场进行数值仿真分析，并使用 ANSYS Workbench 软件来求解静压支承的温度场[26-30]。

6.1　对流换热与对流换热系数的计算

在实际工程和日常生活中，对流换热是普遍发生的热量传递途径之一，天气炎热的夏天使用空调或电扇进行纳凉实际就是冷热空气与固体表面进行对流换热的过程，在工程实践中也存在大量对流换热的实例，例如，热换器管内的流动沸腾换热等，就是典型的对流换热热量传递的例子。对流换热现象实际是一个非常复杂的过程，进行理论分析求解是很困难的，目前的理论解还不能解决比较复杂的实际问题，但是在揭示对流换热的本质及其影响因素的主次关系方面是很有意义的[31-35]。

6.1.1　对流换热过程的分类

对流换热是流体和固体界面接触发生的热量传递的过程，所以流体的流动形式和固体壁面的大小对其热量的传递都有很大的影响。不同的流场形式、不同大小的壁面发生作用时，传递的热量多少存在很大差别，因此会产生许多杂乱无章的对流换热过程，这对于解决问题的协调性和研究对流换热的机理是不利的。为了使对流换热过程问题更具条理性和系统性，可把对流换热过程按换热形式的不同进行分类，如图 6-1 所示。

图 6-1　对流换热形式的分类

6.1.2　影响对流换热的因素

影响对流换热的因素有很多，不同的影响因素对换热过程的影响程度也有很大差异，但是它们的本质是相同的，都是通过改变流动的因素和热量传递的多少来影响对流换热。下面着重介绍几个主要影响因素。

1. 流动机理

根据流体发生流动的机理不同，可把对流换热过程分为两大类：强制对流换热和自然对流换热。这两种对流换热存在较大差异，前者是由风机、泵等外部动力造成的，后者则是由流体内部的密度差引起的。一般来说，强制对流的对流换热系数比自然对流的对流换热系数大很多。

2. 流动状态

流体有两种不同的流动状态，即层流和紊流，层流时液体流动呈线性或层状，层与层之间没有内在联系，相互之间不影响；紊流时液体质点运动杂乱无章，会造成很大的动量和热量的扩散，因此在不改变其他条件时，紊流运动的换热能力远远大于层流运动。

3. 流体有无相变

流体没有相变时，通过显热变化实现对流换热的过程；而有相变时，对流换热主要靠流体潜热传热。流体的潜热一般比显热大得多，因此相变对流体的换热也有很大影响。

4. 流体物性

流体的物理性质影响流体的流动和热量传递，对对流传热具有明显影响的流体物性主要有流体的密度、热导率、热膨胀系数、比热容。流体的比热容和密度的积是反映流体转移和流体携带热量能力大小的标志，是热对流传热机理的主要影响因素。

6.1.3　对流换热系数的计算

由于对流换热微分方程组的复杂性，除少数简单的对流换热问题可以通过分析求解微分方程而得出相应的速度分布和温度分布外，大多数对流换热问题的分析求解是十分困难的，所以在对流换热的研究中常常采用实验研究的方法来解决复杂的对流换热问题。对流换热系数的求解是研究对流换热现象的首要问题，无论是自然对流换热系数还是强制对流换热系数都采用式(6-1)求解[36-40]：

$$h_{\mathrm{d}} = \frac{\lambda Nu}{l} \tag{6-1}$$

式中，λ 为流体的热导率(W/(m·K))；Nu 称为无量纲努塞尔数；l 为特征长度。

可以看出求解对流换热系数就是对努塞尔数进行计算，不同环境、不同介质下努塞尔数的计算方法也不相同。

1. 自然对流换热系数的计算

自然对流换热是工程上常见的一种对流换热形式，它不仅存在于各种热设备、炉子、铸型、热管道散热的场合，而且存在于大量的热加工工艺过程中工件散热的场合。高温热工件冷却到最低工作温度的时间取决于自然对流散热及辐射散热，自然对流式流场因温度分布不均匀导致的密度不均匀分布而在重力场作用下产生流体运动，在固体壁面与流体之间因温度差而引起的自然对流中发生的热量交换过程就称为该壁面的自然对流换热[41-51]。

工程上大空间自然对流换热计算关系式常采用如下形式：$Nu = c(Gr \cdot Pr)^n$，式中的 c、n 值针对不同的自然对流换热问题。表 6-1 给出了典型实验确定的系数 c 和 n 的值，同时给出了对应换热过程的特征尺寸和适用范围，公式中准则的物理量取值的定性温度为 $t_{\mathrm{m}} = (t_{\mathrm{w}} + t_{\infty}) / 2$。

表 6-1　典型实验确定的系数 c 和 n 的值

壁面形状和位置	流动状态	c	n	特征尺寸	适用范围 $(Gr \cdot Pr)$
竖板或竖管(圆柱体)	层流	0.59	1/4	板(管)高 L	$10^5 \sim 10^9$
	紊流	0.10	1/3		$10^9 \sim 10^{12}$
水平放置圆管(圆柱体)	层流	0.53	1/4	外直径 d	$10^5 \sim 10^9$
热面向上或冷面向下 的水平板	层流	0.54	1/4	正方形边圆盘取 $0.9d$	$10^5 \sim 2 \times 10^7$
	紊流	0.10	1/3	长方形取两边平均值	$2 \times 10^7 \sim 3 \times 10^{10}$
热面向下或冷面向上 的水平板	层流	0.27	1/4	同上	$3 \times 10^5 \sim 3 \times 10^{10}$

　　以上计算公式使用起来不够方便，当使用计算机进行换热过程计算时可以采用 Churchill 等提出的适用范围大的计算公式。

　　对于竖板，有

$$Nu = \left\{ 0.825 + \frac{0.387(Gr \cdot Pr)^{1/6}}{[1 + (0.492/Pr)^{9/16}]^{8/27}} \right\}^2 \tag{6-2}$$

本式使用范围为 $Gr \cdot Pr = 10^{-1} \sim 10^{12}$。

　　对于水平圆柱体，有

$$Nu = \left\{ 0.60 + \frac{0.387(Gr \cdot Pr)^{1/6}}{[1 + (0.559/Pr)^{9/16}]^{8/27}} \right\}^2 \tag{6-3}$$

本式使用范围为 $Gr \cdot Pr = 10^{-1} \sim 10^{12}$。

2. 强制对流换热的计算

　　流体在管内流动属于内部流动过程，其主要特征是流动存在两个明显的流动区段，即流动进口区段和流动充分发展区段。在分析管内流体流动换热的一些特征后，就可以对不同流动状态的管内流动换热进行计算，换热计算可采用下面的 Ditter-Boelter 准则关系式：

$$Nu = 0.023 Re^{0.8} Pr^n \tag{6-4}$$

式中，$Re = 1.0 \times 10^4 \sim 1.2 \times 10^5$。

1) 流体平行流过平板时的换热计算

　　流体的临界雷诺数决定流体的流动状态是层流还是紊流，因为随着雷诺数的增大，流体的流动长度将增加，边界层将有由层流变成紊流的趋势。对于边界层层流流动换热可以通过边界层微分方程组的求解获得相应的准则关系式，这里不进行详细的分析，而是直接给出结果。当 $Re \leqslant 5 \times 10^5$ 时，边界层为层流流动，其换热计算的平均努塞尔数为

$$Nu = 0.664 Re^{0.5} Pr^{1/3} \tag{6-5}$$

当 $Re \geqslant 5 \times 10^5$ 时，边界层内流动由层流变为紊流，如果将整个平板都视为紊流状态，则其换热准则关系式如下：

$$Nu = 0.037 Re^{0.8} Pr^{1/3} \tag{6-6}$$

2) 流体横向掠过圆柱体时的换热计算

流体横掠圆柱体时，边界层的发展形态决定了对流换热的特点，只要边界层保持层流运动，计算努塞尔数的方式就与流体平行流过平板时的计算方法相似。如果边界层不是完全的层流运动，那么在一定程度上还要考虑压力梯度对边界层速度场的影响，压力升高可能导致空气自由流速度降低，实际上压力梯度可以把流场分成几个部分，但各个部分的平均表面换热系数的变化规律还不是特别明显，空气横向掠过圆柱体的平均努塞尔数可以采用公式 $Nu = cRe^n$ 进行计算，针对不同的雷诺数大小，公式中的 c 和 n 具有不同的数值(表 6-2)。定性温度采用边界层平均温度，特性尺寸取圆柱外径 d。

表 6-2　不同雷诺数的 c 和 n 值

Re	c	n
4~40	0.809	0.385
40~4000	0.606	0.466
4000~40000	0.171	0.618
40000~250000	0.0239	0.805

3. 工作台和底座对流换热系数的计算

工作台的上表面对流换热系数的计算可以比拟为流体流过水平板的计算，侧面对流换热系数的计算可以比拟为流体横向掠过圆柱体的计算，而底座的某些区域存在弧度，为了计算方便，也把其认为是水平和竖直的，与其对应的底座、工作台的实物图和外轮廓图如图 6-2～图 6-5 所示。

另外，由于工作台高速旋转(10～80r/min)，其强制对流换热远远大于自然对流换热，故自然对流换热可忽略不计。底座是静止不动的，只有自然对流换

图 6-2　底座侧面实物图

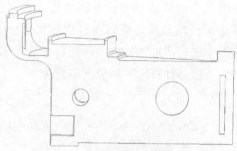

图 6-3　底座外表面简图

图 6-4　工作台实物图

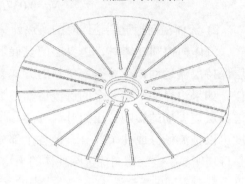

图 6-5　工作台简图

热，无强制换热，下面不一一区分。计算结果如表 6-3 所示，工作台和底座的对流换热系数与转速的关系如图 6-6 所示。

表 6-3　工作台和底座的对流换热系数与转速的关系

转速/(r/min)	工作台上表面 /(W/(m²·K))	工作台侧面边缘 /(W/(m²·K))	底座竖直板 1 /(W/(m²·K))	底座水平板 /(W/(m²·K))	底座竖直板 2 /(W/(m²·K))
10	6.3174	15.9127	2.7814	2.9426	3.0174
20	11.1215	28.6135	3.2745	3.3798	3.4796
30	17.1328	42.0556	3.7348	3.7396	3.8732
40	22.7452	55.2783	4.1007	4.0177	4.2352
50	28.0786	68.3213	4.4086	4.3472	4.6573
60	33.2027	81.2341	4.6775	4.7439	5.1212
70	38.1583	94.0476	4.9174	5.0185	5.6019
80	42.9747	106.7679	5.1351	5.3738	6.1187

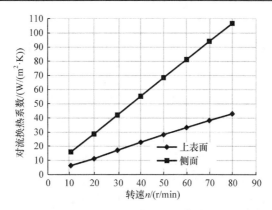

图 6-6　工作台各面的对流换热系数随转速变化的曲线

6.2　静压支承温度场数值模拟

重型立式车床静压轴承工作台和底座的温度场求解是进一步研究摩擦副变形的关键问题。油膜的温度相当于一个稳定热源，与工作台和底座发生导热，工作台和底座与周围空气发生对流换热，致使工作台和底座的温度分布不均匀，从而引起变形，因此对静压支承摩擦副变形的求解是油膜形状预测研究的基础[52-65]。

6.2.1　导热微分方程的推导

导热微分方程是根据傅里叶定律和能量守恒方程建立的，控制了物体内部的温度分布规律，也称为温度控制方程。导热微分方程只适用于导热体内部，不适用于导热体的表面或边界。在进行微分方程式的推导时，首先做如下假设。

(1) 导热体是各向同性的连续介质。

(2) 导热体的密度 ρ、比热容 c 和热导率是恒定不变的。

(3) 导热体的内热源均匀分布，其强度为 Φ。

如图 6-7 所示，在导热物体内部取边长为 dx、dy、dz 的微元体，设坐标为(x, y, z)的温度为 t，则坐标为$(x+\mathrm{d}x, y+\mathrm{d}y, z+\mathrm{d}z)$的温度为 $t + \dfrac{\partial t}{\partial x}\mathrm{d}x + \dfrac{\partial t}{\partial y}\mathrm{d}y + \dfrac{\partial t}{\partial z}\mathrm{d}z$。根据热传导基本定律，可以求出单位时间内热流的导入量与导出量，根据导入量和导出量，导热微元体单位时间内热源产生的热量为 $\Phi\mathrm{d}x\mathrm{d}y\mathrm{d}z$，热量增量的 $\rho c \dfrac{\partial t}{\partial \tau}\mathrm{d}x\mathrm{d}y\mathrm{d}z$，式中，$\dfrac{\partial t}{\partial \tau}$ 为导热体温度变化率。

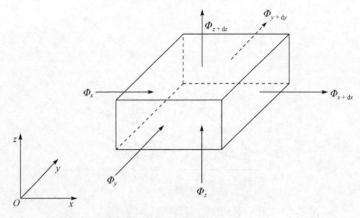

图 6-7　导热微六面体

导出微元体的热流量可按傅里叶定律写出，即

$$\begin{cases} \mathrm{d}\Phi_{x+\mathrm{d}x} = -\lambda\left(\dfrac{\partial t}{\partial x}\mathrm{d}y\mathrm{d}z + \dfrac{\partial^2 t}{\partial x^2}\mathrm{d}x\mathrm{d}y\mathrm{d}z\right) \\[3mm] \mathrm{d}\Phi_{y+\mathrm{d}y} = -\lambda\left(\dfrac{\partial t}{\partial y}\mathrm{d}x\mathrm{d}z + \dfrac{\partial^2 t}{\partial y^2}\mathrm{d}x\mathrm{d}y\mathrm{d}z\right) \\[3mm] \mathrm{d}\Phi_{z+\mathrm{d}z} = -\lambda\left(\dfrac{\partial t}{\partial z}\mathrm{d}x\mathrm{d}y + \dfrac{\partial^2 t}{\partial z^2}\mathrm{d}x\mathrm{d}y\mathrm{d}z\right) \end{cases} \tag{6-7}$$

根据能量守恒定律，导入微元体的总热量与热源产生的热量的和等于导出热流量与热力学增量的和，把式(6-7)中的各式按能量守恒定律代入，进行整理得到

$$\lambda\left(\frac{\partial^2 t}{\partial x^2} + \frac{\partial^2 t}{\partial y^2} + \frac{\partial^2 t}{\partial z^2}\right) + \Phi = \rho c\frac{\partial t}{\partial \tau} \tag{6-8}$$

式(6-8)称为直角坐标系下的导热微分方程，其意义为导热体内任一点温度的变化都是由四周导热和内部自身产生热量共同作用的结果。本书研究对象导热体为圆筒形状，可采用圆柱坐标系下(图 6-8)的导热微分方程：

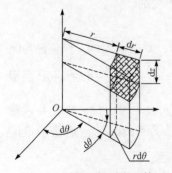

$$\frac{\partial t}{\partial \tau} = \frac{\lambda}{\rho c}\left(\frac{\partial^2 t}{\partial r^2} + \frac{1}{r}\frac{\partial t}{\partial r} + \frac{1}{r^2}\frac{\partial t^2}{\partial \theta^2} + \frac{\partial t^2}{\partial z^2}\right) + \frac{\Phi}{\rho c} \tag{6-9}$$

6.2.2　初始条件和边界条件

　　导热问题的求解归根结底就是对导热微分方程的求解。导热微分方程描述的是物体温度随时间和空间的变化关系，虽然导热微分方程适用于一切导

图 6-8　圆柱坐标系微元体

热过程，但是每一个具体的导热过程都是在特定的条件下进行的，包括几何条件、物理条件、时间条件和边界条件，导热微分方程只有和这些单值条件结合才能进行求解。几何条件和物理条件是表示导热体本身固有的性质，如导热体的几何形状、相对位置以及导热体的热导率、比热容、密度和导温系数等。对于稳态导热问题，只有边界条件、定解条件，没有初始条件。边界条件一般可以分为以下三类。

(1) 第一类边界条件：规定了导热边界上的温度值。此类边界条件最简单的典型特例就是规定边界温度保持常数，即 t=常数。

(2) 第二类边界条件：规定了边界上的热流密度值。最典型的例子就是规定边界上的热流密度保持恒定值，即 q=常数。对于绝缘边界面，热流密度为零。

(3) 第三类边界条件：规定了边界物体与周围流体间的换热系数 h 以及周围环境的温度[66-77]。

6.3　工作台和底座的温度场数值模拟

6.3.1　导入模型和网格划分

本书研究对象是静压支承为开式 12 个油腔的静压导轨，这些油腔的润滑性能和支承性能是一样的，为了计算方便且节省计算机内存，仿真分析时只取工作台和底座的1/12，仿真模型如图 6-9 和图 6-10 所示[78-90]。

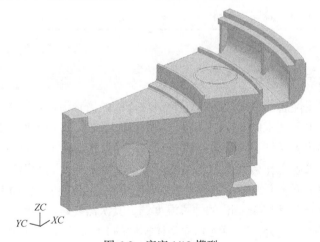

图 6-9　底座 1/12 模型

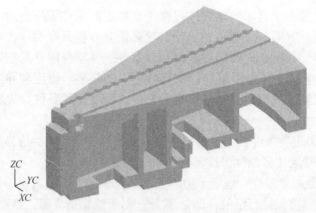

图 6-10　工作台 1/12 模型

工作台和底座的温度场计算采用 ANSYS Workbench 软件，把要仿真分析的模型导入其中，进行各个部件材料属性的定义。工作台为铸钢，底座为灰铸铁HT300，油垫为黄铜，三种材料的特性如表 6-4 所示。

表 6-4　灰铸铁 HT300、铸钢和黄铜的材料性能

材料	密度 /(kg/m³)	弹性模量 /GPa	抗拉强度 σ_b/MPa	泊松比	热膨胀系数 /(1/(10⁻⁶K))	热导率 /(W/(m·K))	比热容 /(J/(kg·K))
灰铸铁 HT300	7350	130	245	0.26	10.5	46.05～50.24	502.43～544.28
铸钢	7850	200	180	0.31	12	60.5	434
黄铜	8200	106	400	0.324	17.2	109	390

6.3.2　设置初始条件和边界条件

定义材料属性后，进入 ANSYS Workbench 的仿真模块对边界条件和初始条件进行设置。由于所求的是稳态问题，所以可以不加入初始条件，边界条件的设置采用第三类边界条件，即设定工作台和底座与空气的对流换热系数以及周围空气的温度值。求解工作台和底座的温度场时首先需要把油膜的温度场作为稳态热源，把油膜的上下表面温度分别耦合到工作台和底座的相应接触面上，图 6-11 和图 6-12 是 10r/min 和 80r/min 的油膜温度场，其次需要添加工作台和底座各个面的对流换热系数，另外由于模型是取整体模型的1/12，所以需要施加周期性边界条件，在稳态分析中插入命令(command)，周期性边界条件采用经典 ANSYS 的命令流。

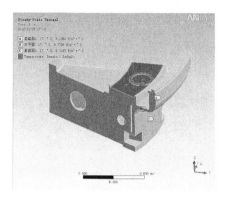

图 6-11　底座温度场边界条件

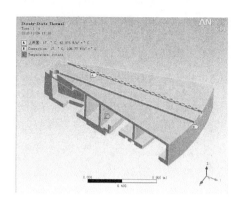

图 6-12　工作台温度场边界条件

6.3.3　转速对温度场的影响

为了分析工作台转速对圆形腔静压推力轴承间隙流体温度场的影响，在油腔深度为 5mm，进油孔直径为 8mm，恒流供油入口质量流量为 73.3kg/s 时，分别模拟了工作台转速为 20r/min、40r/min、60r/min、80r/min、100r/min、120r/min、130r/min、140r/min、150r/min 和 160r/min 的圆形腔静压推力轴承间隙流体的温度场。图 6-13～图 6-18 揭示了转速对环隙油膜静压推力轴承间隙流体温度场分布的影响规律，温度场分布图中的温度单位为 K。由于图形较多，这里只给出转速为 80r/min、120r/min 和 150r/min 的数值计算结果图，其他工况的计算结果数据详见图 6-19。

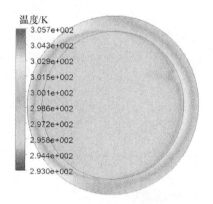

图 6-13　转速为 80r/min 时的旋转面
温度分布

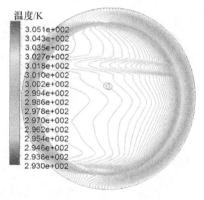

图 6-14　转速为 80r/min 时的旋转面温度
等值线

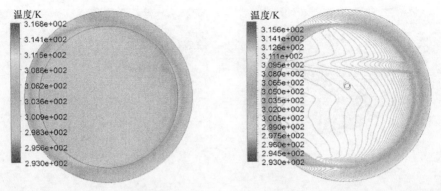

图 6-15　转速为 120r/min 时的旋转面温度分布　图 6-16　转速为 120r/min 时的旋转面温度等值线

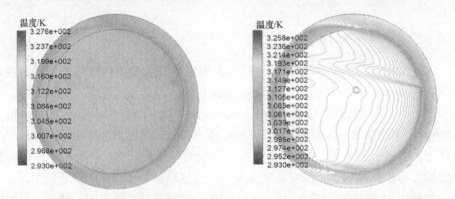

图 6-17　转速为 150r/min 时的旋转面温度分布　图 6-18　转速为 150r/min 时的旋转面温度等值线

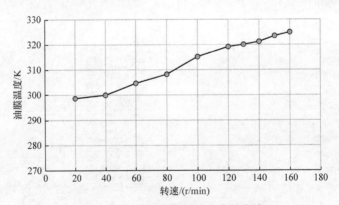

图 6-19　油膜温度随转速变化的曲线

　　由图 6-13～图 6-18 可以看出，工作台在旋转时由于受压差流和剪切流的影响，沿半径内侧和外侧方向的流速较慢，产生的热量不能被及时带走，所以最高温度出现在沿半径内侧和外侧封油边与油腔形成的阶梯附近，最低温度出现在回油槽处。由图 6-19 可以看出，油膜温度随转速的增加而升高。

6.3.4　转速对压力场的影响

本节模拟了工作台转速为 20r/min、40r/min、60r/min、80r/min、100r/min、120r/min、130r/min、140r/min、150r/min 和 160r/min 的环隙油膜静压推力轴承间隙流体的压力场。图 6-20～图 6-23 揭示了转速对环隙油膜静压推力轴承间隙流体压力场分布的影响规律。这里只给出转速为 80r/min 和 150r/min 的数值计算结果图，其他工况计算结果数据详见图 6-24 。

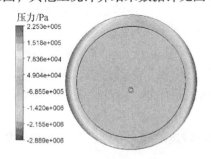

图 6-20　转速为 80r/min 时的旋转面压力分布

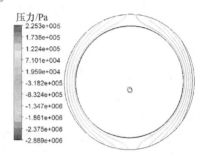

图 6-21　转速为 80r/min 时的旋转面压力等值线

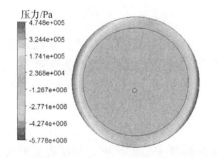

图 6-22　转速为 150r/min 时的旋转面压力分布

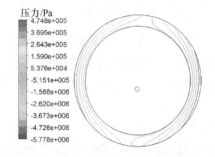

图 6-23　转速为 150r/min 时的旋转面压力等值线

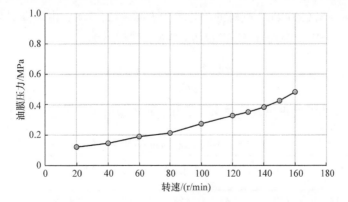

图 6-24　油膜压力随转速变化的曲线

由图 6-20～图 6-23 可以看出，压力分布为从油腔向回油槽压力逐渐降低，且在回油槽处出现负压。由图 6-24 可以看出，随着转速的增大，油腔压力逐渐升高。

本节通过对相同转速下不同封油边尺寸及不同油腔深度对静压推力轴承润滑性能的影响，油垫结构参数相同时不同转速对静压推力轴承润滑性能的影响，以及得到的温度场、压力场和速度场进行分析，得出如下结论。

(1) 在等转速、等油腔深度的情况下，随着油腔半径的增大，即封油边尺寸的减小，温度及压力均呈转折性变化，可得出一个面积最优值。

(2) 在等转速、等封油边尺寸的情况下，在低转速时，随着油腔深度的增大，最高温度值基本无变化，油腔压力变化不明显，略有波动；在高转速时，温度略有变化，油腔压力随着油腔深度的增加而降低，而油膜速度随油腔深度基本无变化。

(3) 在油垫结构参数不变的情况下，随着转速的增大，油膜温度逐渐升高，压力逐渐降低。

6.3.5 油膜温升理论计算

仿真分析是通过应用软件求解导热微分方程从而得到所求的温度场，而理论计算是采用理论计算公式对工作台和底座与油膜的接触面温升进行计算。工作台的转速由 10r/min 增至 80r/min，剪切应力 $\tau=\mu v/h$，求解剪切运动引起的温升时不能直接进行积分，因为封油边各个环形微元体的线速度不同，为计算方便可采用平均应力法。由于封油边沿着静压轴承半径方向的线速度是线性的，以旋转速度 80r/min 为例，积分中的线速度采用圆环中心的速度，封油边是剪切发热最大的地方，封油边面积 $S = \pi r_1^2 - \pi r_2^2 = \pi(0.115^2 - 0.095^2) = 0.013195\text{m}^2$，剪切应力 $\tau=\mu v/h$=3209.08Pa，则总的剪切力为 $F=\tau S$=42.344N，由摩擦引起的剪切功耗 H_f =Fv=409.6W，泵功耗 H_p =P_sQ=83.33W，总温升为

$$\Delta T = \frac{H_p + H_f}{c_p \rho Q} = 3.91(℃)$$

采用同样的方法求出其他转速时油膜的理论温升值，如表 6-5 所示。

表 6-5 不同转速下油膜理论温升值

转速/(r/min)	10	20	30	40	50	60	70	80
温升/℃	0.65	0.81	1.07	1.43	1.91	2.47	3.14	3.91

　　由图 6-25 可以看出，仿真温升的曲线在理论温升的曲线之上，但相差不是很多，说明油膜温度场的仿真结果基本准确，计算机仿真得到的温升值更高，因为在理论计算时，为了计算方便所采用的理论公式忽略了油腔里的液压油剪切发热的热量。在实际工作中，油腔油膜的发热也是油膜温度升高的原因。

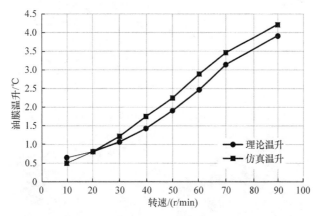

图 6-25　油膜温升随转速变化的曲线

6.3.6　工作台和底座的温度场分析结果

　　针对工作台的不同转速对工作台温度场进行数值模拟，得到工作台不同位置的温度分布情况，限于篇幅这里仅给出转速为 10r/min 和 80r/min 的结果图，如图 6-26～图 6-31 所示。

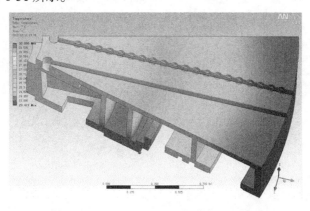

图 6-26　转速为 10r/min 时的工作台温度场

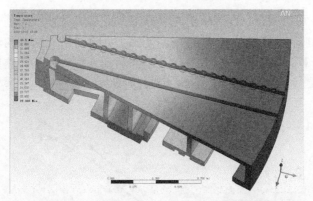

图 6-27　转速为 80r/min 时的工作台温度场

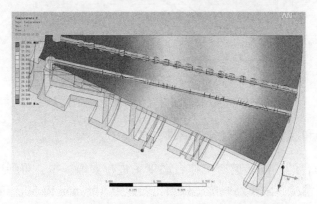

图 6-28　转速为 10r/min 时的工作台上表面温度场

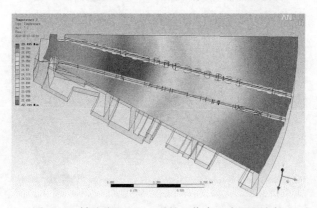

图 6-29　转速为 80r/min 时的工作台上表面温度场

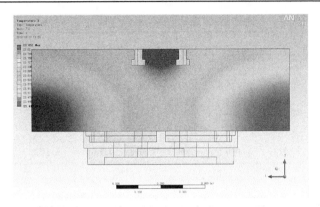

图 6-30　转速为 10r/min 时的工作台侧面温度场

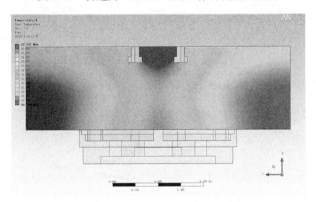

图 6-31　转速为 80r/min 时的工作台侧面温度场

由图 6-26～图 6-31 可以看出，与油膜接触的表面温度最高，径向外缘温度最低，工作台上表面的温度沿半径方向先逐渐升高后慢慢降低到最低值，这是因为油膜接触面温度最高，进行传热时，距离其最近的地方热量损失少，传递的热量多，所以温度升高幅度较大；而径向外缘的对流换热系数最大，与周围空气的热交换量最多，且距离温度最高的面远，故温度最低。

工作台侧面的温度变化虽有一定的趋势，但是总体来说温差不大，侧面温度最高的地方集中在两个"T"形槽中间的部分，观察工作台的模型图结构不难看出这一部分与油膜接触面直接连接，且连接部分没有散热孔，致使其温度高一些，由于传热距离较大，散热较多，因此以侧面的整体来讲温差不大。工作台的云图只能看出温度分布的趋势，不能具体到哪一个点的温度，可采用 ANSYS Workbench "探针"的方法进行每一点温度的测量，并比较各个位置的温度与转速的关系，绘制温度与转速的关系曲线。表 6-6 为不同转速下工作台不同位置的温度。

表 6-6　不同转速下工作台不同位置的温度　　　　　　(单位：℃)

位置	转速							
	10r/min		20r/min		30r/min		40r/min	
整体	30.012	23.417	30.509	22.956	31.054	22.413	31.498	22.268
侧面	23.851	23.417	23.316	22.956	22.771	22.413	22.582	22.268
上表面	27.861	23.597	27.483	23.108	27.053	22.544	26.842	22.375
油膜接触面	30.012	30.006	30.509	30.498	31.054	31.042	31.498	31.476

位置	转速							
	50r/min		60r/min		70r/min		80r/min	
整体	31.993	22.249	32.501	22.141	33.008	22.108	33.512	22.086
侧面	22.611	22.249	22.392	22.141	22.338	22.108	22.297	22.086
上表面	27.318	22.391	26.603	22.216	26.538	22.174	26.495	22.144
油膜接触面	31.993	31.982	32.501	31.498	33.008	33.001	33.512	33.501

注：每个转速下的两列数据分别为最高温度和最低温度。

　　把不同转速下各个位置的最高温度整理成曲线，如图 6-32 所示。

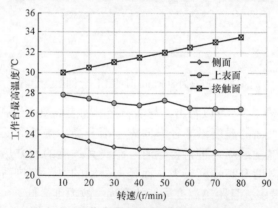

图 6-32　工作台最高温度随转速变化的曲线

　　由图 6-32 可以看出，各个位置的最高温度随着转速的增大，呈现一定的变化趋势。油膜接触面随着转速的增高，油膜剪切发热，导致温升增高，而工作台上表面和侧面的温度随着转速的增加呈现下降趋势，并趋于平缓，这是因为转速增高使工作台与周围空气的对流换热量增大，接触面传递的热量与工作台高速旋转的散热量基本相等，所以温度变化趋势并不明显。

　　底座的数值模拟结果如图 6-33～图 6-36 所示，通过底座温度场云图可以看出，不同转速的云图大致相同，说明各个位置的温度分布趋势是一样的，温度最高的位置出现在油垫处，因为它与油膜直接接触，油膜受剪切力而发热温升较大，所以传递给油垫的热量多。侧面的温度从下到上先升高后降低，温度最高的位置是水平面与竖直面的交界处，该位置散热条件不好，另外与油膜距离较近接受油膜传递的热量也较多，故温度最高。

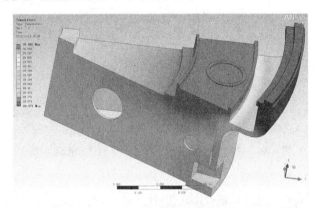

图 6-33　转速为 10r/min 时的底座温度场

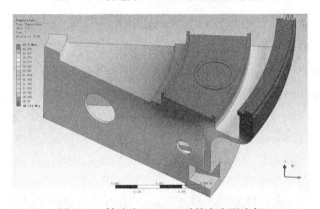

图 6-34　转速为 80r/min 时的底座温度场

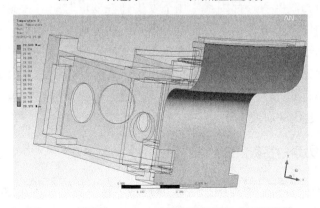

图 6-35　转速为 10r/min 时的底座竖圆柱表面温度场

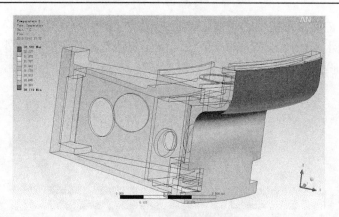

图 6-36　转速为 80r/min 时的底座竖圆柱表面温度场

6.4　工作台和底座的变形场数值模拟

重载静压推力轴承变形场包括热变形和弹性变形，是研究间隙油膜润滑性能预测模型关键的科学问题，也为研究多因素作用下"高速重载效应"对静压推力轴承润滑性能的影响机理奠定了坚实的基础。本节分别对工作台和底座的变形场进行仿真分析，工作台和底座的热变形是根据工作台和底座的温度场得到的，将 6.3 节模拟得到的温度场作为体载荷施加到工作台和底座上，固定约束后计算出热变形；同理将压力场作为体载荷施加到工作台和底座的相应位置，固定约束后可得到工作台和底座的力变形，得到工作台和底座的总变形。

弹性力学是固体力学的一个分支学科，主要研究固体在弹性变形时的力学行为，即在力和温度等外部因素作用下发生弹性变形时应力和应变的规律。虽然弹性力学的偏微分方程组十分复杂，但是一些经典的弹性力学方程组已经得到简化并应用于实际，随着科学技术水平的发展，有限元法、有限差分法和无网格法等各种先进的数值计算方法相继出现，为弹性力学的发展奠定了坚实的基础，尤其是有限元法由于其适用性极其广泛，可以求解比较棘手的弹性力学问题，而成为通用的研究方法。

6.4.1　热弹性力学的平衡微分方程

热胀冷缩是许多物体共有的属性，在温度变化时物体会发生热变形，同一物体内部温度分布不均匀就会导致物体部分不能自由伸缩而产生变形，在解决物体温度变化对变形的影响时，就会用到热弹性力学的平衡微分方程。物体的热胀冷缩性质是热弹性力学的平衡微分方程的本质，该方程以位移为基本未知量，假设可以自由膨胀的微元长方体的温度由 T_1 变化到 T_2，T_1 不等于 T_2，则微元体内部会产生热应力，根据线性热应力理论，微元体的总应变是由本身的热应力引起的应变和温度差产生的应变两部分组成的，将胡克定律推广到热弹性力学中，由剪切弹性模量 G 和体积应力 Θ 的关系式可推导出以应变和温差表示应力的广义胡克定律，并代入拉梅常数，可得考虑体积力的情况下用位移分量表示的热平衡方程：

$$\begin{cases} (\lambda+G)\dfrac{\partial e}{\partial x}+G\nabla^2 u+X-\beta\dfrac{\partial T}{\partial x}=0 \\[2mm] (\lambda+G)\dfrac{\partial e}{\partial y}+G\nabla^2 v+Y-\beta\dfrac{\partial T}{\partial y}=0 \\[2mm] (\lambda+G)\dfrac{\partial e}{\partial z}+G\nabla^2 w+Z-\beta\dfrac{\partial T}{\partial z}=0 \end{cases} \tag{6-10}$$

式中，$\beta=\dfrac{\alpha E}{1-2\nu_p}=\alpha(3\lambda+2G)$，$\nu_p$ 为泊松比。

6.4.2　弹性力学的平衡微分方程

由材料力学可知，应变分量与应力分量之间存在一定的线性关系。假设某微元长方体各棱边分别平行于三个坐标轴，若与 x 轴相互垂直的两个相对面上受到均匀分布的正应力 σ_x，则 x 方向的正应变等于 σ_x/E，y、z 方向的正应变均为 $-\nu_p\sigma_x/E$，y 轴和 z 轴同理。对于受力复杂的情况，微元体同时受 σ_x、σ_y 和 σ_z 时，在三个方向上都会产生应变，总应变等于三个方向应变的矢量叠加。剪应力与剪应变成正比，若微元的六个面上都有剪应力存在，则剪应力的大小与相应两个相交面的夹角有直接关系，式(6-11)给出了应力与应变的关系：

$$\left.\begin{array}{l} \varepsilon_x+\varepsilon_y+\varepsilon_z=\dfrac{1-2\nu_p}{E}\big(\sigma_x+\sigma_y+\sigma_z\big) \\[2mm] e=\varepsilon_x+\varepsilon_y+\varepsilon_z=\dfrac{\partial u}{\partial x}+\dfrac{\partial v}{\partial y}+\dfrac{\partial w}{\partial z} \\[2mm] \Theta=\sigma_x+\sigma_y+\sigma_z \end{array}\right\} \Rightarrow e=\dfrac{1-2\nu_p}{E}\Theta \tag{6-11}$$

式中，e 为体积应变；$\varTheta$ 为体积应力；ν_p 为泊松比；G 为剪切弹性模量，

$$G = \frac{E}{2(1+\nu_p)} \text{。}$$

式(6-11)称为各向同性体广义胡克定律，表示的是体积应变与体积应力的关系。为了计算方便，引入一个新的变量——拉梅常数λ，令$\lambda = \dfrac{E\nu_p}{(1+\nu_p)(1-2\nu_p)}$，其值由 E、ν_p 决定。为求解空间问题的位移分量，还需引入位移平衡方程：

$$\begin{cases} (\lambda + G)\dfrac{\partial e}{\partial x} + G\nabla^2 u + X = 0 \\[2mm] (\lambda + G)\dfrac{\partial e}{\partial y} + G\nabla^2 v + Y = 0 \\[2mm] (\lambda + G)\dfrac{\partial e}{\partial z} + G\nabla^2 w + Z = 0 \end{cases} \tag{6-12}$$

式中，$\nabla^2 = \dfrac{\partial^2}{\partial x^2} + \dfrac{\partial^2}{\partial y^2} + \dfrac{\partial^2}{\partial z^2}$ 为拉普拉斯算子；X、Y、Z 为三个方向上的位移量，当求解未知函数时，必须满足式(6-12)，且同时满足位移边界条件。

6.4.3　静压支承变形场计算

静压轴承是重型数控机床的核心部件，其性能的优劣对加工精度和加工效率有很大影响，工作台和底座的细微变形都会使加工尺寸产生一定变化，导致加工精度下降。静压支承变形场可以分为两部分，一部分为由温度分布不均匀引起的热变形，另一部分是力变形。静压支承的总变形包括这两种变形的叠加，可运用 ANSYS Workbench 软件进行仿真分析[91-99]。

1. 设置初始条件和边界条件

初始条件和边界条件的施加包括两部分，即力变形条件和热变形条件，实验研究时采用空载，故力边界条件只包括固定支承、重力加速度以及油膜接触面的压力，热初始条件即 6.3 节所求工作台和底座的温度场。工作台和底座的边界条件和初始条件的设置如图 6-37 和图 6-38 所示。

2. 静压支承变形场结果分析

工作台和底座的变形结果如图 6-39～图 6-46 所示，限于篇幅这里只给出转速为 10r/min 和 80r/min 的结果。

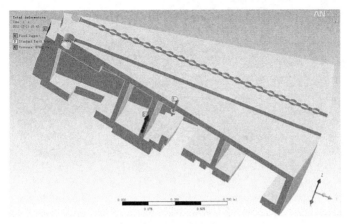

图 6-37　工作台变形场边界条件

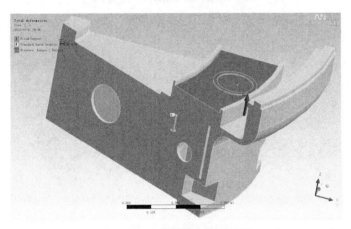

图 6-38　底座变形场边界条件

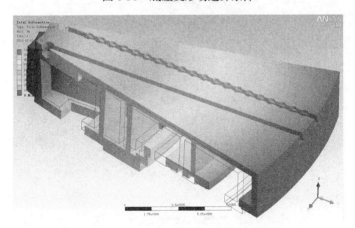

图 6-39　转速为 10r/min 时的工作台变形场

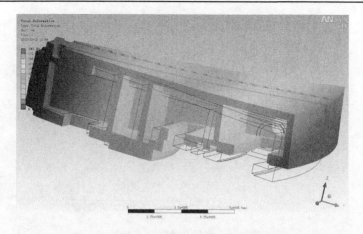

图 6-40　转速为 80r/min 时的工作台变形场

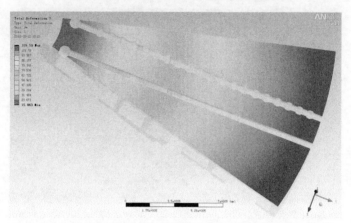

图 6-41　转速为 10r/min 时的工作台上表面变形场

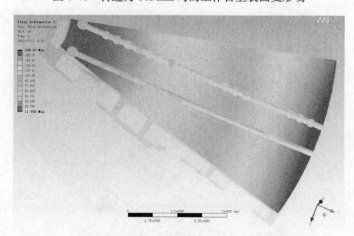

图 6-42　转速为 80r/min 时的工作台上表面变形场

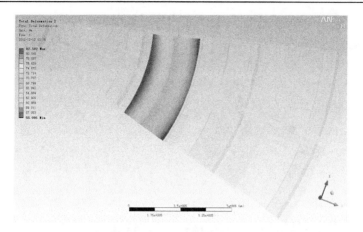

图 6-43　转速为 10r/min 时的油膜接触面变形场

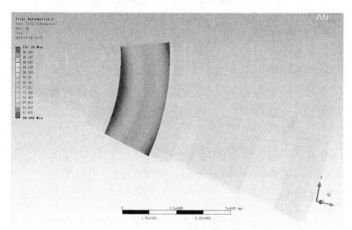

图 6-44　转速为 80r/min 时的油膜接触面变形场

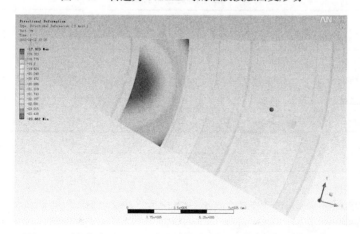

图 6-45　转速为 10r/min 时的工作台与油膜接触面+z 轴变形场

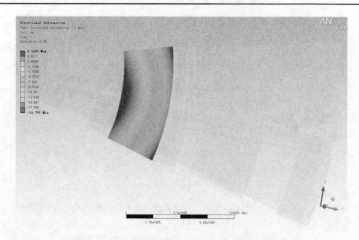

图 6-46　转速为 80r/min 时的工作台与油膜接触面+z 轴变形场

图 6-39～图 6-46 给出的是热-力耦合变形的结果，温度分布不均匀产生的热变形使工作台边缘上翘，而力变形的结果则是工作台四周下翻，形成倒着的"碗状"结构。从耦合的结果可以看出，热变形的影响大于力变形产生的影响，工作台弯曲的趋势倾向于热变形趋势，最大变形量发生在工作台外缘下半部分，整体变形的趋势随转速的升高而增大，在油膜接触面上沿+z 方向的变形，随转速的升高而升高，并且变形的方向为沿+z 的方向，变形最大的地方为接触面沿半径方向靠近旋转中心的地方，当转速增大到 80r/min 时，竖直方向的变形部分为沿+z 方向，由于仿真分析的最大转速为 80r/min，由变形趋势可以看出，当转速提高到一定值时油膜接触面的变形都会沿+z 方向。工作台变形场仿真结果如表 6-7 所示，将工作台的各部分变形量绘制成曲线如图 6-47 所示。

表 6-7　工作台变形场仿真结果　　　　　　　　（单位：μm）

位置	转速			
	10r/min	20r/min	30r/min	40r/min
整体	116.15	120.62	127.35	139.15
上表面	109.59	111.08	112.23	119.79
油膜接触面	82.502	83.265	85.435	87.938
接触面(+z)	−23.862	−22.537	−21.654	−20.963

位置	转速			
	50r/min	60r/min	70r/min	80r/min
整体	146.38	165.11	178.43	191.81
上表面	126.02	143.35	155.91	168.63
油膜接触面	93.884	94.178	97.645	101.26
接触面(+z)	−22.369	−20.145	−19.893	−19.705

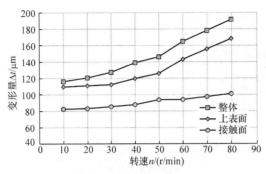

图 6-47　工作台变形量随转速变化曲线

　　对于底座的分析结果，给出得较为详细，因为本书的关键是寻找合理的油腔结构和材料，油腔的结构和材料对重型立式车床工作台转速的提高有很大的影响。油垫的变形对其承载能力有很大的影响，是改善车床加工精度和加工效率的关键因素，因此对材料为铜的油垫的变形进行详细的仿真分析，目的是寻找其变形的规律，进行油腔结构及散热结构的改造。底座变形场的分析结果如图 6-48～图 6-57 所示。

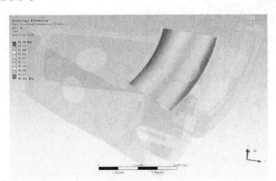

图 6-48　转速为 10r/min 时的底座与油膜接触面+z 轴变形场

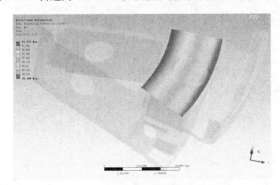

图 6-49　转速为 80r/min 时的底座与油膜接触面+z 轴变形场

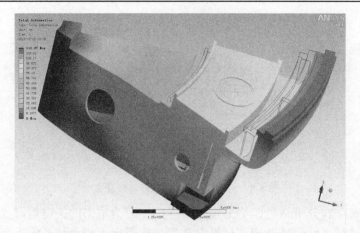

图 6-50　转速为 10r/min 时的底座总变形场

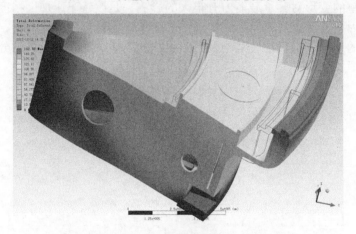

图 6-51　转速为 80r/min 时的底座总变形场

图 6-52　转速为 10r/min 时的底座与油膜接触面的变形场

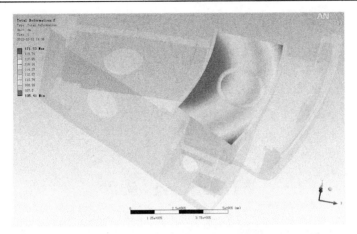

图 6-53 转速为 80r/min 时的底座与油膜接触面的变形场

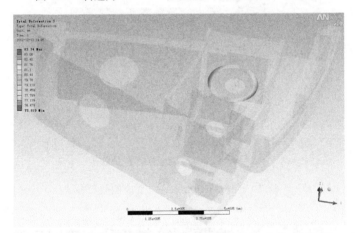

图 6-54 转速为 10r/min 时的油垫变形场

图 6-55 转速为 80r/min 时的油垫变形场

图 6-56　转速为 10r/min 时的底座侧面变形场

图 6-57　转速为 80r/min 时的底座侧面变形场

由图 6-48～图 6-55 可以看出，随着工作台转速的提高，底座的变形量也逐渐增大，在同一转速下，基本呈现随半径的增大变形也增大的趋势，油膜接触面最大变形出现在工作台旋转方向的上侧。图 6-56 和图 6-57 给出了底座侧面的变形云图。

表 6-8 给出了底座变形场的仿真结果，图 6-58 为底座变形量随转速变化的曲线。可以看出，底座上热载荷分布并不均匀，外侧的变形大于内侧的变形，总体上为由内向外逐渐增大。底座的热变形随着转速的升高而增大，当转速上升到一定程度时，其变形量增加较快；最大变形出现在入油口处，究其原因可能是此处润滑油膜较薄，油膜温升较快，导致温度分布不均，变形变大。侧面由下到上变形量逐渐增大，最大变形出现在径向外缘的最顶部，变形基本随转速的增大而增大，但是有一定的误差，从转速为 30r/min 时开始其最大变形突然增大，趋势非常明显，总体来讲变形是逐渐增大的，其最小变形量也呈现出明显的增大趋势，也就是说，从工作台转速 30r/min 时开始，油膜温度升高的速度较快，油膜接触面的变形量增长率开始变大。

表 6-8　底座变形场仿真结果　　　　　　　　(单位：μm)

位置	转速							
	10r/min	20r/min	30r/min	40r/min	50r/min	60r/min	70r/min	80r/min
整体	116.87	122.69	128.28	135.19	143.08	149.67	156.25	162.82
油膜接触面	85.977	90.156	95.032	100.33	106.44	111.57	116.53	121.53
油膜接触面 (+z)	61.34	63.873	66.542	70.279	91.482	78.617	100.84	85.263
油垫	83.74	87.96	92.494	97.653	103.61	108.54	113.44	118.31
侧面	114.68	119.037	125.82	132.61	140.42	146.89	153.35	159.79

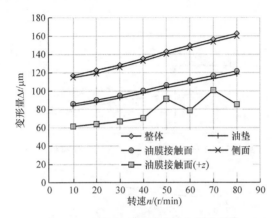

图 6-58　底座变形量随转速变化的曲线

6.5　润滑油膜预测模型

在剪切力的作用下，油膜各个位置的温度不同，导致其各处的变形也不尽相同。根据工作台和底座的变形确定出油膜真正的形状，可为以后研究变形影响机理以及变形问题的解决打下基础。图 6-59～图 6-66 是转速为 10～80r/min 的静压支承油膜预测模型。

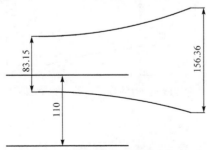

图 6-59　转速为 80r/min 时的静压支承油膜预测模型(单位：μm)

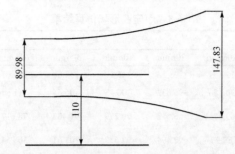

图 6-60　转速为 70r/min 时的静压支承油膜预测模型(单位：μm)

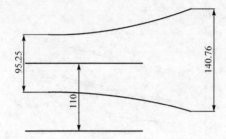

图 6-61　转速为 60r/min 时的静压支承油膜预测模型(单位：μm)

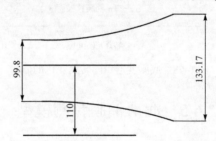

图 6-62　转速为 50r/min 时的静压支承油膜预测模型(单位：μm)

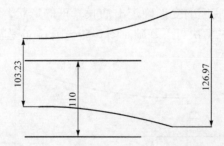

图 6-63　转速为 40r/min 时的静压支承油膜预测模型(单位：μm)

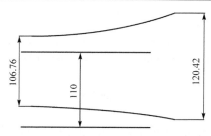

图 6-64　转速为 30r/min 时的静压支承油膜预测模型(单位：μm)

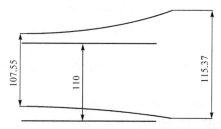

图 6-65　转速为 20r/min 时的静压支承油膜预测模型(单位：μm)

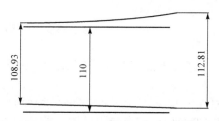

图 6-66　转速为 10r/min 时的静压支承油膜预测模型(单位：μm)

由图 6-59 和图 6-66 可以看出，工作台有上翘的变形趋势，而底座油垫的变形趋势与工作台正好相反，两者共同作用使得间隙油膜的实际形状呈楔形，并且沿半径方向，半径小的地方开口小，半径大的地方开口大，最大间隙几乎超过最小间隙的一倍。随着转速的增加，开口大的地方逐渐增大，开口小的地方逐渐减小，这样在工作台运转时楔形油膜会导致油膜的刚度下降，油膜的承载能力降低，间隙小的油膜处剪切发热更多，使油膜厚度进一步变小，严重时会出现烧瓦事故。

参 考 文 献

[1] 董霖. 数控技术及加工编程实训教程[M]. 成都: 西南交通大学出版社, 2007.

[2] 余仲裕. 数控机床维修[M]. 北京: 机械工业出版社, 2004.

[3] 于晓东, 陆怀民, 郭秀荣, 等. 扇形推力轴瓦润滑性能的数值分析[J]. 润滑与密封, 2007, 32(1): 123-125.

[4] 于晓东, 陆怀民. 圆形可倾瓦推力轴承润滑的计算机仿真[J]. 润滑与密封, 2006, (3): 84-87.

[5] 马涛, 戴惠良, 刘思仁. 基于 Fluent 的液体动静压轴承数值模拟[J]. 东华大学学报(自然科

学版), 2010, 36(3): 279-282.

[6] Walicka A, Falicki J. Pressure distribution in a curvilinear thrust hydrostatic bearing lubricated by a Herschel-Bulkley fluid[J]. International Journal of Applied Mechanics and Engineering, 2008, 13(2): 52-543.

[7] 卢泽生, 于雪梅, 孙雅州. 局部多孔质气体静压轴向轴承静态特性的数值求解[J]. 摩擦学学报, 2007, 27(1): 68-71.

[8] 张艳芹, 邵俊鹏, 韩桂华, 等. 大尺寸扇形静压推力轴承润滑性能的数值分析[J]. 机床与液压, 2009, 37(1): 69-71.

[9] 薛永宽, 朱均. 变形对扇形瓦推力轴承承载状况的影响[J]. 机械设计, 1992, (6): 18-22.

[10] 何春勇, 刘正林, 吴铸新, 等. 船用水润滑推力轴承扇形推力瓦润滑性能数值分析[J]. 润滑与密封, 2009, 34(6): 39-42.

[11] 宋洪占, 张砚明. 水轮发电机推力轴承推力瓦、托盘或托瓦的变形分析与计算[J]. 防爆电机, 2011, 46(6): 17-21.

[12] Osman T A, Dorid M, Safar Z S, et al. Experimental assessment of hydrostatic thrust bearing performance[J]. Tribology International, 1996, 29(3): 233-239.

[13] 刘从民, 李永海, 王继志, 等. 圆形与扇形可倾瓦推力轴承的理论比较与温度场实测[J]. 哈尔滨电工学院学报, 1993, 16(4): 353-358.

[14] 徐建宁, 屈文涛, 赵宁. 止推滑动轴承的温度场和热变形分析[J]. 润滑与密封, 2006, (8): 120-121.

[15] 赵明, 黄正东, 陈立. 重型数控立车工作台静压计算与优化[J]. 中国机械工程, 2008, 19(22): 2742-2747.

[16] Novikov E A, Shitikov I A, Maksimov V A. Calculation of the characteristics of a hydrostatic ring thrust bearing for refrigeration compressors[J]. Chemical and Petroleum Engineering, 2004, 40(40): 23-26.

[17] Canbulut F, Sinanoglu C, Yildirim S. Analysis of effects of sizes of orifice and pocket on the rigidity of hydrostatic bearing using neural network predictor system[J]. KSME International Journal, 2004, 18(30): 432-442.

[18] 马文琦, 姜继海, 赵克定. 变粘度条件下静压推力轴承温升的研究[J]. 中国机械工程, 2001, 12(8): 953-956.

[19] 杨淑艳, 王海峰, 郭峰. 表面凹槽对流体动压润滑的影响[J]. 摩擦学学报, 2011, 31(3): 283-288.

[20] 邵俊鹏, 张艳芹, 李永海, 等. 大尺寸椭圆形静压轴承油膜态数值模拟[J]. 哈尔滨理工大学学报, 2008, 13(6): 117-120.

[21] 郭立, 李波. 不同油腔形状的高速动静压轴承研究[J]. 磨床与磨削, 2000, (2): 39-41.

[22] 牛荣军, 黄平. 粗糙表面塑性变形对弹流润滑性能的影响[J]. 润滑与密封, 2006, (6): 20-23.

[23] Hong Y S, Doh Y H. Analysis on the friction losses of a bent-axis type hydraulic piston pump[J]. KSME International Journal, 2004, 18(9): 1668-1679.

[24] 郭立, 李波, 朱均. 大型高速动静压轴承的试验研究[J]. 湖南大学学报, 2000, 27(4): 50-56.

[25] 张锡青, 李永海, 周世昌, 等. 推力轴承油槽油流态的研究[J]. 江南大学学报, 2003, 2(4): 333-338.

[26] Jang G H, Lee S H, Kim H W. Finite element analysis of the coupled journal and thrust bearing

in a computer hard disk drive[J]. Journal of Tribology, 2006, 128(2): 335-340.

[27] Heinrichson N, Santos I F, Fuerst A. The influence of injection pockets on the performance of tilting-pad thrust bearings—Part I: Theory[J]. Journal of Tribology, 2007, 129(4): 895-903.

[28] Kobayashi T, Yabe H. Numerical analysis of a coupled porous journal and thrust bearing system[J]. Journal of Tribology, 2005, 127(1): 120-129.

[29] 张成印, 逄燕, 刘赵淼. 不同入口速度对液体静压油腔中流动状态影响[C]. 北京力学会第 17 届学术年会, 2011: 131-132.

[30] Hesselbach C, Abel-Keilhack C. Active hydrostatic bearing with magnetorheological fluid[J]. Journal of Applied Physics, 2003, 93(10): 8441-8443.

[31] 于晓东, 陆怀民, 郭秀荣, 等. 速度对扇形可倾瓦推力轴承润滑性能的影响研究[J]. 润滑与密封, 2007, 32(3): 136-138.

[32] Garcia R F, Castelo F J P, Catoira A D, et al. Condition montoring of rotating machines supported by hydrostatic bearings[C]. The 3rd World Congress on Nature and Biologically Inspired Computing, 2011: 23-28.

[33] Urata E, Miyakawa S, Yamashina C, et al. Frequency response of a water hydraulic servovalve [J]. Robotics and Automation, 1995, 3: 2212-2217.

[34] 许莎. 径推联合浮环动静压轴承动特性试验及惯性项下温度场理论研究[D]. 郑州: 郑州大学硕士学位论文, 2003.

[35] Wong C W, Zhang X, Jacobson S A, et al. A self-act gas thrust bearing for high-speed microrotors[J]. Journal of Microelectromechanical Systems, 2004, 13(2): 158-164.

[36] Kapur V K, Verma K. The simultaneous effects of inertia and temperature on the performance of a hydrostatic thrust bearing[J]. Wear, 1979, 54(1): 113-122.

[37] Singh C K, Singh D V. Stiffness optimization of a variable restrictor-compensated hydrostatic thrust bearing[J]. Wear, 1979, 44(2): 223-230.

[38] 孙仲元, 黄筱调, 方成刚. 重型静压轴承流场与压力场仿真分析[J]. 机械设计与制造, 2010, (10): 203-204.

[39] 唐军, 黄筱调, 张金. 大重型静压支承静态性能及油膜流体仿真[J]. 辽宁工程技术大学学报, 2011, 30(3): 426-429.

[40] 王建磊, 李军杰, 杨培基, 等. 动静压轴承温度场和热变形的仿真分析[C]. 第十届全国振动理论及应用学术会议, 2011: 389-393.

[41] 于晓东, 陆怀民, 郭秀荣, 等. 高速圆形可倾瓦推力轴承的润滑性能[J]. 农业机械学报, 2007, 38(12): 204-207.

[42] 陆怀民, 于晓东, 郭秀荣, 等. 复合材料瓦面推力轴承弹性模量的研究[J]. 机械设计, 2007, 24(2): 22-24.

[43] Yu X D, Zhang Y Q, Shao J P, et al. Numerical simulation of gap flow of sector recess multi-pad hydrostatic thrust bearing[C]. The 7th International Conference on System Simulation and Scientific Computing Asia Simulation Conference, 2008: 675-679.

[44] Yu X D, Meng X L, Wu B, et al. Simulation research on temperature field of circular cavity hydrostatic thrust bearing[J]. Key Engineering Materials, 2010, 419(420): 141-144.

[45] Yu X D, Zhang Y Q, Shao J P, et al. Simulation research on gap flow of circular cavity multi-pad

hydrostatic thrust bearing[C]. Proceedings of the International Conference on Intelligent Human-Machine Systems and Cybernetics, 2009: 41-44.

[46] Yu X D, Meng X L, Jiang H, et al. Numerical simulation on oil-flow-state of gap oil film in sector cavity multi-pad hydrostatic thrust bearing[J]. Advances in Engineering Design and Optimization, 2010, 37-38: 743-747.

[47] Yu X D, Jiang H, Meng X L, et al. Lubricating characteristics of circular tilting pad thrust bearing[J]. Manufacturing Processes and Systems, Advanced Materials Research, 2011, 148-149: 267-270.

[48] Yu X D, Xiang H J, Lou X Z, et al. Influence research of velocity on lubricating properties of sector cavity multi-pad hydrostatic thrust bearing[J]. Material and Manufacturing Technology, 2010, 129-131: 1104-1108.

[49] Yu X D, Meng X L, Jiang H, et al. Research on lubrication performance of super heavy constant flow hydrostatic thrust bearing[J]. Advanced Science Letters, 2011, 4: 2738-2741.

[50] Yu X D. Numerical simulation of the static interference fit for the spindle and chuck of high speed horizontal lathe[C]. International Conference on Electronic & Mechanical and Information Technology, 2011: 1574-1577.

[51] Yu X D. Research on temperature field of hydrostatic thrust bearing with annular cavity multi-pad[J]. Applied Mechanics & Materials, 2012,121-126: 3477-3481.

[52] Yu X D, Li Z G, Zhou D F, et al. Influence research of recess shape on dynamic effect of hydrostatic thrust bearing[J]. Applied Mechanics & Materials, 2013, 274: 57-60.

[53] Yu X D, Meng X L, Li H H, et al. Research on pressure field of multi-pad annular recess hydrostatic thrust bearing[J]. Journal of Donghua University (English Edition), 2010, 30(3): 254-257.

[54] 于晓东, 高春丽, 邱志新, 等. 高速重载静压推力轴承润滑性能研究[J]. 中国机械工程, 2013, 24(23): 3230-3234.

[55] 于晓东, 邱志新, 高春丽, 等. 扇形腔多油垫静压推力轴承润滑性能速度特性[J]. 热能动力工程, 2013, 28(3): 296-300, 328.

[56] Li Y H, Yu X D. Simulation on temperature field of gap oil film in constant flow hydrostatic center frame[J]. Applied Mechanics & Materials, 2012, 121-126: 4706-4710.

[57] Wu B, Yu X D. Design of intelligent washout filtering algorithm for water and land tank simulation[C]. Proceedings of the International Conference on Intelligent Human-Machine Systems and Cybernetics, 2009: 19-22.

[58] Li Y H, Yu X D, Li C, et al. Study of monitoring for oil film thickness of elastic metallic plastic pad thrust bearing[J]. Advanced Design and Manufacture III, 2011, 450: 239-242.

[59] Wu B, Yu X D, Chang, X M, et al. Influence of working parameters on dynamic pressure effect of heavy constant flow hydrostatic center rest[J]. Applied Mechanics & Materials, 2013, 274: 82-87.

[60] Zhou D F, Meng X L, Yu X D, et al. Experimental research on elastic modulus of composites pad thrust bearing[J]. International Journal of Advancements in Computing Technology, 2012, 4(22): 706-713.

[61] Shao J D, Zhang Y Q, Li Y H, et al. Influence of the load capacity for hydrostatic journal support

deformation in finite element calculation[J]. Journal of Central South University, 2008, 15(s2): 245-249.

[62] 邵俊鹏, 张艳芹, 于晓东, 等. 重型静压轴承扇形腔和圆形腔温度场数值模拟与分析[J]. 水动力学研究与进展(A 辑), 2009, 24(1): 119-124.

[63] 付旭. 极端工况下静压推力轴承动压效应研究[D]. 哈尔滨: 哈尔滨理工大学硕士学位论文, 2016.

[64] 高春丽. 高速重载静压推力轴承油垫结构效应研究[D]. 哈尔滨: 哈尔滨理工大学硕士学位论文, 2013.

[65] 吴晓刚. 计及摩擦副变形的静压推力轴承润滑性能预测[D]. 哈尔滨: 哈尔滨理工大学硕士学位论文, 2017.

[66] 李欢欢. 静压推力轴承高速重载效应研究[D]. 哈尔滨: 哈尔滨理工大学硕士学位论文, 2014.

[67] 邱志新. 高速重载静压推力轴承润滑性能预测研究[D]. 哈尔滨: 哈尔滨理工大学硕士学位论文, 2013.

[68] 孙丹丹. 双矩形腔静压支承润滑性能优化研究[D]. 哈尔滨: 哈尔滨理工大学硕士学位论文, 2017.

[69] 谭力. 高速重载静压推力轴承摩擦失效预测[D]. 哈尔滨: 哈尔滨理工大学硕士学位论文, 2014.

[70] 王志强. 高速动静压混合润滑推力轴承性能研究[D]. 哈尔滨: 哈尔滨理工大学硕士学位论文, 2015.

[71] 向洪君. 大尺度静压支承环隙油膜润滑性能研究[D]. 哈尔滨: 哈尔滨理工大学硕士学位论文, 2012.

[72] 周启慧. 超重型卧式镗车床静压中心架润滑性能研究[D]. 哈尔滨: 哈尔滨理工大学硕士学位论文, 2015.

[73] 刘丹. 高速重载静压支承动静压合理匹配关系研究[D]. 哈尔滨: 哈尔滨理工大学硕士学位论文, 2016.

[74] 隋甲龙. 自适应油垫可倾式静压推力轴承摩擦学行为研究[D]. 哈尔滨: 哈尔滨理工大学硕士学位论文, 2017.

[75] 于晓东. 重型静压推力轴承力学性能及油膜态数值模拟研究[D]. 哈尔滨: 东北林业大学博士学位论文, 2007.

[76] 于晓东, 周启慧, 王志强, 等. 高速重载静压推力轴承温度场速度特性[J]. 哈尔滨理工大学学报, 2014, 19(1): 1-4.

[77] Yu X D, Wang Z Q, Meng X L, et al. Research on dynamic pressure of hydrostatic thrust bearing under the different recess depth and rotating velocity[J]. International Journal of Control and Automation, 2014, 7(2): 439-446.

[78] Yu X D, Wang Z Q, Meng X L, et al. Comparative study on pressure field of hydrostatic thrust bearing with different recess shapes[J]. Key Engineering Materials, 2014, 621: 431-436.

[79] 于晓东, 付旭, 刘丹, 等. 环形腔多油垫静压推力轴承热变形[J]. 吉林大学学报(工学版), 2015, 45(2): 460-465.

[80] Yu X D, Fu X, Meng X L, et al. Experimental and numerical study on the temperature performance of high-speed circular hydrostatic thrust bearing[J]. Journal of Computational and Theoretical

Nanoscience, 2015, 12(8): 351-359.

[81] Yu X D, Sun D D, Meng X L, et al. Velocity characteristic on oil film thickness of multi-pad hydrostatic thrust bearing with circular recess[J]. Journal of Computational and Theoretical Nanoscience, 2015, 12(10): 3155-3161.

[82] 于晓东, 李欢欢, 谭力, 等. 圆形腔多油垫恒流静压推力轴承流场数值分析[J]. 哈尔滨理工大学学报, 2013, 18(1): 41-44.

[83] 于晓东, 潘译, 何宇, 等. 重型静压推力轴承间隙油膜流态的数值模拟[J]. 哈尔滨理工大学学报, 2015, 20(6): 42-46.

[84] 于晓东, 刘丹, 吴晓刚, 等. 静压支承工作台主变速箱振动测试诊断[J]. 哈尔滨理工大学学报, 2016, 21(2): 66-70.

[85] 于晓东, 刘超, 左旭, 等. 静压支承摩擦副变形流热力耦合求解与实验[J]. 工程力学, 2018, 35(5): 231-238.

[86] 于晓东, 孙丹丹, 吴晓刚, 等. 环形腔多油垫静压推力轴承膜厚高速重载特性[J]. 推进技术, 2016, 37(7): 1350-1355.

[87] 于晓东, 吴晓刚, 隋甲龙, 等. 静压支承摩擦副温度场模拟与实验[J]. 推进技术, 2016, 37(10): 1946-1951.

[88] 于晓东, 谭力, 李欢欢, 等. 一种静压推力轴承的可倾式油垫[P]: 中国, ZL201320304505.8. 2013.10.30.

[89] 于晓东, 付旭, 刘丹, 等. 一种扇形腔静压推力轴承的可倾式油垫[P]: 中国, ZL201520161793.5. 2015.8.26.

[90] 于晓东, 隋甲龙, 吴晓刚, 等. 一种三角形腔静压推力轴承油垫[P]: 中国, ZL201520161793.5. 2015.12.14.

[91] 于晓东, 付旭, 刘丹, 等. 一种圆形腔静压推力轴承的可倾式油垫[P]: 中国, ZL20152070075.4. 2015.3.25.

[92] 于晓东, 付旭, 刘丹, 等. 一种工字形腔静压推力轴承可倾式油垫[P]: 中国, ZL201520670256.3. 2015.9.1.

[93] 于晓东, 孙丹丹, 吴晓刚, 等. 一种王字形腔静压推力轴承可倾式油垫[P]: 中国, ZL201521017288.X. 2016.7.6.

[94] 于晓东, 辛黎明, 侯志敏, 等. 一种X形腔静压推力轴承的可倾式油垫[P]: 中国, ZL201621308823.1. 2016.12.1.

[95] 于晓东, 周启慧, 王志强, 等. 一种浅油腔静压中心架垫式托瓦[P]: 中国, ZL201320776242.0. 2014.4.30.

[96] 于晓东, 王志强, 周启慧, 等. 双向动静压混合润滑推力轴承[P]: 中国, ZL201310388754.4. 2016.2.10.

[97] 于晓东, 孙丹丹, 吴晓刚, 等. 双矩形腔静压推力轴承润滑性能预报方法[P]: 中国, ZL201510553723.9. 2017.9.5.

[98] 于晓东, 王梓璇, 赵鸿博, 等. 双矩形腔静压推力轴承旋转速度与承载合理匹配方法[P]: 中国, ZL201510562353.5. 2018.1.16.

[99] 于晓东, 谭力, 李欢欢, 等. 一种静压推力轴承的可倾式油垫[P]: 中国, ZL201310209209.4. 2015.8.25.

第7章　高速重载匹配关系及摩擦学失效

静压支承的旋转速度和承载能力两个因素相互耦合，尤其在极端工况条件下表现更为突出。建立静压支承旋转速度和承载能力关系的数学模型，可模拟静压支承油膜综合润滑性能的载荷和速度特性，推导转速与承载能力的合理匹配关系，实现旋转速度和承载能力的协同匹配，预防摩擦学失效的发生。本章主要介绍高速重载匹配关系，并对摩擦学失效的机理和预防措施及方法进行论述。

7.1　高速重载匹配关系

双油腔矩形平面支承，是指该支承的油腔和封油面外廓是矩形的，这种形状的支承应用很广泛(如静压轴承、导轨、丝杠及各种支座等)，其结构尺寸如图7-1所示。由于压力油在矩形封油面上的流动情况比较复杂，为了简化计算，通常假设油液压力在封油面上的分布是呈直线作用的，如图7-2所示。这种假设更加适用于油腔尺寸越大而封油面越窄的支承，从而更加符合实际情况[1-17]。

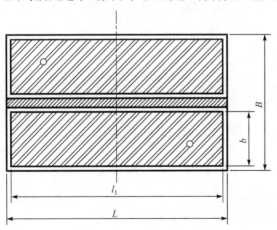

图 7-1　静压推力轴承双矩形油腔结构尺寸

7.1.1　矩形支承的承载能力

在上述假设条件下，矩形支承的承载能力(或推力)可用压力分布截锥体的体积来表示。为了便于计算，可进一步用一个假想的油腔压力分布等效立方体的

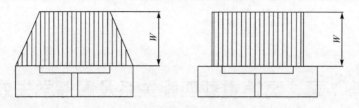

图 7-2　单油腔矩形支承压力分布

体积来表示。应该指出，采用上述简化法计算承载能力必须注意以下两点：
①截锥体和立方体的体积要相等；②截锥体和立方体的高度要相等(即都等于油腔压力)[18-29]。经过这样简化，其矩形支承的承载能力可表示为

$$W = p_{r}A_{e} \tag{7-1}$$

式中，A_{e} 为等效立方体的底面积，称为矩形支承的有效承载面积，其值为

$$A_{e} = \frac{2LB + 2lb + Lb + lB}{6} \tag{7-2}$$

7.1.2　矩形支承的流量

两平行平板相距 h(间隙)，平板长度为 l，宽度为 b。在液流中取一单元体，其长度为 dx，厚度为 dy，宽度为 1，如图 7-3 所示。

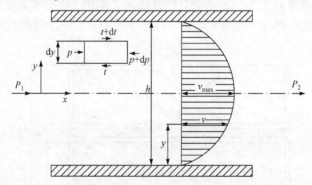

图 7-3　平行板间液流受力及速度分析

作用在小单元体左边的压力为 p，右边的压力为 $p+dp$；此外，由于流层之间的速度差，小单元体上、下面产生的摩擦力(黏切力)分别为 $\tau+d\tau$ 和 τ。根据单元体上力的平衡条件，可得

$$p\mathrm{d}y + (\tau + \mathrm{d}\tau)\mathrm{d}x = (p + \mathrm{d}p)\mathrm{d}y + \tau\mathrm{d}x \tag{7-3}$$

整理可得

$$\frac{\mathrm{d}p}{\mathrm{d}x} = \frac{\mathrm{d}\tau}{\mathrm{d}y}$$

又有

$$\tau = \mu \frac{\mathrm{d}v}{\mathrm{d}y}$$

则

$$\frac{\mathrm{d}p}{\mathrm{d}x} = \mu \frac{\mathrm{d}^2 v}{\mathrm{d}y^2}$$

或

$$\frac{\mathrm{d}^2 v}{\mathrm{d}y^2} = \frac{1}{\mu} \frac{\mathrm{d}p}{\mathrm{d}x}$$

将上式进行两次积分，可得

$$v = \frac{1}{\mu} \frac{\mathrm{d}p}{\mathrm{d}x} \frac{y^2}{2} + c_1 y + c_2 \tag{7-4}$$

式中，两个积分常数 c_1 和 c_2 可由边界条件求得。

当 $y = \pm \frac{h}{2}$ 时，$v = 0$，代入式(7-4)，可得

$$c_1 = 0 , \quad c_2 = -\frac{1}{\mu} \frac{\mathrm{d}p}{\mathrm{d}x} \frac{h^2}{8}$$

由此，液流速度方程式可写成

$$v = \frac{1}{\mu} \frac{\mathrm{d}p}{\mathrm{d}x} \frac{y^2}{2} - \frac{h^2}{8\mu} \frac{\mathrm{d}p}{\mathrm{d}x} = \frac{1}{2\mu} \frac{\mathrm{d}p}{\mathrm{d}x} \left(y^2 - \frac{h^2}{4} \right) \tag{7-5a}$$

分析可知，液流在平行缝隙中的速度也按抛物线分布。

当 $y = 0$ 时，可求得缝隙中心的液流最大速度为

$$v_{\max} = -\frac{h^2}{8\mu} \frac{\mathrm{d}p}{\mathrm{d}x} \tag{7-5b}$$

为计算方便，需求出液流的平均速度，其值为

$$\overline{v} = \frac{\int_{-\frac{h}{2}}^{\frac{h}{2}} v \mathrm{d}y}{h} = \frac{\int_{-\frac{h}{2}}^{\frac{h}{2}} \frac{1}{2\mu} \frac{\mathrm{d}p}{\mathrm{d}x} \left(y^2 - \frac{h^2}{4} \right)}{h} = \frac{\frac{1}{2\mu} \frac{\mathrm{d}p}{\mathrm{d}x} \left(\frac{h^3}{12} - \frac{h^3}{4} \right)}{h} = -\frac{h^2}{12\mu} \frac{\mathrm{d}p}{\mathrm{d}x} \tag{7-5c}$$

又因为

$$\frac{\mathrm{d}p}{\mathrm{d}x} = \frac{-(p_1 - p_2)}{l} = \frac{-\Delta p}{l}$$

所以有

$$\overline{v} = \frac{h^2 \Delta p}{12 \mu l} \tag{7-6}$$

由此，液流经过缝隙的流量为

$$Q = bh\overline{v} = \frac{bh^3 \Delta p}{12 \mu l} \tag{7-7}$$

式中，b 为平行平板宽度(cm)；Δp 为平行平板两端压力差(kgf/cm²)；h 为平板间的距离(cm)。

当油膜厚度为 h_0 时，流经矩形油垫的流量可按两平行平板间层流的流量公式计算。当不可压缩液体流过此等截面通道时，在此等截面各点处的流速相等，压力降也相等，故压力与流过的距离呈线性关系。但不可压缩流体流经矩形油垫四角处的通道时是扩散的，流动情况比较复杂。一般由式(7-4)可得双矩形油腔的流量为

$$Q_{\text{total}} = \frac{p_0 h_0 \left(\dfrac{l}{B-b} + \dfrac{b}{L-l} \right)}{3\mu} \tag{7-8}$$

式中，Q_{total} 为两个进油口总流量；p_0 为空载时油腔压力；h_0 为空载时油膜厚度。

在工作台上面加上负载时，油腔总压力为

$$P_1 = \frac{W_0 + W_1}{12 A_{\text{e}}} \tag{7-9}$$

式中，W_0 为工作台的重力(空载时重力)；W_1 为负载重力。

在负载的作用下，油膜的厚度为

$$h = \sqrt[3]{\frac{3 Q_{\text{total}} \mu}{P_1 \left(\dfrac{l}{B-b} + \dfrac{b}{L-l} \right)}} \tag{7-10}$$

7.1.3　工作台相对滑动时的液体摩擦扭矩

作用于油膜上的剪切力为

$$\tau = \mu \frac{u}{h} \tag{7-11}$$

作用于油膜表面上的摩擦力为

$$F_{\text{f}} = \iint_A \tau \mathrm{d}A \tag{7-12}$$

油膜表面上各点的滑动速度 u 都相等，故有

$$F_f = \mu u \iint_A \frac{\mathrm{d}A}{h} \tag{7-13}$$

支承工作面 A 由两部分组成，即油腔封油边和支承肋部分面积 A_c 以及油腔部分面积 A_r。由于封油边和支承肋处的间隙远远小于油腔的深度，所以油腔部分面积常常可以略去不计，则在设计状态时一个油腔的摩擦力为

$$F_f = \frac{\mu u}{h_0} \iint_A \mathrm{d}A_0 = \frac{\mu u}{h_0} A_f \tag{7-14}$$

式中，A_f 为一个油腔的有效摩擦面积，通常 $A_f = A_c$，若要精确些，则 $A_f = A_c + A_r/4$。

在一定运动速度下克服支承中各油垫因润滑油的黏性产生的阻力所消耗的扭矩就是摩擦扭矩。当按初始间隙计算时，其值为

$$M_f = \sum F_f r = \sum \mu \omega r^2 \frac{A_f}{h} = z \mu \omega r^2 \frac{A_f}{h_0} \tag{7-15}$$

式中，z 为油垫的个数；ω 为工作台的转速；r 为油腔中心到回转中心的距离，因圆导轨宽度相对于其直径很小，可近似取为双腔中心到圆导轨中心的距离。

7.1.4　载荷与转速的关系式

电动机输出扭矩为

$$T = 9550 \frac{P}{n} \tag{7-16}$$

式中，P 为电动机的额定功率(kW)；n 为电动机的额定转速(r/min)。

电动机与工作台之间经过多级齿轮变速之后，工作台输出扭矩为

$$T_1 = \eta T \tag{7-17}$$

式中，η 包括联轴器效率、齿轮传动效率、轴承效率和装配效率等。

当工作台输出的扭矩恰好被工作台与导轨之间的间隙油膜的内摩擦所消耗，即 $T_1 = M_f$ 时，推出转速与载荷之间的关系为

$$\omega = \frac{nTh_0 \sqrt[3]{\dfrac{W_0}{W_0 + W}}}{z \mu r^2 A_f} \tag{7-18}$$

式中，W_0 为空载重力(工作台的重力)；W 为在工作台上所加载荷。

当电动机的额定功率为 75kW、额定转速为 1600r/min 时，利用 Microsoft Visual Basic 软件编写一个程序，部分界面如图 7-4 所示。将已知条件输入程序中，计算出工作台的转速与载荷之间的理论关系，如表 7-1 所示。

图 7-4　利用 Visual Basic 程序计算载荷与转速关系的部分界面

表 7-1　载荷与转速理论关系

载荷/tf	0	4	8	12	16	20	24	28	32	36	40	44
转速/(r/min)	153	145	138	132	128	124	120	117	114	111	109	107

7.2　摩擦学失效机理

7.2.1　概述

装备制造业一直以来都是我国国民经济的基础产业，也是国家重点支持的战略性产业。重型数控加工设备在各个行业应用广泛，尤其是在现代化设备的高速发展中，重型机械更趋于高速、高精度，对效率的要求也越来越高，因此在保证主轴精度的前提下提高设备的转速成为目前亟待解决的问题。

液体静压推力轴承由于具有运行精度高、功耗低、抗振性能好、工作寿命长、稳定性能好等特点，已成为交通、能源、航空航天、重型机械、舰船制造和国防等国家重点领域大型数控装备的核心部件。然而，随着高速重载切削技术的出现，人们对数控装备的性能要求越来越高，如转速、承载能力和加工精度等。高速重载下油膜剪切力和支承能力加大，整机变形严重，致使油膜局部厚度变小，局部形成边界润滑或者干摩擦，从而导致摩擦失效甚至发生事故。为了提高转速和承载能力，必须加强对极限速度和极限载荷下的润滑理论、摩擦失效的预测和解决方案的研究。摩擦失效已成为提速和重载的阻碍，有待于解决。

前期研究发现高速重载工况下的静压推力轴承润滑性能与普通工况下的静压推力轴承润滑性能有着本质上的区别，经典润滑理论已不完全适用。静压推力轴承在高速重载作用下，油膜厚度会变小，理论上油膜厚度变小可使承载能力增加，但这种情况下润滑油剪切力增大，散热性能差，导致油温升高，黏度降低，按非牛顿流体进行研究，发现流体剪切应力存在极值问题。当速度达到一定值时，流体与固体在边界处会产生滑移现象，润滑油的速度场就会发生改变，此时油膜承载能力下降，甚至可能丧失承载能力。速度提高、油膜变薄使得润滑油温升增高，由于温度的不均匀性，油膜局部厚度也将发生不同程度的改变，这时对摩擦副粗糙度的要求就提高了，如果粗糙峰值高于油膜厚度，摩擦副将接触，发生干摩擦。摩擦副也将因局部温度过高而发生弹性变形，压力局部发生变化，液压油大量外流。这些不定因素都会影响静压支承的承载能力、转速和加工精度等，对静压支承的能力起到至关重要的作用。紊态流动与层流状态相比油膜温度高、黏度低、膜厚减薄，这导致轴瓦变形增加，促使轴承承载能力下降，严重时出现摩擦失效现象。

大部分的摩擦失效都是在经过润滑理论设计表明润滑状态良好后发生的，对此许多学者提出了质疑。如果外界条件发生变化，如冲击、振动、加工和安装等因素发生变化，那么实际结果与理论计算结果将发生很大变化，限制了转速与承载能力。另外，传统的静压技术和润滑理论都是在许多假设条件下进行的，无法体现高速与重载效应的存在，使得真实工况与理论计算会有很大的偏差，诸多因素对高速重载下的润滑失效埋下了隐患。

影响高速重载静压推力轴承摩擦失效的因素很多，掌握摩擦失效机理能有效预防和控制摩擦失效，为静压推力轴承的提速和重载工作提供理论帮助，然而要想掌握摩擦失效机理的规律有一定的难度。本节主要以计算机仿真为主，结合理论研究方法和实验研究方法，对工作台和底座的变形情况进行分析，系统研究极限速度和极限载荷下摩擦失效的规律与机理，为静压推力轴承能够安全稳定运行打下坚实的理论基础。若在摩擦失效这个领域能有新突破，那么必将为我国的制造业以及国防事业做出巨大的贡献[30-46]。

7.2.2 油膜润滑的预测模型

油膜在剪切力的作用下，各个位置的温度不同，导致油膜各处的变形也不尽相同。根据工作台和底座的变形确定油膜真正的形状，可为以后研究变形影响机理以及变形问题的解决打下基础。限于篇幅，这里只给出转速为 80r/min 时的油膜变形示意图，如图 7-5 所示。

由图 7-5 可知，工作台的变形呈上翘趋势，而底座油垫的变形呈下翻趋势，两者共同作用使得间隙油膜的实际形状呈楔形，内径边开口小，外径边开口大。这样，工作台运转时楔形油膜会导致油膜刚度下降，油膜承载能力降低，间隙小的油膜处剪切发热更多，致使油膜厚度进一步减小，严重时会出现烧瓦事故。

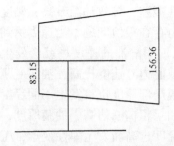

图 7-5　转速为 80r/min 时的静压支承
油膜预测模型(单位：μm)

通过 ANSYS Workbench 软件进行流固耦合分析，可得出如下结论：随着载荷与转速的提高，油膜的变形情况越加严重；根据油膜的形状与润滑油的流向，可知油膜的承载能力下降，油膜刚度减小，当转速与载荷达到一定量时，油膜最终破裂，产生干摩擦，发生摩擦失效；随着转速的提高，油膜开口大的地方会越来越大，开口小的地方会越来越小，最后发生干摩擦。

7.3　摩擦学失效预防措施及方法

　　随着科学技术的发展，轴承越来越多地应用于高速、高精度、重载等特殊或极端工况。为了找到预防摩擦失效的措施，一些学者进行了相关研究，有学者对静压轴承油膜刚度、油膜阻尼系数[47]及刚性转子油膜稳定性[48]进行了研究。此时，主动控制也被提上了议程，马柯达等针对传统油膜轴承位置精度低和稳定性差的问题，开发了主动控制油膜轴承的超磁致伸缩驱动器[49]。王元勋等针对一种主动控制节流气体润滑轴承，建立了轴承系统的动力学分析模型，设计了轴承系统的闭环控制器，并对轴承系统的动态性能进行了实验研究和分析[50]。Shao 等利用伺服阀控制变量泵，从而达到控制油膜厚度和提高轴承刚度的目的[51]。韩桂华等设计了一套非线性混合控制器，针对油液黏度和载荷变化引起油膜厚度变化这一问题进行研究，利用电液伺服阀控变量泵控制油腔的流量来控制油膜厚度，这种方式可以避免轴承润滑失效，提高了轴承运行的稳定性、可靠性和运行精度[52]。

　　随着动压技术的不断发展，不同的结构形式、连接形式、支承形式在实际生产制造中得到了广泛的应用，越来越引起人们的关注。动压效应在高转速或者重载下的作用越来越明显，静压推力轴承间隙油膜的变薄会导致支承能力和油膜刚度下降，工作台和底座的变形增大，严重时会出现干摩擦现象。因此，考虑利用动静压结合技术，在静压推力轴承工作过程中由产生的动压补偿自身的静压损失，即调整油垫的结构尺寸、油垫与底座的连接形式使静压推力轴承在工作中能够改善自身承载能力不足，使高速或者重载下油膜的变薄由动压效应产生的动压来补偿，保证油膜的厚度相对稳定，避免静压推力轴承的摩擦学失效，改善静压推力轴承的加工能力与精度。

7.3.1　静压推力轴承油膜动压效应形成原理

流体动压润滑和流体静压润滑的油膜形成原理在本质上存在区别，前者是依靠摩擦副自身的运动把黏性的油带(楔)入而形成润滑油膜，后者则是依靠外动力(油压)送入而形成润滑油膜。流体动压润滑是依靠运动副两个滑动表面的形状(轴与轴瓦)，在其相对运动时形成的。

油膜动压效应的形成条件如下。

(1) 两个相对运动的摩擦副表面间形成楔形间隙。

(2) 两相对运动表面间具有一定的相对滑动速度，且速度方向可使润滑油从楔形的大口流进，小口流出。

(3) 润滑油具备一定的润滑黏度，且润滑油供给充分[53-58]。

7.3.2　预防摩擦学失效的具体措施

预防摩擦学失效的具体措施如下。

(1) 从油腔结构入手，在封油边开设动压油楔，或者把油腔的底面做成斜坡的结构。在这两种情况下当转速达到一定数值时，油垫产生动压使压力增大，只要所开动压油楔位置和尺寸合理就能够有效补偿静压损失。

在静压推力轴承油腔的单侧开楔形，如图 7-6 所示。利用楔形的动压效应来补偿静压损失。当载荷一定时，动压效应随着转速的增加而增大，静压支承间隙油膜厚度随着转速的增加而下降，由此可以考虑采用静动压结合技术，即静压和动压同时工作，随着转速的增加静压损失由动压效应产生的动压来补充，保证旋转过程中油膜厚度恒定。

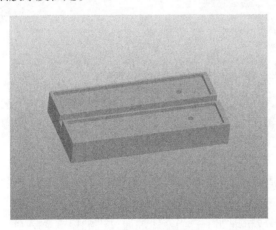

图 7-6　单向动静压油垫

（2）调整油垫支承形式和与底座的连接形式，即将静压油垫设计成可倾式油垫，通过可倾式油垫产生动压来弥补静压损失，实现相互间的合理匹配，且此时的动压产生与转速的方向无关。油垫支承形式又分为点支承、线支承、矩形凸台支承、扇形凸台支承和圆台支承等。油垫与底座的连接形式一般为销孔间隙配合连接，保证油垫成为可倾式，且配合间隙是可调的。下面给出油垫矩形凸台支承和油垫与底座为销孔间隙配合连接情况下的动压补偿静压损失，如图7-7和图7-8所示。

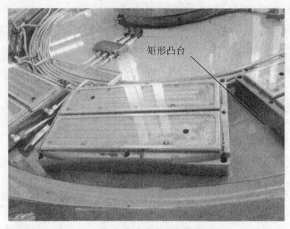

图 7-7　油垫矩形凸台支承

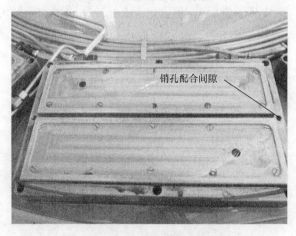

图 7-8　油垫与底座间隙配合支承

可倾式油垫是在原有油垫基础上进行改造的，在原油垫的下方加工一块窄矩形凸台，与底座采用双销间隙配合，如图7-9所示。

动压油膜的形成机理如下：当液压油通过进油口 3 输入到油腔 2 时，液压油在油腔 2 形成很大的压力，最终由于液压油不断输入到油腔 2，机床旋转工作台

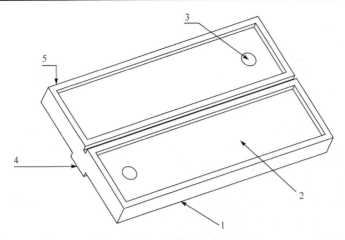

图 7-9　双矩形腔动静压油垫的结构
1-油垫；2-油腔；3-进油口；4-矩形凸台；5-封油面

被顶起，油垫与机床工作台之间形成了一层薄的静压油膜，机床工作台在油膜支承下进行工作，它和可倾式油垫 1 处于完全流体润滑状态。但当机床工作台处于高速重载这一极端状况下时，支承油膜的厚度会减小，发热量增加，静压损失严重，从而可能导致油垫 1 和机床工作台直接接触形成干摩擦，进而出现摩擦失效，严重影响加工精度。由于油垫 1 的下端加工有矩形凸台 4，油垫 1 在润滑油压力的作用下，其四周的外侧封油边会向下发生倾斜，这就导致机床工作台与可倾式油垫 1 之间产生楔形，满足了动压形成条件，在静压的基础上产生动压，动压的增加量能够有效补偿静压的损失量。

参 考 文 献

[1] 何春勇, 刘正林, 吴铸新, 等. 船用水润滑推力轴承扇形推力瓦润滑性能数值分析[J]. 润滑与密封, 2009, 34(6): 39-42.

[2] 马涛, 戴惠良, 刘思仁. 基于 FLUENT 的液体动静压轴承数值模拟[J]. 东华大学学报(自然科学版), 2010, 36(3): 279 -282.

[3] Yu X D, Geng L, Zheng X J, et al. Matching the relationship between rotational speed and load-carrying capacity on high-speed and heavy-load hydrostatic thrust bearing[J]. Industrial Lubrication and Tribology, 2018, 70(1): 8-14.

[4] 于晓东, 耿磊, 郑小军, 等. 恒流环形腔多油垫静压推力轴承油膜刚度特性[J]. 哈尔滨工程大学学报, 2017, 38(12): 1951-1956.

[5] 于晓东, 吴晓刚, 隋甲龙, 等. 静压支承摩擦副温度场模拟与实验[J]. 推进技术, 2016, 37(10): 1946-1951.

[6] 于晓东, 孙丹丹, 吴晓刚, 等. 环形腔多油垫静压推力轴承膜厚高速重载特性[J]. 推进技术, 2016, 37(7):1350-1355.

[7] 于晓东, 刘丹, 吴晓刚, 等. 静压支承工作台主变速箱振动测试诊断[J]. 哈尔滨理工大学学

报, 2016, 21(2): 66-70.

[8] 于晓东, 潘泽, 何宇, 等. 重型静压推力轴承间隙油膜流态的数值模拟[J]. 哈尔滨理工大学学报, 2015, 20(6): 42-46.

[9] Yu X D, Sui J L, Meng X L, et al. Influence of oil seal edge on lubrication characteristics of circular recess fluid film bearing[J]. Journal of Computational and Theoretical Nanoscience, 2015, 12(12): 5839-5845.

[10] Yu X D, Sun D D, Meng X L, et al. Velocity characteristic on oil film thickness of multi-pad hydrostatic thrust bearing with circular recess[J]. Journal of Computational and Theoretical Nanoscience, 2015, 12(10): 3155-3161.

[11] Yu X D, Fu X, Meng X L, et al. Experimental and numerical study on the temperature performance of high-speed circular hydrostatic thrust bearing[J]. Journal of Computational and Theoretical Nanoscience, 2015, 12(8): 1540-1545.

[12] 于晓东, 付旭, 刘丹, 等. 环形腔多油垫静压推力轴承热变形[J]. 吉林大学学报(工学版), 2015, 45(2): 460-465.

[13] Yu X D, Zhou Q H, Meng X L, et al. Influence research of cavity shapes on temperature field of multi-pad hydrostatic thrust bearing[J]. International Journal of Control and Automation, 2014, 7(4): 329-336.

[14] Yu X D, Wang Z Q, Meng X L, et al. Research on dynamic pressure of hydrostatic thrust bearing under the different recess depth and rotating velocity[J]. International Journal of Control and Automation, 2014, 7(2): 439-446.

[15] 于晓东, 周启慧, 王志强, 等. 高速重载静压推力轴承温度场速度特性[J]. 哈尔滨理工大学学报, 2014, 19(1): 1-4.

[16] 于晓东, 高春丽, 邱志新, 等. 高速重载静压推力轴承润滑性能研究[J]. 中国机械工程, 2013, 24(23): 3230-3234.

[17] Yu X D, Tan L, Meng X L, et al. Influence of rotational speed on oil film temperature of multi-sector recess hydrostatic thrust bearing[J]. Journal of the Chinese Society of Mechanical Engineers, 2013, 34(5): 507-514.

[18] 于晓东, 谭力, 李欢欢, 等. 一种静压推力轴承的可倾式油垫[P]: 中国, ZL201320304505.8. 2013.10.30.

[19] 于晓东, 付旭, 刘丹, 等. 一种扇形腔静压推力轴承的可倾式油垫[P]: 中国, ZL201520161793.5. 2015.8.26.

[20] 于晓东, 隋甲龙, 吴晓刚, 等. 一种三角形腔静压推力轴承油垫[P]: 中国, ZL201520161793.5. 2015.12.14.

[21] 于晓东, 付旭, 刘丹, 等. 一种圆形腔静压推力轴承的可倾式油垫[P]: 中国, ZL20152070075.4. 2015.3.25.

[22] 于晓东, 付旭, 刘丹, 等. 一种工字形腔静压推力轴承可倾式油垫[P]: 中国, ZL201520670256.3. 2015.9.1.

[23] 于晓东, 孙丹丹, 吴晓刚, 等. 一种王字形腔静压推力轴承可倾式油垫[P]: 中国, ZL201521017288.X. 2016.7.6.

[24] 于晓东, 辛黎明, 侯志敏, 等. 一种 X 形腔静压推力轴承的可倾式油垫[P]: 中国, ZL201621308823.1.

2016.12.1.

[25] 于晓东, 周启慧, 王志强, 等. 一种浅油腔静压中心架垫式托瓦[P]: 中国, ZL201320776242.0. 2014.4.30.

[26] 于晓东, 王志强, 周启慧, 等. 双向动静压混合润滑推力轴承[P]: 中国, ZL201310388754.4. 2016.2.10.

[27] 于晓东, 孙丹丹, 吴晓刚, 等. 双矩形腔静压推力轴承润滑性能预报方法[P]: 中国, ZL201510553723.9. 2017.9.5.

[28] 于晓东, 王梓璇, 赵鸿博, 等. 双矩形腔静压推力轴承旋转速度与承载合理匹配方法[P]: 中国, ZL201510562353.5. 2018.1.16.

[29] 于晓东, 谭力, 李欢欢, 等. 一种静压推力轴承的可倾式油垫[P]: 中国, ZL201310209209.4. 2015.8.25.

[30] 王福军. 计算流体动力学分析——FLUENT 软件原理与应用[M]. 北京: 清华大学出版社, 2004.

[31] 韩占忠, 王敬, 兰小平. Fluent 流体工程仿真计算实例与应用[M]. 北京: 北京理工大学出版社, 2004.

[32] 庞志成. 液体气体静压技术[M]. 哈尔滨: 黑龙江人民出版社, 1981.

[33] 徐建宁, 屈文涛, 赵宁. 止推滑动轴承的温度场和热变形分析[J]. 润滑与密封, 2006, (8): 120-122.

[34] 牛荣军, 黄平. 粗糙表面塑性变形对弹流润滑性能的影响[J]. 润滑与密封, 2006, (6): 20-23.

[35] 徐海波, 朱均. 离心力和热弹变形对大型水轮机推力轴承性能的影响[J]. 西安交通大学学报, 1993, 27 (1) : 63-72.

[36] 赵明, 黄正东, 陈立平. 重型数控立车工作台静压计算与优化[J]. 中国机械工程, 2008, 19 (22) : 2742-2747.

[37] 王建磊, 李军杰, 杨培基, 等. 动静压轴承温度场和热变形的仿真分析[C]. 第十届全国振动理论及应用学术会议, 2011 : 389-393.

[38] Hemmi M, Hagiya K, Ichisawa K, et al. Computation of thermal deformation of thrust bearing pad concerning the convection by non-uniform oil flow[C]. Proceedings of World Tribology Congress Ⅲ, 2005 : 61-62.

[39] Novikov E A, Shitikov I A, Maksimov V A. Calculation of the characteristics of a hydrostatic ring thrust bearing for refrigeration compressors[J]. Chemical and Petroleum Engineering, 2004, 40(3-4): 23-26.

[40] Canbulut F, Sinanoglu C, Yildirim S. Analysis of effects of sizes of orifice and pocket on the rigidity of hydrostatic bearing using neural network predictor system[J]. KSME International Journal, 2004, 18(30) : 432-442.

[41] Zhang Y Q, Fan L G. Simulation and experimental analysis on supporting characteristics of multiple oil pad hydrostatic bearing disk[J]. Journal of Hydrodynamics, 2013, 25(2): 236-241.

[42] 张艳芹, 陈瑶. 四种油腔形状重型静压轴承承载性能理论分析[J]. 哈尔滨理工大学学报, 2013, 18(2): 68-71.

[43] 周建芳. 流气耦合状态下动静压轴承油膜温度场分析[D]. 洛阳: 河南科技大学硕士学位论文, 2012.

[44] 郭力, 李波, 章泽. 液体动静压轴承的温度场与热变形仿真分析[J]. 机械科学与技术, 2014, 33(4) : 511-515.

[45] 于晓东, 邱志新, 李欢欢, 等. 扇形腔多油垫静压推力轴承润滑性能的速度特性[J]. 热能动力工程, 2013, 28(3): 289-293.

[46] 于晓东. 重型静压推力轴承力学性能及油膜态数值模拟研究[D]. 哈尔滨: 东北林业大学硕士学位论文, 2007.

[47] Meruane V, Pascual R. Identification of nonlinear dynamic coefficients in plain journal bearings[J]. Tribology International, 2008, 41(8): 743-754.

[48] Chen C H, Kang Y, Chang Y P. Influences of recess depth on the stability of the Jeffcott rotor supported by hybrid bearings with orifice restrictors[J]. Industrial Lubrication and Tribology, 2005, 57(1):41-51.

[49] 马柯达, 吴超, 付亚琴, 等. 应用于主动控制油膜轴承的超磁致伸缩驱动器的实验研究[J]. 润滑与密封, 2009, 34(1): 36-39.

[50] 王元勋, 杨清好, 陈尔昌, 等. 主动控制节流气体润滑轴承动态特性研究[J]. 振动工程学报, 1999, 12(3): 304-308.

[51] Shao J P, Han G H, Zhang Y Q, et al. Hardware-in-the-loop simulation on controllable hydrostatic thrust bearing[C]. Proceedings of the IEEE International Conference on Automation and Logistics, 2008: 1095-1099.

[52] Han G H, Li J Y, Dong Y H. Control method of heavy hydrostatic thrust bearing[C]. International Conference on Intelligent Human-Machine Systems and Cybernetics, 2009: 62-65.

[53] 许尚贤, 陈宝生. 液体静压、动静压滑动轴承的优化设计[J]. 机床与液压, 1986, (5): 1-9.

[54] 齐毓霖. 摩擦与磨损[M]. 北京: 高等教育出版社, 1986.

[55] 陈建敏. 磨损失效与摩擦学新材料的研究与发展[J]. 材料保护, 2014, 37(7B): 35-39.

[56] 陈燕生. 液体静压支承原理和设计[M]. 北京: 国防工业出版社, 1980.

[57] 张直明. 滑动轴承的流体动力润滑理论[M]. 北京: 高等教育出版社, 1986.

[58] 陈伯贤. 流体润滑理论及其应用[M]. 北京: 机械工业出版社, 1991.

第 8 章　动静压润滑推力轴承工作原理及控制方程

　　动静压轴承是一种结合了动压轴承和静压轴承优点的油膜轴承，具有动压效应和静压混合承载能力。大型立式数控加工装备在高速、重载和微间隙极端工况下，其静压轴承间隙油膜温度骤升、润滑油黏度急剧下降、油膜迅速变薄、局部出现边界润滑或干摩擦，进而会出现摩擦学失效的情形。因此，可将静压油垫改为动静压油垫，使其成为动静压轴承，从而解决此问题。

　　本章以扇形动静压油垫为对象，探究高速动静压润滑推力轴承的性能。首先使用 UG 软件对单向动静压油垫油膜和双向动静压油垫油膜进行模型的建立；然后利用 ANSYS ICEM CFD 软件对油膜几何体划分网格，并对油膜模型进行边界条件等参数设定；最后通过 ANSYS CFX 软件分析不同转速和承载工况下两种动静压油垫油膜的压力场、温度场和速度场的变化情况，揭示转速和载荷对润滑性能的影响规律。

8.1　动静压润滑推力轴承研究现状

　　近年来，国内外学者对动静压润滑推力轴承进行了深入研究。王勇勤等建立了油膜间隙函数的数学模型，构造了流体连续性方程，采用数值方法对油膜轴承压力特性和油膜轴承动静压混合效应进行了分析[1]。郭胜安等对深浅腔液体动静压轴承承载特性进行了研究[2]。熊万里等对基于动网格模型的液体动静压轴承刚度及阻尼的计算方法进行了探索[3]。袁小阳等提出了一种新型结构弹性支点可倾瓦轴承的分析方法，研究了弹性支点水润滑可倾瓦轴承的静动特性[4]。李忠等研究了推力轴承瓦的张角、瓦宽、瓦内径、转速、载荷和进油边温度对润滑性能的影响，并提出了改进意见[5]。郭力研究了圆形油腔、正方形油腔、三角形油腔、角向小孔四种油腔形状的高速液体动静压轴承的性能，比较发现角向小孔轴承具有最优良的性能，将会在高速主轴单元中得到广泛应用[6]。张琰应用 Fluent 软件对涡轮泵静压轴承进行数值模拟，得到静压轴承内部的流动状况，分析了转速、进油压力、油膜厚度、偏移率和节流孔直径等参数对轴承承载性能和刚度性能的影响规律，并对轴承结构进行了合理优化[7]。孟晶研究了节流器结构、轴承宽径比、轴承供油压力、主轴转速等参数对轴承油膜的承载特性、压力分布、偏位角及油膜刚度等相关参数的影响[8]。张刚强对大型立式超精密车床液体静压推力轴承的压力场、温度场和速度场的性能进行了研究，得到油垫的压力场、温度场和速度场的分布特性和变化规律[9]。

于晓东等对扇形腔多油垫静压推力轴承间隙流体进行了数值模拟，揭示了油腔面积对间隙流场性能的影响规律，油腔压力随着油腔面积增大先增加后减小，在某一位置油腔压力达到极大值，得到油腔面积最优值，而油腔面积对流体速度场影响不大；基于计算流体动力学，采用有限体积法对扇形腔和圆形腔恒流静压推力轴承间隙流体进行了数值模拟，并比较了它们的压力场和速度场，提出选择合适的油腔形状对提高轴承性能非常必要[10-12]。杨沛然等进行了线接触、椭圆接触、点接触弹性流体动力润滑的供油条件的分析，得到供油量和供油油膜形状对润滑状态的影响规律[13-15]。朱希玲基于ANSYS 软件对轴瓦结构进行了优化设计，在给定条件下，以承载能力最大为目标函数，对油腔的结构参数进行优化，其优化结果为静压轴承设计的改进提供了最优数据[16]。张艳芹等针对重型静压轴承油腔结构优化的问题，利用有限体积法模拟了扇形腔和圆形腔间隙流体的温度场，探讨了在转速、腔深及有效承载面积相同时两种腔形的温度分布规律，优化了油腔的结构[17]。张静文等对具有深、浅腔的毛细管节流圆锥动静压混合轴承做了计入轴瓦弹性变形的静态分析，在用有限元法解雷诺方程时，对流量连续方程进行了归并，分析半锥角对静态性能的影响[18]。

于贺春等以径向静压轴承为研究对象，采用三维建模、结构化和非结构化网格相结合，运用有限体积法对三维稳态可压缩的 N-S 方程进行求解，研究动压效应及偏心率对轴承静态特性的影响[19]。崔凤奎等针对多油腔静压轴承压力油流动的复杂性，使用 ANSYS CFX 软件对油膜进行数值模拟，分析了静态下的油膜压力、流场以及对静压轴承承载能力的影响，结果表明圆形主油腔使压力场和速度场稳定、均衡，不同的进油速度会影响副油腔压力的大小[20]。王志刚等通过实验对油膜温度的瞬态变化规律进行研究，在可倾瓦推力轴承空载快速启动及慢速启动两种工况下，探究了加载时载荷的变化、转速的变化和转速变化率等因素对推力轴承油膜温度的影响[21]。高士强对超高速磨削实验机床的轴承热态特性进行研究，得到不同转速下动静压混合轴承温度场的分布规律[22]。于晓东等采用数值分析的方法，模拟仿真了速度对扇形可倾瓦推力轴承润滑性能的影响，分析速度对最大油膜压力、最高油膜温度、最小油膜厚度、功率损失和流量等参数的影响，得到速度与扇形可倾瓦推力轴承润滑参数的关系[23]。芦定军等认为瓦块倾斜角和最小油膜厚度对推力轴承性能有影响，进行分析得出瓦块倾斜角和最小油膜厚度的最优值[24]。杜巧连等对动静压轴承的油膜特性进行研究，并对流场的流态进行分析，总结出压力及载荷的分布情况[25]。刘涛等研究了动-静压轴承油膜厚度变化对带钢厚度精度的影响，对动-静压轴承油膜的形成机理进行分析，推导出适合现场应用的数学模型，并设计了现场空压测试实验[26]。郭力等提出了一种大型高速的动静压轴承，得出动静压轴承的承载能力远高于静压轴承的结论[27]。

随着计算机技术和数值计算技术的快速发展，已利用差分、有限元、有限体积等方法解决了各种应用条件下静压、动压和动静压混合推力轴承的润滑问题。

Hashimoto 等通过优化设计完成了高速静压径向轴承润滑性能的改进研究[28]。Su 等研究了转速对动静压润滑径向轴承性能的影响[29]。Santos 等对可倾瓦动静压混合润滑径向轴承的几何形状、结构尺寸的优化进行了研究[30]。Brecher 等对静压推力轴承的动压效应进行了数值模拟，发现油垫式静压推力轴承在回油槽和油腔尺寸变化处存在动压现象[31]。Osman 等通过自行设计的测试装置，分析了油腔的尺寸和位置对静压推力轴承性能的影响[32]。Osman 等研究了动载情况下静压推力轴承环形槽油腔的设计，并分析了油腔数、半径率和倾斜参数对承载能力、轴承刚度、流量和阻尼系数的影响[33]。Garratt 等研究了在一系列的转速和相同的轴承宽度时，不同力作用下的频率和振幅对轴承的影响，通过对刚度和耦合参数的分析，提出解决方案，从而衡量轴承特性[34]。考虑惯性流和离心力的影响，Jackson 等对平行平板径向流压力分布进行了理论研究，得出惯性力对轴承性能的影响是不可忽略的结论[35]。Johnson 和 Manring 做了具有浅腔静压推力轴承敏感性的分析，在设计静压推力轴承时采用浅油腔，而不是传统的深油腔，并找出了它们的细微差别[36]。Canbulut 利用自己设计的实验装置，研究了关于几何参数和工作参数对环形静压推力轴承性能的影响，发现摩擦功率损失和泄漏损失均受表面粗糙度、供油压力、相对速度、轴承支承面积和节流毛细管直径等参数影响[37]。Monmousseaup 等对承受稳态载荷和静态载荷的可倾瓦轴承做了非线性热弹流润滑分析，在分析中考虑了热的影响和瓦块的弹性变形[38]。

Sharama 等研究了等面积的圆形腔、矩形腔、椭圆形腔和环形腔静压推力轴承的压力、流量、承载能力和刚度等润滑性能参数，证明了油腔形状对静压推力轴承润滑性能的影响，并对不同形状油腔的润滑性能参数进行对比，结果表明要获得静压推力轴承的最优性能，油腔几何形状的选择尤为重要[39]。Heinrichson 等研究了高压油腔对倾斜油垫液压轴承性能的影响，结果表明浅油腔对其性能有积极的影响，深油腔则会产生消极的影响，因为油腔变深后，支承面积相应减小[40]。Johnson 等使用 ABAQUS 软件研究了封闭支承承载面的表面变形对支承的压力分布、流量、承载能力等性能的影响，结果表明承载面的凹变形提高了支承的流量和承载能力[41,42]。Grabovskii 结合流体润滑理论，采用微积分计算方法优化了静压推力轴承间隙油膜的形状，得到不同转速下静压推力轴承的最大承载能力[43]。

Novikov 等发现静压轴承在高速运行工况下，润滑油甩油量增加，承载能力下降，润滑油故障区形成时的情况，结果表明应该在计算和设计阶段消除故障区，可通过增加润滑油流出的压力、减少间隙、改变节流装置等方式[44]。Garg等就润滑油的热和流变特性对于对称和非对称的小孔入口混合特性的影响进行研究，认为润滑油的温升和非牛顿特性造成的黏度变化会对轴承特性造成显著影响[45]。Horvat 等研究了静压径向油腔中轴转速对于油腔压力分布的影响[46]。Serrato 等通过实验研究了润滑油黏度与油膜温升之间的关系，结果表明在高频的工作状态下，黏度变化与油膜厚度和机械振动是密不可分的[47]。Park 等对气膜推力轴承的静动态特性进行研究，并计算了不同倾斜状况下承载能力和扭矩的变化，以及稀薄空气系数对轴承性能的影响[48]。Kazama 等在混合润滑的情况下研究了水力装备中应用的静压推力轴承，介绍了流体静力学比率的概念，并指出当比率接近 1 时，功率损失最小[49]。

　　由以上国内外有关动静压润滑轴承的研究情况可知，静压推力轴承的应用日益广泛，且越来越趋向于高速大功率的情形，而动静压混合轴承的出现，使得高速重型支承领域翻开了新的篇章。动静压轴承不仅兼有液体静压和动压轴承的优点，而且具有降低油泵功耗、增强轴承承载力的能力，使得动静压轴承在大型高速重载机床领域迅速发展。目前，我国高速重型静压支承仍存在不足，如静压支承润滑性能较差、转速较慢、旋转精度较低等，这些都会严重影响加工效率和主轴运行精度。因此，考虑将静压油垫优化为动静压油垫，形成动静压润滑推力轴承，提高其润滑性能和抗摩擦学失效特性，从而提高静压轴承承载能力、转速、旋转精度和稳定性，实现高速重载推力轴承的高速、高精度稳定运行[50-61]。

8.2　动压推力轴承工作原理

　　动压推力轴承油膜的形成机理如图 8-1 所示[62,63]。在图 8-1(a) 中，a、b 两板之间充满润滑油，板 b 静止，板 a 以速度 v 向右移动，板上无载荷。由于润滑油的黏附作用，与板 a 接触的润滑油的速度和板 a 速度一致，即速度为 v；与板 b 接触的润滑油的速度和板 b 速度一致，即速度为零。设润滑油为层流状态，速度图呈三角形分布，板 a、b 间带进润滑油量等于带出润滑油量，板间润滑油量保持不变，板 a 不会下沉。如果板 a 承受向下载荷，润滑油从板(速度方向的)前后向两侧溢出，于是板 a 下沉，因此板 a 不能承载。

　　在图 8-1(b) 中，a、b 两板不平行，左侧间隙大，右侧间隙小，两板间隙沿板 a 运动方向由大到小呈收敛的楔形，板 a 承受向下载荷 W。此时楔形间隙内的润滑油受两个力的作用，一个是上下板的相对移动产生的剪切作用，使得楔形间隙内的润滑油速度分布呈三角形，如图中虚线所示；另一个是载荷 W 的向下作用，使得润滑油受到挤压作用，假设润滑油不可压缩，且板沿 z 轴方向(垂直纸面)无限长，在载荷 W 的向下作用下，润滑油从 a、b 板左右两端流出，由此引起的进、出口端速度分布如图 8-1(b) 所示。在以上两种因素的作用下，进口端的速度图形向内凹，出口端的速度图形向外凸，使进口油量等于出口油量。间隙内润滑油形成的向上压力与外载荷 W 平衡，这样就在楔形间隙内形成了可以承受外载荷的油膜。此油膜称为动压油膜，故形成动压支承。

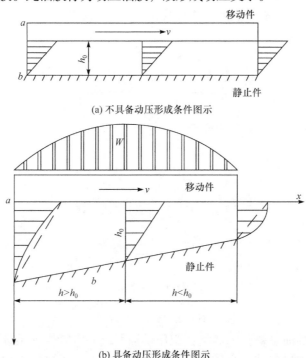

(a) 不具备动压形成条件图示

(b) 具备动压形成条件图示

图 8-1　动压推力轴承油膜的形成机理

流体动压润滑支承的必要条件如下。

(1) 相对滑动表面间必须形成楔形间隙。

(2) 两相对运动表面间必须具有足够的相对滑动的速度，且速度方向必须使得润滑油从楔形的大口流进，小口流出。

(3) 润滑油必须具有一定的黏度，且供油充分。

8.3　静压推力轴承工作原理

静压推力轴承的工作原理是：利用专用的供油系统，将具有一定压力的润滑油送到轴承的油腔内,形成具有压力的润滑油层,使静压轴承具有一定的承载力,将轴承主轴浮升且承受外载荷,并保持在预定载荷和任意转速下主轴表面与轴承表面被润滑油完全隔开,轴承处于完全液体摩擦状态[64-66]。它的特点是:由于轴颈的浮起是依靠具有一定压力的液压油支承的,所以在各种相对运动速度下(包括静止)都有很高的承载能力;轴颈与轴承间存在压力油膜,摩擦阻力小,油膜的支承刚度高,抗振性好,旋转精度稳定,使用寿命长。

　　定量供油静压支承的工作原理如图 8-2 所示,W 表示外载荷,h 为油膜厚度。油液由泵 1 向油腔 7 供油,并沿四周封油边 6 流出。

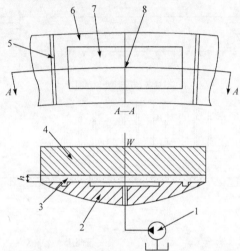

图 8-2　定量供油静压支承工作原理图
1-泵;2-导轨;3-间隙流体;4-工作台;5-回油槽;
6-封油边;7-油腔;8-进油孔

　　静压支承供油系统分为两类:定压供油系统和定量供油系统,定压供油系统适用于液体或者气体,且结构简单,调整方便,故被广泛应用;而定量供油系统仅适用于液体,原因是在变压力条件下,可压缩流体维持等流量是不可能实现的。目前定量供油系统只应用在某些特殊场合,如大型或重型机床的静压轴承,有时也用于静压导轨。

8.4　动静压润滑推力轴承结构

　　动静压润滑推力轴承主要由工作台、动静压油垫和机床底座三部分组成,如图 8-3 所示。该动静压润滑推力轴承的支承采用开式多油垫恒流动静压混合支承结构,回油槽隔开导轨上均匀分布的 12 个动静压油垫,相邻动静压油垫上的油腔不会出现窜油现象,各个油垫油膜的压力不会受到相邻油垫油膜压力的直接影响，形成 12 个独立支承的结构。本章主要介绍比较单向动静压油垫油膜和双向动静压油垫油膜的性能，并对其进行研究和优化[67-78]。单向动静压油垫和双向动静压油垫分别如图 8-4 和图 8-5 所示。

工作台

动静压油垫

机床底座

图 8-3　动静压推力轴承几何结构

图 8-4　单向动静压油垫　　　　　　　　图 8-5　双向动静压油垫

8.5　动静压油垫扇形油腔的承载能力及腔内流量

8.5.1　扇形油腔的有效承载面积

一个油腔的有效承载面积 A_e 是指：假设在面积 A_e 上均匀地作用着油腔压力 p_r，且使它产生的总推力等于一个油腔及其周围封油边上的实际总推力 W，即 $A_e = W/p_r$。

首先分析矩形腔的有效承载面积，由于压力在封油面上的流动情况比较复杂，所以对其进行简化计算，假设油液压力在封油面上的分布呈直线作用，如图 8-6 所示。在此假设条件下，矩形腔封油面上的承载能力可用压力分布截锥体的体积来表示。简化时需注意：①截锥体与立方体的体积相等；②截锥体和立方体的高度相等。经此简化，其矩形支承的承载能力可表示为

$$W = p_r \cdot A_e \tag{8-1}$$

式中，A_e 为等效立方体的底面积，称为矩形支承的有效承载面积。

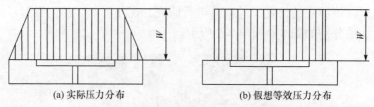

(a) 实际压力分布   (b) 假想等效压力分布

图 8-6 单油腔矩形支承压力分布

对于圆形导轨，由于其直径相对于油腔的径向宽度很大，油腔数目又比较多，所以可把扇形油腔简化为矩形油腔进行计算，如图 8-7 所示，其值为

$$A_e = \frac{W}{p_r} = \frac{1}{4}(L+l)(B+b) \tag{8-2}$$

式中，$L = (R_1 + R_4)\varphi_2$；$l = (R_2 + R_3)\varphi_1$；$B = R_4 - R_1$；$b = R_3 - R_2$。

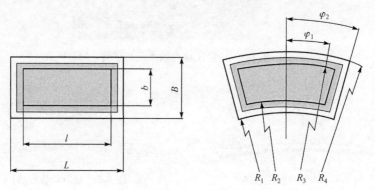

图 8-7 有效承载面积

8.5.2 扇形油腔的流量

流经矩形平面支承的流量，可按平行板之间的层流液体的流量公式来求得。两个平行板之间的流量公式为

$$Q = \frac{bh^3 \Delta p}{12\mu l} \tag{8-3}$$

对于矩形平面支承的流量，可由式(8-3)和图 8-8，沿 x 和 y 方向分别求得。对于圆形导轨，由于其直径相对于油腔的径向宽度很大且油腔数目较多，可把扇形油腔简化为矩形油腔计算，即

$$q_x = \frac{h^3(L+l)}{12\mu} \frac{\Delta p}{B-b}, \quad q_y = \frac{h^3(B+b)}{12\mu} \frac{\Delta p}{L-l}$$

支承的总量为

$$Q = 2q_x + 2q_y = \frac{h^3 \Delta p}{6\mu}\left(\frac{L+l}{B-b}\frac{B+b}{L-l}\right) \tag{8-4}$$

式中，$L = (R_1 + R_4)\varphi_2$；$l = (R_2 + R_3)\varphi_1$；$B = R_4 - R_1$；$b = R_3 - R_2$；Δp 为平板两端压力差；h 为平板间的距离；μ 为液压油的动力黏度。

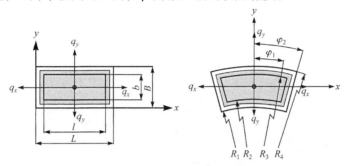

图 8-8　流量计算图

8.5.3　雷诺方程

雷诺方程是决定流体润滑油膜压力分布的基本微分方程，是雷诺在 1886 年首先导出的。将连续方程与 N-S 方程进行联解，就可以导出雷诺方程。在推导雷诺方程时进行如下假定。

(1) 润滑膜中的流体介质是连续不间断的。

(2) 润滑膜中的流体做层流运动，符合牛顿黏性定律，是牛顿流体。

(3) 流体中的体积力和惯性力与其表面力相比都属高阶小量，可以忽略。

(4) 基于润滑膜很薄这一事实，沿膜厚方向流体压力、黏度和密度保持常值。

(5) 由于润滑膜很薄，且表面切向速度 u 和 w 又远大于法向速度 v，在流体中除了速度梯度 $\partial u/\partial y$ 和 $\partial w/\partial y$ 两项外，其余所有的速度梯度项都是可忽略的。

(6) 润滑油膜流体与邻接零件工作表面吸附牢固，无相对滑动。

雷诺方程的推导结果为

$$\frac{\partial}{\partial x}\left(\frac{\rho h^3}{\mu}\frac{\partial p}{\partial x}\right) + \frac{\partial}{\partial z}\left(\frac{\rho h^3}{\mu}\frac{\partial p}{\partial z}\right)$$

$$= 6\frac{\partial}{\partial x}[(U_1 + U_2)\rho h]$$

$$+ 6\frac{\partial}{\partial z}[(W_1 + W_2)\rho h] + 12\frac{\partial(\rho h)}{\partial t} - 12\rho U_2\frac{\partial h}{\partial x} - \rho W_2\frac{\partial h}{\partial z} \tag{8-5}$$

8.5.4　动压油楔的压力计算方程

1. 斜面

斜面轴承的动压收敛油楔压力分布如图 8-9 所示，动板的速度为 U，承受的

载荷为 W ，承载区进口和出口的油膜厚度分别为 h_1 和 h_2 ，边界压力通常取为大气压力或周围环境压力，在承载区内任意点 x 处的油膜厚度为 h ，其润滑间隙的几何关系可按式(8-6)和式(8-7)确定。

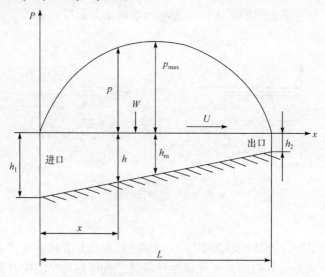

图 8-9　斜面动压收敛油楔压力分布图

$$x = L\left(1 - \frac{h - h_2}{h_1 - h_2}\right) \tag{8-6}$$

$$h = h_1 - (h_1 - h_2)\frac{x}{L} \tag{8-7}$$

动压收敛油楔压力方程的一般形式为

$$
\begin{aligned}
p(h) &= 6\eta U \frac{L}{h_1 - h_2}\left[\left(\frac{1}{h} - \frac{1}{h_1}\right) - \frac{h_1 h_2}{h_1 + h_2}\left(\frac{1}{h^2} - \frac{1}{h_1^2}\right)\right] \\
&= 6\eta U L \frac{h_1 - h_2}{h_1 + h_2}\frac{\dfrac{x}{L}\left(1 - \dfrac{x}{L}\right)}{\left[h_1 - (h_1 - h_2)\dfrac{x}{L}\right]^2} \\
&= \frac{6\eta U L}{h_2^2}\frac{a - 1}{a + 1}\frac{\dfrac{x}{L}\left(1 - \dfrac{x}{L}\right)}{\left[a - (a - 1)\dfrac{x}{L}\right]^2}
\end{aligned} \tag{8-8}
$$

式中， $a = h_1 / h_2 > 1$ 称为间隙比。

由式(8-8)可以看出，当楔形长度 L 一定时，任意点的压强只是间隙比 a 的函数。

2. 斜-平面组合

斜-平面组合推力轴承由斜面和平面两部分组成，如图 8-10 所示。它的油膜间隙函数为

对区域 L_1：　$h = h_1 - (h_1 - h_2)\dfrac{x}{L_1}$

对区域 L_2：　$h = h_2$

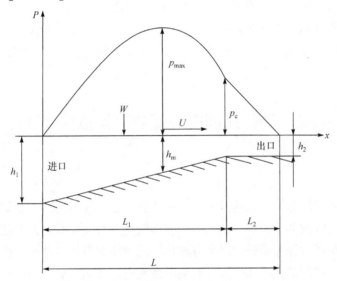

图 8-10　斜-平面动压收敛油楔压力分布图

区域 L_2 为流出边，因而边界条件是 $x=0$ 处 $p=0$，$x=L_2$ 处 $p=p_c$，p_c 为阶梯处的公共压力，即

$$p_c = 6\eta U L_2 \frac{h_m - h_2}{h_2^8} \tag{8-9}$$

区域 L_1 的压力公式为

$$p(h) = \frac{6\eta U L_1}{h_1 - h_2}\left[\left(\frac{1}{h} - \frac{1}{h_1}\right) - \frac{1}{2}h_m\left(\frac{1}{h^2} - \frac{1}{h_1^2}\right)\right] \tag{8-10}$$

方程的边界条件如下。

(1) 在 $h = h_2$ 处，$p = p_c = 6\eta U L_2 \dfrac{h_m - h_2}{h_2^8}$。

(2) 在 $h = h_1$ 处，$p = 0$。
利用这两个条件可得

$$p(h) = 6\eta U \left\{ L_2 \left(\frac{h_{\mathrm{m}}}{h_2^8} - \frac{1}{h_2^2} \right) + \frac{L_1}{h_1 - h_2} \left[\left(\frac{1}{h} - \frac{1}{h_2} \right) - \frac{1}{2} h_{\mathrm{m}} \left(\frac{1}{2h^2} - \frac{1}{2h_2^{\,2}} \right) \right] \right\} \quad (8\text{-}11)$$

式中，

$$h_{\mathrm{m}} = \frac{2h_1 h_2 \left(L_1 h_2 + L_2 h_1 \right)}{\left(h_1 + h_2 \right) \left[L_1 h_2 + 2 L_2 h_1^{\,2} / \left(h_1 + h_2 \right) \right]}$$

必须注意的是，p_{c} 的表达式仅是位置 h 的函数，因此 p 在边界处是连续的。

一般当斜面长度 $L_1 = 0.8L$ 时，斜-平面动压收敛油楔的承载能力处于最佳状态，其承载能力比相应的斜面动压收敛油楔的承载能力高25%，但摩擦损失也相应提高[51]。

8.6　动静压润滑性能数值模拟前处理

8.6.1　概述

动静压润滑推力轴承因其具有一系列优点而被广泛应用，而其又是大型机床部件中的重要组成部分，对主轴的转速和旋转精度有很大影响，因此必须对动静压油垫的结构进行深入研究，以更好地优化动静压润滑推力轴承的性能。动静压油垫封油边上动压油楔的几何尺寸对润滑性能有重要的影响，合理选择楔形的长度和高度对提高油膜性能至关重要。本节以双向动静压油垫油膜为研究对象，重点分析楔形的长度和高度对油膜压力场、温度场和速度场的影响[79-91]。

8.6.2　油膜几何模型的生成及油膜网格的划分

利用扇形腔有效承载面积及流量公式，计算载荷与油膜厚度之间的关系(表8-1)，并通过 UG 软件建立几何模型。在动静压润滑推力轴承的导轨上，周向均匀分布着 12 个完全相同的油垫，结构如图 8-11 所示，由于动静压油垫在导轨上对称分布，故只需研究其 1/12 即可。由于本书选择的供油方式是定量供油，即流量一定，所以导轨所承受的载荷大小直接影响油膜的厚度，即油膜厚度，反映出载荷的大小。扇形静压油垫油膜模型如图 8-12 所示，单向动静压油垫(静压油垫封油边周向一端设计成楔形)油膜模型如图 8-13 所示，双向动静压油垫(静压油垫封油边的两端设计成楔形)油膜模型如图 8-14 所示。

表 8-1　载荷与油膜厚度的对应关系

载荷/tf	0	5	10	15	20	25	30
油膜厚度/mm	0.100	0.087	0.079	0.074	0.069	0.066	0.063

图 8-11　动静压导轨

图 8-12　扇形静压油垫油膜模型

图 8-13　单向动静压油垫油膜模型

图 8-14　双向动静压油垫油膜模型

　　UG 软件创建的油膜三维模型以 .x_t 的文件格式导出,可导入前处理软件 ANSYS ICEM CFD 中进行网格划分。动静压润滑推力轴承的油膜很薄,求解过程中对网格质量要求较高,其网格质量直接影响求解的准确性。CFX 中默认纵横比(Aspect Ratio)大于 20 会发出警告,当纵横比大于 10^3 小于 10^6 会显示错误,通过在 ICEM CFD 的网格参数(Meshing Parameters)中设定边界层(boundary layer)的尺寸,从而降低纵横比。提高六面体网格的质量可以提高 CFX 分析的精度,故在划分网格时,利用 ICEM CFD 中的块(Block)功能,采用 O 网及边界层的方法建立六面体网格并提高网格质量。由于动静压油垫楔形处有斜角的存在且角度很小,O 网的方法不能满足要求,故采用 Y 网及边界层的方法建立网格以提高质量。本节以 3.5m 立式数控车床为例,其最大承载能力为 30t,即承载范围是 0~30t,每隔 5t 计算一次,空载时的双向动静压油垫油膜的网格局部放大图如图 8-15 所示,双向动静压油垫油膜的网格及质量检测图如图 8-16 所示。其网格

总数为 591120，质量均在 0.65～1，其中质量在 0.9～1 的网格数占总数的
95.841%，可见网格质量优秀，符合计算要求。

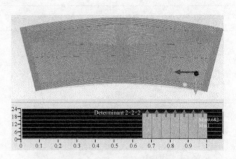

图 8-15　油膜网格局部放大图　　　　　　图 8-16　油膜网格及质量检测图

8.6.3　边界条件设定及求解结果

在 ANSYS ICEM CFD 中创建体(body)为流体(fluid)，设置几何模型区域为流体
区域，创建各部分(part)，定义入口边界为入口(in)，出口边界为出口 1(out1)和出口
2(out2)，与工作台接触的壁面边界为旋转面(rotate)，周期边界为接口面 1(interface1)
和接口面 2(interface2)，其余部分边界定义为墙(wall)，如图 8-17 所示。

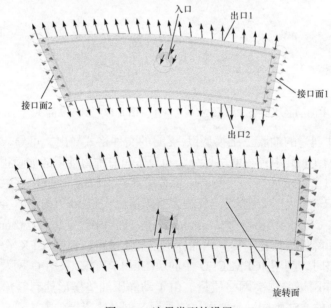

图 8-17　边界类型的设置

1. 物质设定

动静压润滑推力轴承的润滑油选用 46 号液压油，由于 ANSYS CFX 的物质

库中没有这种物质，所以要自行设置。选择物质设定(Material) 🔧 按钮，在打开的界面中进行设置，如图 8-18 所示。摩尔质量为 450kg/kmol，密度 $\rho = 880\text{kg/m}^3$，比热容 $c = 1884\text{J/(kg}\cdot\text{K)}$，动力黏度 $\mu=0.0365\text{Pa}\cdot\text{s}$，热导率 $\lambda = 0.132\text{W/(m}\cdot\text{K)}$，热膨胀系数为 0.00087/K。

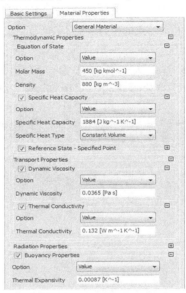

图 8-18　液压油参数设定

2. 边界条件设定

入口(in)：流体性质(Flow Regime)选择亚声速(Subsonic)；质量和动量(Mass And Momentum)选择质量流量速率(Mass Flow Rate)，其值设为 0.0488kg/s；热量传输(Heat Transfer)选择静态温度(Static Temperature)，其值设为 293K(20℃)。

出口(outlet1, outlet2)：出口和大气相通，压力为标准大气压，即相对大气压为 0MPa。流体性质(Flow Regime)选择亚声速(Subsonic)；质量和动量(Mass and Momentum)选择静态压强(Static Pressure)，其值为 0MPa。

旋转面(rotate)：与动静压油垫油膜上表面接触的面，转速与工作台转速相同。质量和动量(Mass And Momentum)选择无滑移(No Slip)，勾选壁面速度(Wall Velocity)，选择旋转壁面(Rotating Wall)，角速度(Angular Velocity)值根据实际速度值填写，轴定义(Axis Definition)选择坐标轴(Coordinate Axis)，旋转轴(Rotation Axis)选择 Z 轴(Global Z)。

周期性边界：接口类型(Interface Type)选择流体与流体(Fluid Fluid)，接口面 1(Interface 1)选择 SYM1，接口面 2(Interface 2)选择 SYM2，接口模型

(Interface Models)选择周期旋转(Rotational Periodicity)，轴定义(Axis Definition)
选择坐标轴(Coordinate Axis)，旋转轴(Rotation Axis)选择 Z 轴(Global Z)。动静
压润滑推力轴承导轨上均匀分布着 12 个动静压油垫的油膜，因此取导轨的
1/12 为研究对象即可。

　　设定完边界条件即可对油膜模型进行求解。该流体域的热量传输(Heat
Transfer)设置为全热模型(Total Energy)，此模型考虑了流体动能带来的热量变
化，适合高速流体及可压缩流体的热量传输计算；湍流模型(Turbulence)设定为
层流模型(Laminar)，并设置最大迭代步数为 100，设定初始值。开启求解器
CFX-solver 进行求解，迭代残差曲线如图 8-19 所示，其均方根低于 10^{-4}，迭代达
到收敛，可以求解。

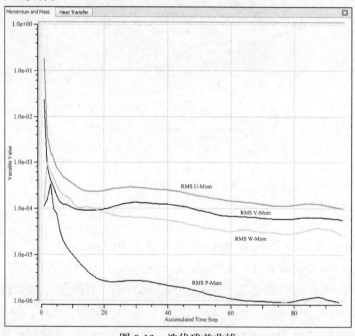

图 8-19　迭代残差曲线

8.7　动静压润滑性能油楔尺寸特性

8.7.1　油膜润滑性能的楔形长度特性

1. 楔形长度对油膜压力场的影响

　　为了分析动静压油垫封油边上动压油楔的长度对油膜压力场的影响，选取
载荷为 5tf 的双向动静压油垫油膜，以定量供油的方式，在入口质量流量速率为
0.0488kg/s、工作台转速为 160 r/min、楔形高度为 1.5mm 的情况下，分别模拟

楔形长度为 4mm、5mm、6mm、7mm、8mm 和 9mm 时双向动静压油垫油膜压力场的分布情况，结果如图 8-20～图 8-25 所示，其楔形长度与油膜最大压力的关系如表 8-2 和图 8-26 所示。

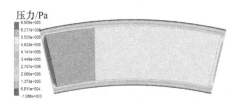

图 8-20　楔形长度为 4mm 时的油膜压力场

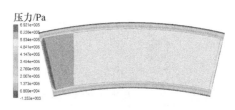

图 8-21　楔形长度为 5mm 时的油膜压力场

图 8-22　楔形长度为 6mm 时的油膜压力场

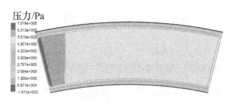

图 8-23　楔形长度为 7mm 时的油膜压力场

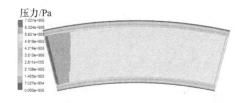

图 8-24　楔形长度为 8mm 时的油膜压力场

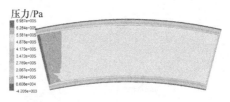

图 8-25　楔形长度为 9mm 时的油膜压力场

表 8-2　楔形长度与油膜最大压力的关系

楔形长度/mm	4	5	6	7	8	9
油膜最大压力/MPa	0.6909	0.6921	0.7007	0.7016	0.7027	0.6987

　　由图 8-20～图 8-25 可以看出，油膜周向压力沿着工作台旋转方向增大，这是因为封油边处油膜很薄，油腔内油膜较厚，逆时针旋转时油膜由油腔处向封油边处流动，流速增加压力逐渐变大。由表 8-2 和图 8-26 可知，随着楔形长度的增大，油膜最大压力值先增大后减小，长度为 8mm 时压力呈最大值，因为斜-平面组合的动压楔形压力分布在 $L_1 = 0.8L$ 处动压值最大，该模型的 L 为 10mm，故在楔形长度为 8mm 时压力最大。

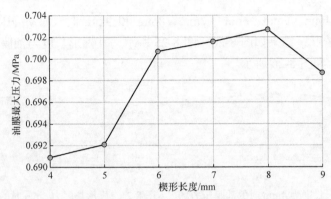

图 8-26　动静压油垫油膜最大压力随楔形长度变化的曲线

2. 楔形长度对油膜温度场的影响

通过分析不同楔形长度情况下动静压油垫油膜温度场的变化规律，可得楔形长度对动静压油垫油膜温度的影响。本节在工作台转速为 160 r/min、楔形高度为 1.5mm 的情况下，分别模拟楔形长度为 4mm、5mm、6mm、7mm、8mm 和 9mm 时双向动静压油垫油膜温度场的分布情况，结果如图 8-27～图 8-32 所示，其楔形长度与油膜最高温度之间的关系如表 8-3 和图 8-33 所示。

图 8-27　楔形长度为 4mm 时的油膜温度场

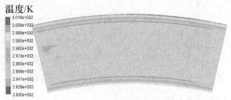

图 8-28　楔形长度为 5mm 时的油膜温度场

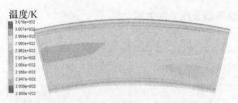

图 8-29　楔形长度为 6mm 时的油膜温度场

图 8-30　楔形长度为 7mm 时的油膜温度场

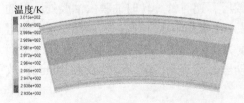

图 8-31　楔形长度为 8mm 时的油膜温度场

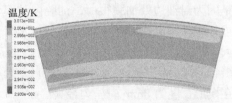

图 8-32　楔形长度为 9mm 时的油膜温度场

表 8-3 楔形长度与油膜最高温度之间的关系

楔形长度/mm	4	5	6	7	8	9
油膜最高温度/K	302.2	301.6	301.6	301.6	301.5	301.3

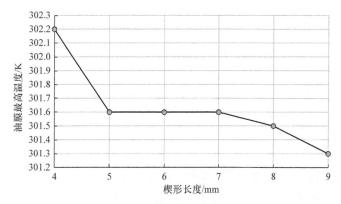

图 8-33 动静压油垫油膜最高温度随楔形长度变化的曲线

由图 8-27～图 8-32 可以看出，动静压油垫油膜的径向外侧封油边处，温度达到最大值，这是因为工作台旋转时受剪切流和压差流影响，沿半径外侧的液压油流速较慢，产生的热量不能被及时带走。由表 8-3 和图 8-33 可以看出，随着楔形长度的变大，油膜最高温度值降低，这是因为在楔形高度不变的情况下，楔形长度越长，润滑油流进油腔内的速度越快，进入油腔内室温的润滑油稍多一些，带走一部分剪切发热。

3. 楔形长度对油膜速度场的影响

本节以楔形长度为 5mm 和 8mm 为例，在楔形高度为 1.5mm、工作台载荷为 5tf、转速为 160 r/min 的情况下进行模拟分析，结果如图 8-34 和图 8-35 所示。

图 8-34 楔形长度为 5mm 时的油膜速度场

图 8-35 楔形长度为 8mm 时的油膜速度场

由图 8-34 和图 8-35 可以看出，动静压油垫油膜各处速度沿半径方向由内向外逐渐增大，内边缘处有速度最小值，外边缘处有速度最大值，这与流体的线速度与导轨半径成正比规律的结论相符，且两者的速度最大值相同，故楔形长度对油膜速度场无影响。

8.7.2 油膜润滑性能的楔形高度特性

1. 楔形高度对油膜压力场的影响

为了分析动静压油垫封油边上动压油楔的高度对油膜压力场的影响，选取载荷为 5tf 的双向动静压油垫油膜模型，以定量供油的方式，在入口质量流量速率为 0.0488kg/s、工作台转速为 160 r/min、楔形长度为 8mm 的情况下，分别模拟楔形高度为 0.5mm、1.0mm、1.5mm、2.0mm、2.5mm 和 3.0mm 时双向动静压油垫油膜压力场的分布情况，结果如图 8-36～图 8-41 所示，其楔形高度与油膜最大压力的关系如表 8-4 和图 8-42 所示。

图 8-36　楔形高度为 0.5mm 时的油膜压力场

图 8-37　楔形高度为 1.0mm 时的油膜压力场

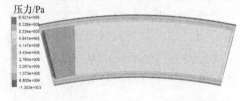
图 8-38　楔形高度为 1.5mm 时的油膜压力场

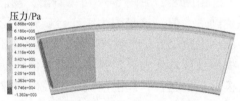
图 8-39　楔形高度为 2.0mm 时的油膜压力场

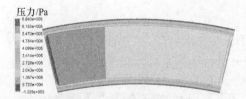
图 8-40　楔形高度为 2.5mm 时的油膜压力场

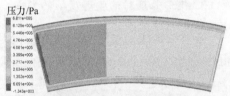
图 8-41　楔形高度为 3.0mm 时的油膜压力场

表 8-4　楔形高度与油膜最大压力的关系

楔形高度/mm	0.5	1.0	1.5	2.0	2.5	3.0
油膜最大压力/MPa	0.7274	0.7119	0.6921	0.6868	0.6840	0.6811

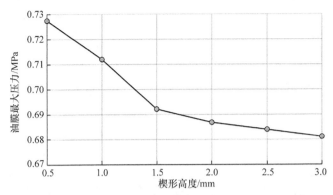

图 8-42　动静压油垫油膜最大压力随楔形高度变化的曲线

由图 8-36～图 8-41 可以看出，油膜周向压力沿着工作台旋转方向增大，这是因为封油边处油膜很薄，油腔内油膜较厚，逆时针旋转时油膜由油腔处向封油边处流动，流速增加压力逐渐变大。油膜径向压力由油腔向外逐渐减小，且在回油槽附近出现负压，这是因为整个回油槽是相互贯通的，有回油形成。由表 8-4 和图 8-42 可以看出，随着楔形高度变大，油膜的最大压力值变小，这是因为楔形高度变大时动压楔形的间隙比变大，动压效应下降。

2. 楔形高度对油膜温度场的影响

通过分析不同楔形高度情况下动静压油垫油膜温度场的变化规律，可得出楔形高度对动静压油垫油膜温度的影响，这里在工作台转速为 160 r/min、楔形长度为 8mm 的情况下，分别模拟楔形高度为 0.5mm、1.0mm、1.5mm、2.0mm、2.5mm 和 3.0mm 时双向动静压油垫油膜温度场的分布情况，结果如图 8-43～图 8-48 所示，其楔形高度与油膜最高温度之间的关系如表 8-5 和图 8-49 所示。

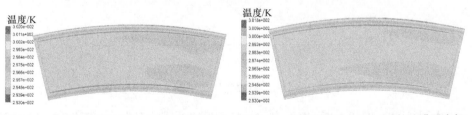

图 8-43　楔形高度为 0.5mm 时的油膜温度场　　　图 8-44　楔形高度为 1.0mm 时的油膜温度场

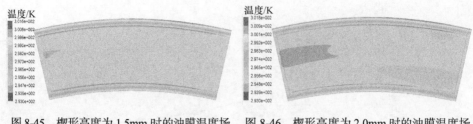

图 8-45　楔形高度为 1.5mm 时的油膜温度场　图 8-46　楔形高度为 2.0mm 时的油膜温度场

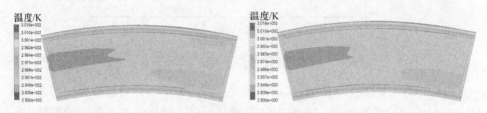

图 8-47　楔形高度为 2.5mm 时的油膜温度场　图 8-48　楔形高度为 3.0mm 时的油膜温度场

表 8-5　楔形高度与油膜最高温度之间的关系

楔形高度/mm	0.5	1.0	1.5	2.0	2.5	3.0
油膜最高温度/K	302	301.8	301.6	301.8	301.9	301.9

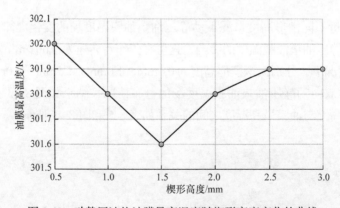

图 8-49　动静压油垫油膜最高温度随楔形高度变化的曲线

　　由图 8-43～图 8-48 可以看出，动静压油垫油膜的温度分布不均匀，这是因为润滑油是流体，并具有一定的黏度，液压油质点在运动过程中不断消耗主轴供给的机械能，工作台与油膜上表面的摩擦以及油质点间的剪切等摩擦功耗转变为热能，使液压油温度升高，从而造成油膜的温度场不均匀。由表 8-5 和图 8-49 可以看出，随着楔形高度的增大，油膜的最高温度值先降低再升高，当楔形高度为 1.5mm 时，油膜的最高温度值最低，故 1.5mm 为楔形的最优高度。

3. 楔形高度对油膜速度场的影响

这里分析工作台承载 5t、转速为 160 r/min、动静压油垫楔形长度为 8mm 的情况下，楔形高度为 1.0mm 和 3.0mm 时双向动静压油垫油膜的速度场。图 8-50 和图 8-51 揭示了楔形高度不同时双向动静压油垫油膜的速度分布规律。

图 8-50　楔形高度为 1.0mm 时的油膜速度场　　　图 8-51　楔形高度为 3.0mm 时的油膜速度场

由图 8-50 和图 8-51 可知，两者的速度最大值相同，且速度沿半径方向由内向外逐渐增大，这和转速与半径成正比的理论相吻合。因此，楔形的高度对双向动静压油垫油膜的速度场无影响。

在相同转速和载荷的情况下，对双向动静压油垫油膜的压力场、温度场和速度场进行分析可得到如下结论。

(1) 在转速和载荷相同的情况下，楔形高度为 1.5mm 时，压力场：随着楔形长度的增大，油膜的最大压力值先增大后减小，长度为 8mm 时有最大压力值；温度场：随着楔形长度的变大，油膜最高温度值降低；速度场：随着楔形长度的变大，速度场没有明显变化，故楔形长度对油膜速度场无影响。

(2) 在转速和载荷相同的情况下，楔形长度为 8mm 时，压力场：随着楔形高度增大，油膜的最大压力值变小；温度场：随着楔形高度的增大，油膜的最高温度值先降低再升高，在楔形高度为 1.5mm 时油膜的最高温度值最低；速度场：随着楔形高度的增大，速度场没有明显变化，故楔形高度对油膜速度场无影响。

由以上两点可以看出，动静压油垫楔形的长度为 8mm、高度为 1.5mm 时动压效应最佳。

参 考 文 献

[1] 汪桂云, 王勇勤, 严兴春, 等. 油膜轴承动静压混合效应的分析[J]. 机械设计, 2010, 27(7): 86-89.
[2] 郭胜安, 侯志泉, 熊万里, 等. 基于 CFD 的深浅腔液体动静压轴承承载特性的研究[J]. 制造技术与机床, 2012, (9): 57-61.
[3] 熊万里, 侯志泉, 吕浪, 等. 基于动网格模型的液体动静压轴承刚度及阻尼的计算方法[J].

机械工程学报, 2012, 48(23): 118-126.

[4] 王晓宁, 郑昆, 袁小阳, 等. 弹性支点水润滑可倾瓦轴承的静动特性分析方法[J]. 振动与冲击, 2010, 29(S): 158-162.

[5] 李忠, 袁小阳, 马鸿飞. 大型推力轴承几何参数对润滑性能的影响[J]. 润滑与密封, 1999, (5): 8-10.

[6] Guo L. Different geometric configurations research of high speed hybrid bearings[J]. Journal of Hunan University of Arts and Science (Natural Science Edition), 2013, 15(3): 40-43.

[7] 张琰. 涡轮泵静压轴承的动力特性分析及结构优化[D]. 哈尔滨: 哈尔滨工业大学硕士学位论文, 2007.

[8] 孟晶. 液体动静压轴承承载特性的分析与实验研究[D]. 上海: 东华大学硕士学位论文, 2012.

[9] 张刚强. 大型立式超精密车床液体静压推力轴承设计与性能研究[D]. 长沙: 中南大学硕士学位论文, 2012.

[10] 于晓东, 周启慧, 王志强, 等. 高速重载静压推力轴承温度场速度特性[J]. 哈尔滨理工大学学报, 2014, 19(1): 1-4.

[11] Yu X D, Zhou Q H, Meng X L, et al. Influence research of cavity shapes on temperature field of multi-pad hydrostatic thrust bearing[J]. International Journal of Control and Automation, 2014, 7(4): 329-336.

[12] Yu X D, Wang Z Q, Meng X L, et al. Research on dynamic pressure of hydrostatic thrust bearing under the different recess depth and rotating velocity[J]. International Journal of Control and Automation, 2014, 7(2): 439-446.

[13] 杨沛然, 崔金磊, 兼田桢宏, 等. 线接触弹性流体动力润滑的供油条件分析[J]. 摩擦学学报, 2006, 26(3): 242-245.

[14] 尹昌磊, 杨沛然. 椭圆接触弹性流体动力润滑的供油条件分析[J]. 摩擦学学报, 2007, 27(2): 147-151.

[15] 谭洪恩, 杨沛然, 尹昌磊. 特殊供油条件下点接触弹流润滑乏油分析[J]. 摩擦学学报, 2007, 27(4): 357-361.

[16] 朱希玲. 基于 ANSYS 的静压轴承油腔结构优化设计[J]. 轴承, 2009, (7): 12-15.

[17] Shao J P, Zhang Y Q, Li Y H, et al. Influence of the load capacity for hydrostatic journal support deformation in finite element calculation[J]. Journal of Central South University, 2008, 15(s2): 245-249.

[18] 张静文, 张君安, 刘波. 空气静压止推轴承性能的数值分析[J]. 西安工业大学学报, 2012, 22(1): 6-10.

[19] 于贺春, 王祖温. 基于 FLUENT 的径向静压气体轴承的静态特性研究[J]. 密封与润滑, 2009, 34(12): 77-81.

[20] 崔凤奎, 赵魏, 杨建玺. 球磨机静压轴承静态压力场及流场仿真分析[J]. 轴承, 2009, 1: 32-36.

[21] 王志刚, 蒋立军, 俞炳丰, 等. 可倾瓦推力轴承瞬态热效应的实验研究[J]. 机械科学与技术, 2010, 19(6): 981-984.

[22] 高士强. 超高速磨削实验机床液压动静压混合轴承的热态特性研究[D]. 沈阳: 东北大学硕士学位论文, 2008.

[23] 于晓东, 陆怀民, 郭秀荣, 等. 速度对扇形可倾瓦推力轴承润滑性能的影响研究[J]. 润滑与密封, 2007, 32(3): 136-138.

[24] 芦定军, 杨建军, 黄德全, 等. 推力滑动轴承瓦块倾角的数值研究[J]. 润滑与密封, 2004, (3): 40-41.

[25] 杜巧连, 张克华. 动静压液体轴承油膜承载特性的数值分析[J]. 农业工程学报, 2008, 24(6): 137-140.

[26] 刘涛, 王益群, 王海芳. 冷轧 AGC 静-动压轴承油膜厚度的分析与补偿[J]. 机床与液压, 2005, 8(4):62-65.

[27] 郭立, 李波, 朱均. 大型高速动静压轴承的实验研究[J]. 湖南大学学报, 2010, 27(4): 50-56.

[28] Hashimoto H, Matsumoto K. Improvement of operating characteristics of high-speed hydrodynamic journal bearings by optimum design[J]. Journal of Tribology, 2001, 123(2): 305-312.

[29] Su J C T, Lie K N, Matsumoto K. Rotation effects on hybrid hydrostatic/hydrodynamic journal bearings[J]. Industrial Lubrication and Tribology, 2011, 53(6): 261-269.

[30] Santos I F, Kristiansen B U. Geometry optimization of hybrid tilting-pad journal bearing[C]. Proceedings of the ASME/STLE International Joint Tribology Conference, 2007: 319-321.

[31] Brecher C, Baum C, Winterschladen M, et al. Simulation of dynamic effects on hydrostatic bearings and membrane restrictors[J]. Production Engineering, 2007, 1(4): 415-420.

[32] Osman T A, Dorid M, Safar Z S, et al. Experimental assessment of hydrostatic thrust bearing performance[J]. Tribology International, 1996, 29(3): 233-239.

[33] Osman T A, Safar Z S, Mokhtar M O A. Design of annular recess hydrostatic thrust bearing under dynamic loading[J]. Tribology International, 1991, 24(3): 137-141.

[34] Garratt J E, Hibberd S, Cliffe K A. Centrifugal inertia effects in high-speed hydrostatic air thrust[J]. Journal of Engineering Mathematics, 2012, 76(1): 59-80.

[35] Jackson J D, Symmons G R. The pressure distribution in a hydrostatic thrust bearing[J]. International Journal of Mechanical Sciences, 1965, 7(4): 239-242.

[36] Johnson R E, Manring N D.Sensitivity studies for the shallow-pocket geometry of a hydrostatic thrust bearing[J]. ASME International Mechanical Engiheering Congress and Exposition on Fluid Power and Systems Technology Division, 2003, 10(3): 231-238.

[37] Canbulut F. The experimental analyses of the effects of the geometric and working parameters on the circular hydrostatic thrust bearings[J]. Machine Elements and Manufacturing, 2006, 48(4): 715-722.

[38] Monmousseaup F M. Frequency effects on the TEHD behavior of a tilting-pad journal bearing under dynamic loading[J]. Journal of Tribology, 1999, 121(2): 321-329.

[39] Sharama S C, Jain S C, Bharuka D K. Influence of recess shape on the performance of a capillary compensated circular thrust pad hydrostatic bearing[J]. Tribology International, 2012, 35(6): 347-356.

[40] Heinrichson N, Santos I F, Fuerst A. The influence of injection pockets on the performance of tilting-pad thrust bearings[J]. Journal of Tribology, 2007: 895-903.

[41] Crabtree A B, Johnson R E. Pressure measurements for translating hydrostatic thrust bearings[J]. International Journal of Fluid Power, 2005, 3(6): 19-24.

[42] Johnson R E, Manring N D. Translating circular thrust bearings[J]. Journal of Fluid Mechanics,

2005, (530): 197-212.

[43] Grabovskii V I. Optimum clearance of a gas hydrostatic thrust bearing with maximum load capacity[J]. Fluid Dynamics, 2007, 35(4): 525-533.

[44] Novikov E A, Shitikov I A, Maksimov V A. Calculation of the characteristics of a hydrostatic ring thrust bearing for refrigeration compressors[J]. Chemical and Petroleum Engineering, 2004, 40(3-4): 222-228.

[45] Garg H C, Kumar V, Sharda H B. Performance of slot-entry hybrid journal bearings considering combined influences of thermal effects and non-newtonian behavior of lubricant[J]. Tribology International, 2010, 43: 1518-1531.

[46] Horvat F E, Barun M J. Comparative experimental and numerical analysis of flow and pressure fields inside a variable depth single pocket hydrostatic bearing[J]. Tribology Transactions, 2011, 54(4): 548-567.

[47] Serrato R, Maru M M, Padovese L R. Effect of lubricant viscosity grade on mechanical vibration of roller bearings[J]. Tribology International, 2007, 40:1270-1275.

[48] Park D J, Kim C H, Jang G H, et al. Theoretical considerations of static and dynamic characteristics of air foil thrust bearing with tilt and slip flow[J]. Tribology International, 2008, 41(4): 282-295.

[49] Kazama T. Application of a mixed lubrication model for hydrostatic thrust bearings of hydraulic equipment[J]. Journal of Tribology, 1993, 115(4): 686-691.

[50] 于晓东, 谭力, 李欢欢, 等. 一种静压推力轴承的可倾式油垫[P]: 中国, ZL201320304505.8. 2013.10.30.

[51] 于晓东, 付旭, 刘丹, 等. 一种扇形腔静压推力轴承的可倾式油垫[P]: 中国, ZL201520161793.5. 2015.8.26.

[52] 于晓东, 隋甲龙, 吴晓刚, 等. 一种三角形腔静压推力轴承油垫[P]: 中国, ZL201521031705.6. 2015.12.14.

[53] 于晓东, 付旭, 刘丹, 等. 一种圆形腔静压推力轴承的可倾式油垫[P]: 中国, ZL20152070075.4. 2015.3.25.

[54] 于晓东, 付旭, 刘丹, 等. 一种工字型腔静压推力轴承可倾式油垫[P]: 中国, ZL201520670256.3. 2015.9.1.

[55] 于晓东, 孙丹丹, 吴晓刚, 等. 一种王字形腔静压推力轴承可倾式油垫[P]: 中国, ZL201521017288.X. 2016.7.6.

[56] 于晓东, 辛黎明, 侯志敏, 等. 一种 X 形腔静压推力轴承的可倾式油垫[P]: 中国, ZL201621308823.1. 2016.12.1.

[57] 于晓东, 周启慧, 王志强, 等. 一种浅油腔静压中心架垫式托瓦[P]: 中国, ZL201320776242.0. 2014.4.30.

[58] 于晓东, 王志强, 周启慧, 等. 双向动静压混合润滑推力轴承[P]: 中国, ZL201310388754.4. 2016.2.10.

[59] 于晓东, 孙丹丹, 吴晓刚, 等. 双矩形腔静压推力轴承润滑性能预报方法[P]: 中国, ZL201510553723.9. 2017.9.5.

[60] 于晓东, 王梓璇, 赵鸿博, 等. 双矩形腔静压推力轴承旋转速度与承载合理匹配方法[P]:

中国, ZL201510562353.5. 2018.1.16.

[61] 于晓东, 谭力, 李欢欢, 等. 一种静压推力轴承的可倾式油垫[P]: 中国, ZL201310209209.4. 2015.8.25.

[62] 陈燕生. 静压支承原理和设计[M]. 北京: 国防工业出版社, 1980.

[63] 陈燕生. 摩擦学基础[M]. 北京: 北京航空航天大学出版社, 1991.

[64] 钟洪, 张冠坤. 液体静压动静压轴承设计使用手册[M]. 北京: 电子工业出版社, 2007.

[65] 广州机床研究所. 液体静压技术原理及应用[M]. 北京: 机械工业出版社, 1978.

[66] 斯坦斯菲尔德 F M. 静压支承在机床上的应用[M]. 险峰机床厂, 译. 北京: 机械工业出版社, 1978.

[67] Yu X D, Geng L, Zheng X J, et al. Matching the relationship between rotational speed and load-carrying capacity on high-speed and heavy-load hydrostatic thrust bearing[J]. Industrial Lubrication and Tribology, 2018, 70(1): 8-14.

[68] 于晓东, 耿磊, 郑小军, 等. 恒流环形腔多油垫静压推力轴承油膜刚度特性[J]. 哈尔滨工程大学学报, 2017, 38(12): 1951-1956.

[69] 于晓东, 吴晓刚, 隋甲龙, 等. 静压支承摩擦副温度场模拟与实验[J]. 推进技术, 2016, 37(10): 1946-1951.

[70] 于晓东, 孙丹丹, 吴晓刚, 等. 环形腔多油垫静压推力轴承膜厚高速重载特性[J]. 推进技术, 2016, 37(7): 1350-1355.

[71] 于晓东, 刘丹, 吴晓刚, 等. 静压支承工作台主变速箱振动测试诊断[J]. 哈尔滨理工大学学报, 2016, 21(2): 66-70.

[72] 于晓东, 潘泽, 何宇, 等. 重型静压推力轴承间隙油膜流态的数值模拟[J]. 哈尔滨理工大学学报, 2015, 20(6): 42-46.

[73] Yu X D, Sui J L, Meng X L, et al. Influence of oil seal edge on lubrication characteristics of circular recess fluid film bearing[J]. Journal of Computational and Theoretical Nanoscience, 2015, 12(12): 5839-5845.

[74] Yu X D, Sun D D, Meng X L, et al. Velocity characteristic on oil film thickness of multi-pad hydrostatic thrust bearing with circular recess[J]. Journal of Computational and Theoretical Nanoscience, 2015, 12(10): 3155-3161.

[75] Yu X D, Fu X, Meng X L, et al. Experimental and numerical study on the temperature performance of high-speed circular hydrostatic thrust bearing[J]. Journal of Computational and Theoretical Nanoscience, 2015, 12(8): 1540-1545.

[76] 于晓东, 付旭, 刘丹, 等. 环形腔多油垫静压推力轴承热变形[J]. 吉林大学学报(工学版), 2015, 45(2): 460-465.

[77] 于晓东, 高春丽, 邱志新, 等. 高速重载静压推力轴承润滑性能研究[J]. 中国机械工程, 2013, 24(23): 3230-3234.

[78] Yu X D, Tan L, Meng X L, et al. Influence of rotational speed on oil film temperature of multi-sector recess hydrostatic thrust bearing[J]. Journal of the Chinese Society of Mechanical Engineers, 2013, 34(5): 507-514.

[79] 付旭. 极端工况下静压推力轴承动压效应研究[D]. 哈尔滨: 哈尔滨理工大学硕士学位论文, 2016.

[80] 高春丽. 高速重载静压推力轴承油垫结构效应研究[D]. 哈尔滨: 哈尔滨理工大学硕士学位论文, 2013.

[81] 吴晓刚. 计及摩擦副变形的静压推力轴承润滑性能预测[D]. 哈尔滨: 哈尔滨理工大学硕士学位论文, 2017.

[82] 李欢欢. 静压推力轴承高速重载效应研究[D]. 哈尔滨: 哈尔滨理工大学硕士学位论文, 2014.

[83] 邱志新. 高速重载静压推力轴承润滑性能预测研究[D]. 哈尔滨: 哈尔滨理工大学硕士学位论文, 2013.

[84] 孙丹丹. 双矩形腔静压支承润滑性能优化研究[D]. 哈尔滨: 哈尔滨理工大学硕士学位论文, 2017.

[85] 谭力. 高速重载静压推力轴承摩擦失效预测[D]. 哈尔滨: 哈尔滨理工大学硕士学位论文, 2014.

[86] 王志强. 高速动静压混合润滑推力轴承性能研究[D]. 哈尔滨: 哈尔滨理工大学硕士学位论文, 2015.

[87] 向洪君. 大尺度静压支承环隙油膜润滑性能研究[D]. 哈尔滨: 哈尔滨理工大学硕士学位论文, 2012.

[88] 周启慧. 超重型卧式镗车床静压中心架润滑性能研究[D]. 哈尔滨: 哈尔滨理工大学硕士学位论文, 2015.

[89] 刘丹. 高速重载静压支承动静压合理匹配关系研究[D]. 哈尔滨: 哈尔滨理工大学硕士学位论文, 2016.

[90] 隋甲龙. 自适应油垫可倾式静压推力轴承摩擦学行为研究[D]. 哈尔滨: 哈尔滨理工大学硕士学位论文, 2017.

[91] 于晓东. 重型静压推力轴承力学性能及油膜态数值模拟研究[D]. 哈尔滨: 东北林业大学博士学位论文, 2007.

第9章 高速重载静压推力轴承润滑性能实验

现代工业的发展和高速重载切削技术的出现，使重载机械趋向于高速和大功率的发展方向，对轴承各方面的性能和数控装备转速及承载能力的要求也越来越高。液体静压推力轴承具有运行精度高、功耗低、吸振性能好、工作寿命长和稳定性能好等特点，因此成为各领域大型数控装备的核心部件。实验是进行推力轴承润滑性能研究的重要手段，不但能够更接近实际研究的重载静压推力轴承的润滑性能和油膜状态的真实运行状态，而且可以同时验证理论计算和数值模拟的正确性，为理论研究和工程设计提供参考。本书前 8 章对静压推力轴承的研究现状、工作原理、分类、润滑性能及其计算方法进行了详细介绍，本章以 5m 立式车床工作台的双矩形腔静压推力轴承为基础，介绍工作台转速对油膜厚度、油膜温度及油腔压力的影响以及动压条件下油膜的预测变形相关的实验和数据分析[1-13]。

9.1 实 验 设 备

高速重载静压推力轴承润滑性能实验所用设备如下。

(1) 直径 5m 立式车床工作台(1 个)。

(2) 均匀分布着 12 个圆形腔的立车底座(1 个)。

(3) 直流电机(2 部)。

(4) 液压工作站(1 个)，12 点等量分油器。

(5) 变频控制柜(1 个)。

(6) 温度传感器、压力传感器、位移传感器、百分表、点温仪以及数据采集系统。

主要实验装置及工具如图 9-1～图 9-14 所示。

图 9-1　立式车床工作台

图 9-2　环形腔油垫

图 9-3　油温控制箱

图 9-4　电柜

图 9-5　位移传感器

图 9-6　位移显示表

图 9-7　液压工作站

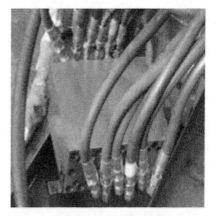

图 9-8　等量分油器

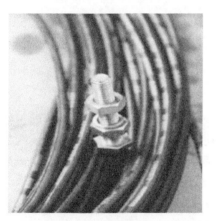

图 9-9　温度传感器

图 9-10　温度显示表

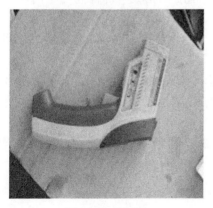

图 9-11　点温仪

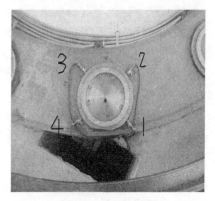

图 9-12　温度传感器

图 9-13　直流驱动电机

图 9-14　数据采集系统

9.2　立式车床工作台装配工艺设计

9.2.1　概述

立式车床工作台装配是整个制造工艺过程中的最后一个环节。装配工作对工作台质量影响很大。若装配不当，即使所有零件都合格，也不一定装配出合格的、高质量的产品；反之，若零件制造精度并不高，而在装配中采用适当的工艺方法，如进行选配、修配、调整等，也能使产品达到规定的技术要求。工作台的装配精度是根据使用性能要求规定的装配时必须保证的质量指标[14-16]，主要有以下要求。

(1) 保证工作台距离精度：工作台距离精度指相关零部件间的距离尺寸精度，包括间隙、过盈等配合要求。

(2) 保证工作台相互位置精度：相互位置精度是指工作台中相关零部件间的平行度、垂直度、同轴度及各种跳动等。

(3) 保证工作台相对运动精度：相对运动精度指工作台相对运动的零部件在运动方向和相对运动速度上的精度，主要表现为运动方向的直线度、平行度和垂直度，相对运动速度的精度即传动精度。

(4) 保证工作台的接触精度：接触精度指工作台相互配合表面、接触表面间接触面积的大小和接触点的分布情况。

9.2.2　立式车床工作台装配技术要求及主要工序

新型结构工作台主要体现在高精度机床工作台部分、静压导轨的结构形式以及新型的工艺调整方法。采用一种新的工作台典型结构及新型的工艺调整方法，即在主轴端面安装工艺用高精度定位环，在装配工作台时用于控制工作台导轨与主轴的垂直精度；在导轨环与工作台底座接合面上加工环形溶胶槽，用于填充高精度导轨定位胶，解决导轨环与工作台底座接合面上的误差所带来的导轨环安装与主轴不垂直的难题，满足导轨环与工作台底座的精确连接精度，保证工作台部件装配后工作台的端面、径向跳动小于0.003mm。工作台的精度非常高，对清洁度的要求也非常高，因此各个零件都必须经过清洗，用风吹干。

工作台装配的主要工序为零部件准备、工作台底座准备、工作台准备、工作台底座注胶、工作台底座装配、连接工作台底座上各个润滑静压油管、工作台装配、传动组件装配、电机座及皮带轮组件装配等。

9.2.3　工作台主要精度及检查方法

工作台主要精度检查项目包括：①检查工作台底座安装的水平精度，检查方法为采用精密水平仪与等高块、平尺组合检测，将工作台放置在调整垫铁上，调整工作台底座是否水平安装。②在调好安装水平的工作台底座上，要保证主轴把合面的合研精度，用平面刮研检具刮研主轴把合面。③测量环导轨与工作台底座导轨注胶间隙，将平尺与等高垫铁放置在环导轨上，用测量块测值求出高度差。④测量工作台的浮升值，在工作台面圆周上平均放置 8 个百分表，工作台通油后，观察百分表的数值变化，必须保证 8 个表的浮升量一样。记录浮升量后，在工作台上安装一个增力环，增力环加 1tf，观察工作台圆周 8 个百分表数值变化是否在 0.001mm 以内。⑤克服现有靠机械加工面直接满足导轨环安装精度的弱点，提高安装面位置精度，采用由高精度导轨胶定位取代传统配刮、配磨导轨环安装面的工艺方法，实现导轨环与工作台底座的精确安装定位，在主轴端面安装工艺用高精度定位环，控制工作台导轨与主轴的垂直度精度；在环导轨与工作台底座结合面上加工环形溶胶槽，用于填充高精度导轨定位胶，解决导轨环与工作台底座接合面的误差所带来的导轨环安装与主轴不垂直的难题。

通过以上工艺措施，可保证工作台安装后工作台的端面及径向跳动小于0.003mm。

9.3　工作台装配过程

9.3.1　工作台装备准备

1. 零部件准备

零部件运到装配现场后，各个零件都摆放在胶皮上，精度件要放在精加工的基板上。将各个零件进行清洁，倒角，去毛刺。检查各个零件的配合尺寸，对精密件、关键件进行清洗检查。

2. 底座准备

将工作台底座进行清洁，倒角，去毛刺。安装盖板、法兰盘，按配油板配作工作台上的把合螺孔。要求孔不许钻透，将掉落的铁屑清理干净，将工作台底座吊放在过桥垫铁上的调整垫铁上，将等高垫铁与平尺按对称、等距放置在工作台底座上，调整工作台底座安装水平，要求工作台安装水平达到 0.02/1000mm 要求(检验"米"字形)[17]。调整垫铁使其受力均匀一致，不允许强制变形。用平面刮研检具检验主轴结合面的平面度，要求接触均匀，接触面积长向 70%，宽向 45%，0.02 塞尺不入，达不到要求则进行刮研，直至刮研点至少达到 8 个(25mm×35mm)，结合面0.02 塞尺不入。在工作台底座放置一个平尺，测出导轨注胶间隙，并记录检查。

3. 工作台准备

将工作台各个零件都彻底清洁，倒角，去毛刺，按各个盖板配作各螺孔并紧固，将上压板、共装压板安装到工作台上，均匀紧固工装压板螺钉，要求结合面 0.04 塞尺不入。将工作台导轨面向上放置在工作台垫铁上，垫平垫牢，调整工作台的安装水平。将导轨环、工艺垫安装到工作台上，螺钉紧固，要求工作台安装水平达 0.02/1000mm，调整垫铁使其受力均匀一致，不允许强制变形，结合面 0.02 塞尺不入，紧固螺钉时用力矩扳手。将主轴翻转，把合面向上。按主轴吊装工具配作主轴上把合螺钉并紧固，要求主轴一定要清洁干净，结合面0.02 塞尺不入。将主轴用斤不落吊起，调整主轴吊装水平后将主轴缓缓落入工作台锥套中。主轴落稳之后，均匀紧固压板螺钉，要求主轴的吊装水平与工作台水平仪示数误差大小及方向一致，主轴与锥套不能有磕碰现象，工艺垫、工作台、主轴的各个结合面 0.02 塞尺不入。

工作台投放到装配现场时，工作台、铜锥套、环导轨、上压板、工艺垫、主轴是一个整体，将工作台组件下导轨向上放置在过桥垫铁上，垫平且垫牢。按盖板配作工作台上把合螺孔并紧固。在导轨环上放置等高垫铁与平尺，测出高度差并检查[18]。

9.3.2　工作台底座注胶

将工作台翻转，导轨面向下放置在过桥垫铁上，将四个丝对安装到主轴上，在工作台吊平后，将工作台组件缓缓吊落到工作台底座上，主轴靠落之后，用螺母将主轴合于工作台底座上，计算注胶间隙以及所需注胶量。在工作台主轴孔中按装检套、检棒，在工作台上放置一个磁力表座，将表针支到检棒上，转动检棒，检验传动杆与工作台回转中心的同轴度；连接注胶管路，用注胶枪将胶注满。将工作台底座清理干净，去毛刺，用丙酮将导轨清洁干净，用502 胶将密封条黏接好，接头处必须黏牢，用丙酮将导轨环注胶面清洁干净，在最后两排出胶口中间黏接密封胶条[19]。密封胶条长度以保证导轨环达到装配位置后，与工作台底座导轨上的密封胶条各留 5mm 左右的间隙为宜。精度调整完毕后，在导轨环密封胶条两端涂抹天山 1590 密封胶，保证导轨环落好后 1590 密封胶能封住 5mm 左右的间隙，并使导轨环密封胶条与工作台底座导轨上的密封条黏接为一体，1590 密封胶固化后进行注胶，在导轨环每个注胶口接上注胶管，注胶管出口接有封堵，注胶管出口高出导轨环注胶口 100mm。

当胶固化后，松开导轨环各个螺钉，上压板螺钉，将工作台、铜锥套、工艺垫和上压板从工作台底座上缓缓吊出。拆下工艺垫，紧固主轴各个把合螺钉，按导轨环配作工作台底座上的把合螺孔并紧固，要求结合面 0.02 塞尺不入，紧固螺钉时需使用力矩扳手。用导轨胶封堵导轨环各个螺孔，并修刮至满足要求。检查后，连接工作台底座上的各个润滑、静压油管，将工作台底座上各个管头清洁干净，不能有任何杂质，将管接头涂抹上密封胶后安装到工作台底座与配油板上，连接各个润滑、静压管路。将工作台底座通油，进行静压，润滑试油。调整各个静压腔的静压压力，要求各个静压表压力达到设计要求，全部通油后将各个油箱和油泵装置彻底清洁，经过高压滤油后，注入新油检查。

9.3.3　工作台装配

将工装定位套安装到工作台上，螺钉紧固，将工作台组件重新吊装到工作台底座上，工作台靠落之后将定位套从主轴上拆下。测出工作台压盖调整垫厚度，将压板和调整垫安装到主轴上，均匀紧固压板螺钉，接通静压管路。在工作台圆周平均放置 8 个百分表，测量工作台浮升，并转动工作台，检测工作台的端跳和径跳。全部装配完成后检查各个部分，静压和润滑等液压装置注油后检查密封情况，完成后进行全部拆卸，彻底清洁进行二次装配和检查。

9.3.4　驱动组件装配

将传动杆吊放在工作台底座下，将传动杆、法兰套及各零件进行倒角和去毛刺，彻底清洁，将轴承、传动杆装入法兰盘，调整内、外隔套及调心轴承端面法兰盘。装入套，紧固法兰盘，按法兰盘配作皮带轮上的把合螺孔，将轴承、隔套安装到皮带轮上。调整花键套及法兰盘，螺钉紧固，装入销钉，将皮带轮组件安装到传动轴上。锁紧传动轴下端螺母，螺钉紧固，将传动轴组件从工作台下端装入工作台底座，紧固法兰盘螺钉，装传动轴上盖键，并按盖板配作上盖的各螺孔。将垫和密封圈安装到上盖中，紧固盖板螺钉。将上盖组件装入传动轴上，紧固上盖上的各螺钉，装入销钉，并按定位键配作各螺孔紧固，按盖板配作传动轴端及上盖上的各螺孔，装入密封环紧固检查。按盖板和法兰盘配作电机底座上的把合螺孔，按减速机配作电机底座上的把合螺孔。将轴承外环装入电机座中，安装电机底座与工作台底座，紧固 T 形槽螺钉，将同步带轮安装于电机上，锁紧胀套。安装轴承内环及挡圈，将电机组件及同步带安装于电机底座上，安装同步带轮拉紧装置，螺钉紧固，并检查。将轴承、轴、同步带轮及同步带安装到电机底座上，调装轴端法兰盘，将编码器安装到电机底座上，螺钉紧固，根据装配图，按支架配作工作台底座上的把合螺孔，将支架安装到工作台底座上，螺钉紧固。将电机底座安装到支架上，螺钉紧固。将电机底座安装到支架上，螺钉紧固，将同步带轮安装到传动轴上，锁紧胀套。调整同步带松紧程度，并检查。根据装配图尺寸，按支架配作工作台底座上的把合螺孔并紧固。安装电刷组件，安装电磁吸盘，螺钉紧固，安装其余外观件。

9.4　实　验　方　法

9.4.1　实验步骤

实验选用 46 号液压油，工作台施加最高载荷为 35tf，工作台最高转速不得高于 160r/min，用点温仪定时检测润滑油出口温度以控制油温，保证润滑油黏度在正常工作范围内。通过液压泵供油，在工作台转速为 160r/min 时，限定油膜厚度为 0.155mm，油膜初始厚度变化由油膜厚度测量表监测，保证动静压推力轴承正常工作。

通过压力传感器、位移传感器和温度传感器记录油膜压力、油膜厚度和油膜温度，进而进行数据分析。将压力传感器、位移传感器和温度传感器的信号输出端连接到数据采集分析系统。当静压导轨轴承温度稳定后，通过数据采集分析系统同步采集传感器所输出的信号数据。

9.4.2　检验关键部件

下面对关键部件进行检验。
(1) 对主轴、锥套进行三坐标复检。
(2) 检验双列圆柱滚子轴承和推力球轴承的综合精度。
(3) 用关节臂测量工作台底座，若有关键项控制精度超差则重新加工。
(4) 工作台按锥套完全配紧直至合格。

9.4.3　精调工作台底座

下面对工作台底座进行精调。

　　(1) 在工作台底座各地脚螺钉孔位置摆放调整垫铁，保证每块垫铁都垫实；在主轴下端摆放 3~4 块辅助垫铁，通过加长杆调整并保证每块垫铁垫实。

　　(2) 通过卡压工作台底座，调整工作台安装水平精度，不允许强制变形。

　　(3) 安装主轴及工作台，并旋转工作台使其与底座导轨面接触均匀，若不合格则重新合研直至合格。

9.4.4　传感器的安装

　　MB16 型硅压阻式压力传感器是由带不锈钢隔离膜片硅压阻式压力充油芯体组装而成的。压力接口和外壳均为不锈钢，具有很好的抗腐蚀性和长期稳定性。传感器在宽温度范围内进行补偿，保证满足传感器技术指标。传感器压力接口除选择通用 M 20×1.5 螺纹外，还可以按用户要求进行生产，供电方式可选择恒流供电或恒压供电，传感器广泛应用于核电、航空、航天、船舶、汽车和医疗设备等领域。MB16 型硅压阻式压力传感器用来测定油膜压力，压力精确标定比较困难。由于采样是动态过程，各种因素会引起摆动、振动和冲击作用，都会引起压力变化，所以动态下的压力名义上是一个常量，实际上是不断变化的，需要通过反复启动、多次测量的方法进行标定。

　　CZF 型电涡流传感器为非接触电涡式位移、振动传感器，具有非接触测量、线性范围广、灵敏度高、抗干扰能力强、无介质影响、稳定可靠和易于处理等优点，广泛应用于冶金、化工、航天等行业中，也可用于科研和学校实验中的位移、振动、转速、厚度、表面不平等机械量的检测。用 CZF 型电涡流传感器测量油膜厚度(即圆形腔静压导轨固定导轨与活动导轨之间的距离)，需要通过反复启动、多次测量的方法进行标定。

　　JWB 一体化温度变送器是一种接触式测量温度的现场用仪表，通常与相应的二次仪表或计算机采集测量系统配套使用，可用来准确测量生产工作过程中各种介质或物体的温度(使用范围-200~1600℃)。JWB 一体化温度变送器是在装配式温度传感器的防水或隔爆接线盒内装入放大变送模块，与传感器连接成一体，输出标准为直流 4~20mA(两线制)。

　　三种传感器的安装方式具体如下。

　　1) 压力传感器安装

　　压力传感器通过螺纹旋紧固在固定圆导轨的安装孔中，采用端面密封圈保证润滑油的密封。

　　2) 电涡流传感器安装

　　电涡流传感器通过螺纹旋入固定圆导轨安装孔中，直至传感器探头端面接近支承油膜的表面；将圆形腔静压导轨的活动部分装上，同时将电涡流传感器连接到对应的前置器；通过电涡流传感器系列配套的电源向前置器提供 15V 直流电压，电涡流传感器的输出端与数字万用表相连，使传感器探头端面附近的圆形腔静压导轨的上下表面充分接触，观察数字万用表上电涡流传感器的输出电压信号，取最小的电压数值为与间隙等于零对应的电涡流传感器的输出电压值。

3) 热电偶温度传感器安装

热电偶温度传感器采用改性丙烯酸酯胶黏剂固定在圆导轨上，其头部略低于圆导轨表面。

压力传感器、电涡流传感器和热电偶传感器都安装在圆形腔静压导轨上。

9.5　温度场实验数据采集与分析

本次实验选用 46 号液压油，工作台上盖平面度为 0.028mm，底座平面度为 0.03mm，重新调整平面度后转速明显提高，通过采集 4 个温度传感器在 60～160r/min 转速时的示数来分析转速与温度的关系[20-60]。

表 9-1 是当工作台以固定转速运转某个时间段后的温度值采样，根据采样点可以画出转速与温度的关系曲线，如图 9-15 所示。由图可以看出，转速越高温升越大，达到热平衡时的温度越高。

表 9-1　不同转速随时间变化的温度值　　　　　　（单位：℃）

转速	时间/min											
	5	10	15	20	25	30	35	40	45	50	55	60
60r/min	18.4	19.4	20.1	20.3	20.8	21.3	21.5	21.7	22.1	22.4	22.5	22.9
80r/min	19.4	20.0	20.5	20.9	21.6	21.9	22.3	22.7	23.0	23.3	23.7	24.2
100r/min	20.5	21.7	22.3	22.7	23.0	23.3	23.9	24.4	25.0	25.7	26.1	26.4
120r/min	20.7	21.2	22.1	23.0	23.7	24.4	25.0	25.5	26.1	26.9	27.4	27.9
140r/min	22.3	23.1	23.9	24.5	24.9	25.4	26.1	27.0	27.6	28.1	28.7	29.4
160r/min	25.6	26.1	26.7	26.9	27.4	28.0	28.4	28.9	29.3	29.6	30.2	30.8
转速	时间/min											
	65	70	75	80	85	90	95	100	105	110	115	120
60r/min	23.2	23.4	23.5	23.8	24.1	24.2	24.5	24.7	25.0	25.3	25.5	25.5
80r/min	24.5	24.8	25.1	25.4	25.7	26.0	26.3	26.5	26.8	27.1	27.2	27.3
100r/min	26.9	27.2	27.7	28.1	28.4	28.8	29.1	29.4	29.6	29.7	29.8	30.0
120r/min	28.1	28.4	28.9	29.4	30.0	30.5	31.0	31.5	31.9	32.2	32.4	32.5
140r/min	29.9	30.5	31.1	31.9	32.4	32.9	33.2	33.6	33.9	34.1	34.2	34.4
160r/min	31.2	31.6	32.1	32.8	33.4	33.9	34.2	34.7	34.9	35.2	31.2	31.6

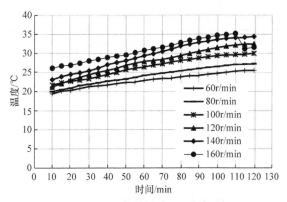

图 9-15　转速随温度的变化曲线

为了测得油腔周围温度的变化情况，在圆形腔四周安置了四个温度传感器，温度传感器 1 和温度传感器 4 放置在导轨靠外侧位置，温度传感器 2 和温度传感器 3 放置在导轨靠内侧位置，分析不同转速时温度传感器的变化，这里以 110r/min、120r/min、130r/min、140r/min、150r/min 和 160r/min 为例进行说明。表 9-2～表 9-7 为不同转速时温度传感器的示值，图 9-16～图 9-21 为不同转速时温度传感器的温升曲线。

表 9-2　110r/min 转速时的温度传感器示值　（单位：℃，初始温度 14.4℃）

传感器	时间/min									
	10	20	30	40	50	60	70	80	90	100
传感器 1	21.9	24.9	25.3	27.7	29.4	29.9	31.3	31.5	31.9	32.1
传感器 2	17.2	20.6	22.3	24.3	25.5	27.3	28.2	30.0	30.2	30.3
传感器 3	19.1	22.3	23.5	24.4	25.9	27.6	28.7	30.1	30.4	30.5
传感器 4	23.3	24.9	26.8	27.7	29.5	29.9	31.5	31.9	32.0	32.3

表 9-3　120r/min 转速时的温度传感器示值　（单位：℃，初始温度 15.1℃）

传感器	时间/min											
	10	20	30	40	50	60	70	80	90	100	110	120
传感器 1	25.3	27.5	29.3	30.7	31.7	31.9	32.1	32.5	33.2	33.4	33.5	33.5
传感器 2	20.3	23.6	25.6	27.0	28.1	29.2	30.0	30.5	30.9	31.2	31.4	31.6
传感器 3	21.3	24.3	25.8	26.7	28.1	29.7	30.2	30.8	31.2	31.5	31.7	32.0
传感器 4	23.9	28.7	30.5	31.5	32.2	32.8	33.3	33.5	33.6	33.8	33.9	33.9

表 9-4　130r/min 转速时的温度传感器示值　（单位：℃，初始温度 15.1℃）

传感器	时间/min											
	10	20	30	40	50	60	70	80	90	100	110	120
传感器 1	25.2	27.9	28.7	29.5	30.3	31.4	32.1	33.0	33.5	34.0	34.2	34.3
传感器 2	21.5	23.9	24.5	25.2	26.4	28.0	28.9	29.7	30.5	31.0	31.4	31.7
传感器 3	22.1	25.2	26.3	27.1	27.9	29.1	30.0	30.6	31.1	31.9	32.1	32.3
传感器 4	25.9	28.9	29.8	30.4	31.0	32.0	32.9	33.6	34.4	35.0	35.2	35.5

表 9-5　140r/min 转速时的温度传感器示值　（单位：℃，初始温度 15.1℃）

传感器	时间/min											
	10	20	30	40	50	60	70	80	90	100	110	120
传感器 1	25.9	27.1	28.2	29.4	30.6	31.4	32.1	32.8	33.4	33.9	34.3	34.7
传感器 2	22.3	23.9	24.9	26.1	27.2	28.1	28.9	29.7	30.3	31.2	31.6	31.8
传感器 3	22.5	24.0	25.2	27.3	28.9	29.6	30.5	31.1	31.9	32.4	32.9	33.0
传感器 4	25.8	28.4	29.7	31.0	31.9	33.0	34.0	34.6	35.2	36.0	36.1	36.3

表 9-6　150r/min 转速时的温度传感器示值　（单位：℃，初始温度 15.1℃）

传感器	时间/min											
	10	20	30	40	50	60	70	80	90	100	110	120
传感器 1	26.0	27.9	29.1	30.2	31.1	32.7	33.3	34.2	34.8	35.4	35.8	36.1
传感器 2	22.3	24.7	26.4	28.3	29.1	29.8	30.5	31.1	31.7	32.0	32.3	32.6
传感器 3	22.8	24.7	26.9	28.2	29.2	30.0	30.8	31.6	32.2	32.6	33.4	33.8
传感器 4	26.5	28.0	30.0	30.6	31.7	32.9	33.8	34.7	35.6	36.1	36.8	37.2

表 9-7　160r/min 转速时的温度传感器示值　（单位：℃，初始温度 15.1℃）

传感器	时间/min											
	10	20	30	40	50	60	70	80	90	100	110	120
传感器 1	27.5	29.1	30.9	31.9	32.8	33.6	34.7	35.4	36.1	36.7	37.0	37.3
传感器 2	24.3	27.6	29.5	30.8	31.7	32.4	32.9	33.5	33.8	33.9	34.0	34.2
传感器 3	23.6	27.6	29.8	31.0	31.9	32.8	33.2	33.9	34.1	34.6	34.8	34.9
传感器 4	28.3	30.0	31.4	32.5	33.8	35.0	35.8	36.7	37.4	38.0	38.5	38.9

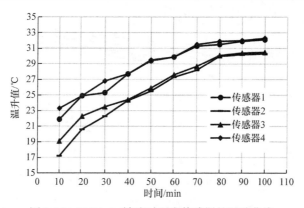

图 9-16　110r/min 转速时温度传感器的温升曲线

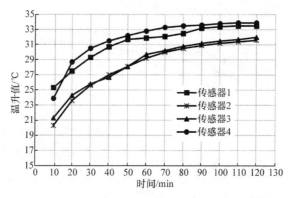

图 9-17　120r/min 转速时温度传感器的温升曲线

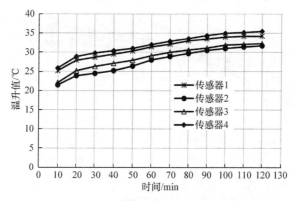

图 9-18　130r/min 转速时温度传感器的温升曲线

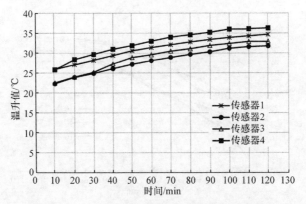

图 9-19　140r/min 转速时温度传感器的温升曲线

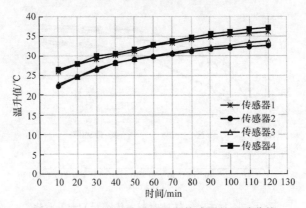

图 9-20　150r/min 转速时温度传感器的温升曲线

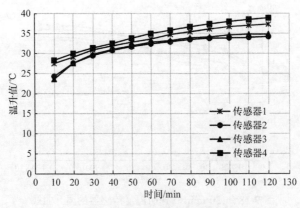

图 9-21　160r/min 转速时温度传感器的温升曲线

由图 9-16～图 9-21 的温升曲线可以看出，同一油腔周围的温度变化不同，起初温升变化较大，是因为未达到热平衡时温度变化较大，而随着时间的加长，至达到热平衡，温升变化会逐渐变小，趋于热平衡。因为传感器 1 和传感器 4 安装在导轨靠外侧位置，而传感器 2 和传感器 3 安置在导轨靠内侧位置，温度变化与速度变化呈正比关系，速度与半径呈正比关系，所以导轨外侧油液速度要大于靠内侧的油液速度，由此可以判断靠导轨外侧传感器的温度值要高于靠导轨内侧传感器的温度值，即传感器 1 和传感器 4 的温度值要高于传感器 2 和传感器 3 的温度值。

由于工作台的旋转运动，需要考虑剪切力引起的发热现象，工作台做逆时针旋转，所以右侧传感器的温度值要高于左侧传感器的温度值，即可得出传感器 4 的温度值要高于传感器 1 的温度值，而传感器 3 的温度值要高于传感器 2 的温度值。根据表 9-2～表 9-7 的数据也可以算出不同转速下不同位置的最大温差值(即传感器 4 与传感器 2 的差值)，如表 9-8 所示。从表中可以看出，随着转速的增大，温差值也不断增大。

表 9-8　不同转速下油腔周围的最大温差值

转速/(r/min)	110	120	130	140	150	160
最大温差/℃	2.0	2.3	3.8	4.7	4.7	4.7

通过油温测量实验，得到了在油垫结构参数相同的条件下，相同位置处不同转速对温度的影响，同时分析了相同转速情况下，不同位置处的温度变化趋势，可见剪切发热和转速对油膜温度有很大的影响。

9.6　间隙油膜厚度实验结果与分析

9.6.1　空载时的油膜厚度

空载油膜测厚实验在 5m 立式车床上进行，该车床最大可加工半径为 6300mm 的工件，工作台实际半径为 4500mm，共有 12 个油腔，传感器与机床轴线的夹角约为 30°，最大承载能力为 32t，最高转速为 40r/min。空载条件下不同转速时的油膜厚度如表 9-9 所示。

表 9-9　空载条件下不同转速时的油膜厚度　　　(单位：μm)

油膜厚度	转速/(r/min)							
	5	10	15	20	25	30	35	40
位移传感器最大示值	343.3	332.8	331.1	328.0	326.7	323.0	314.0	309.2
位移传感器最小示值	336.1	328.5	326.5	322.1	321.0	316.7	312.0	302.4
位移传感器示值均值	339.7	330.7	328.8	325.1	323.9	319.9	313.0	306.3
折算后油膜厚度	274.7	255.8	251.8	244.0	241.5	233.1	218.6	209.8

由表 9-9 中数据可以得出空载时油膜厚度随转速的变化关系，如图 9-22 所示。

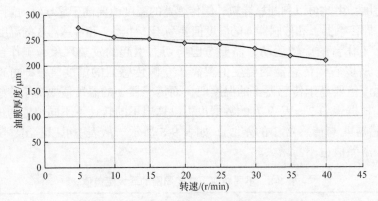

图 9-22　空载时油膜厚度随转速的变化曲线

由图 9-22 可以看出，空载时随着工作台转速的增加，油膜厚度变小，当转速达到 40r/min 时，油膜厚度已由起初的 274.7μm 变为 209.8μm。这里只分析转速对油膜厚度的影响，整个实验过程时间很短，实验装置根本不可能达到热平衡，变形对油膜厚度基本没有影响。由于油膜很薄，剪切发热就足以使油膜温度升高，润滑油黏度下降，油膜厚度变小。另外，转速增加使得惯性甩油加大，油膜厚度变小，这是因为空载时随着工作台转速增加，油膜厚度变小。

9.6.2　载重时的油膜厚度

为了分析有一定载荷时油膜厚度与转速的关系，现场采用 4.7t 圆筒状工件放在工作台中心进行实验。加载条件下不同转速时的油膜厚度如表 9-10 所示。

表 9-10　加载条件下不同转速时的油膜厚度　　　　(单位：μm)

油膜厚度	转速/(r/min)									
	2.5	5	8	10	12.5	16	20	25	31.5	40
位移传感器最大示值	285.1	282.3	277.5	276.5	275.1	273.6	273.3	272.1	256.6	248.2
位移传感器最小示值	265.4	268.8	268.3	268.2	268.0	267.5	266.8	260.0	252.3	244.4
位移传感器示值均值	275.3	275.6	272.9	272.4	271.6	270.6	270.1	266.1	254.5	246.3
折算后油膜厚度	186.9	187.6	181.0	179.8	177.9	175.5	174.2	164.5	136.3	131.2

由表 9-10 中数据可以得出载重时油膜厚度随转速的变化关系，如图 9-23 所示。

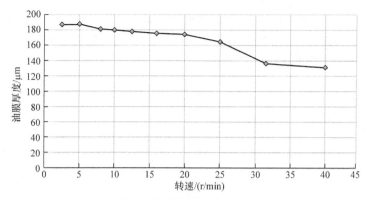

图 9-23 载重时油膜厚度随转速的变化曲线

由图 9-23 可以看出，载重时随着工作台转速的增加，油膜厚度变小，当转速达到 40r/min 时，油膜厚度已由起初的 186.9μm 变为 131.2μm。同样由于此时只分析转速对油膜厚度的影响，整个实验过程时间很短，实验装置根本不可能达到热平衡，热变形对油膜厚度基本没有影响，只是载重时油膜浮升值比空载时小。由于油膜很薄，剪切发热足以使油膜温度升高，润滑油黏度下降，油膜厚度变小。另外，由于转速的增加，惯性甩油加大，油膜厚度变小。与空载相比，由于载重时油腔压力变大，相同转速时剪切发热量增大、惯性甩油难度加大，所以油膜厚度相对变化值不大，但相对润滑条件更恶劣一些。

9.7 支承摩擦副变形实验数据采集与分析

9.7.1 空载时的摩擦副变形

为了研究空载时摩擦副的热变形，安装了四个百分表，其中两个安装在底座上用于测量工作台和底座间的相对变形，另两个固定在地上用于测量工作台的热变形。百分表的安装如图 9-24 所示。

图 9-24 百分表安装图

工作台转速为 80r/min，润滑油为 46 号机油，流量为 60L/min，油腔压力范围为 0.6～1.0MPa，冰箱功率为 1.2×10⁴kW，设定温度为 18℃，环境室温为 12℃。对空载时的膜厚和变形进行测量，得到的数据如表 9-11 所示。

表 9-11　空载时的膜厚和变形

运行时间/h	冰箱温度/℃	出油温度/℃	浮升值/mm				油膜测厚示值/mA	
			测点 1	测点 2	测点 3	测点 4	静止	运行
0	16	13	0.180	0.180	0.160	0.190	136.5	136.5
0.5	18	17	0.150	0.130	0.120	0.150	113.2	116.6
1.0	21	19	0.130	0.110	0.110	0.130	106.0	108.6
1.5	22	21	0.127	0.105	0.100	0.115	97.0	100.9
2.0	23	23	0.115	0.098	0.090	0.110	98.0	97.0
2.5	25	24	0.112	0.098	0.080	0.115	94.0	97.0
3.0	23	22	0.128	0.100	0.080	0.130	95.0	100.5
3.5	22	22	0.118	0.100	0.090	0.120	96.0	98.5
4.0	22	21.5	0.123	0.098	0.100	0.120	97.9	103.5
4.5	23	22	0.120	0.102	0.100	0.120	93.0	101.3
5.0	22	22	0.122	0.110	0.100	0.120	90.5	100.5
5.5	22	21.5	0.125	0.109	0.093	0.110	93.0	100.5

空载时摩擦副间距、工作台热变形和油膜厚度随运行时间的变化曲线分别如图 9-25～图 9-27 所示。

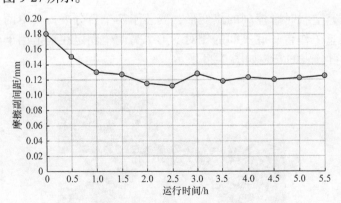

图 9-25　摩擦副间距随运行时间的变化曲线(空载时)

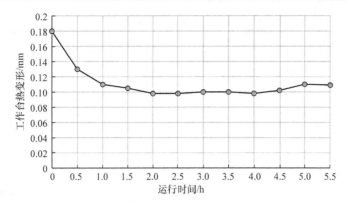

图 9-26　工作台热变形随运行时间的变化曲线(空载时)

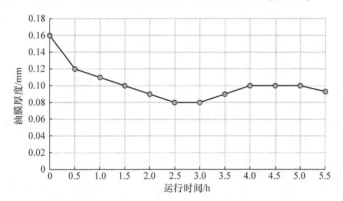

图 9-27　油膜厚度随运行时间的变化曲线(空载时)

从以上实验数据和曲线可以看出，工作台运转 3h 后基本达到稳定温度，油温从室温12℃上升到22℃，温升为10℃，工作台浮升由 0.18mm 降至0.109mm，此时工作台和底座的热变形不再变化，趋于稳定，达到热平衡。对于静压导轨内外侧的油膜厚度，热和惯性甩油导致油膜厚度变化不均匀，靠近内侧的相对油膜厚度比外侧相对油膜厚度小 0.028mm，油膜形状为径向向外张口状，与理论分析结果一致。

9.7.2　载重时的摩擦副变形

为了分析载重时摩擦副变形对油膜厚度的影响，以载重 25t 为例，进行转速为 10r/min、20r/min、30r/min、40r/min 和 50r/min 时油膜厚度和摩擦副的变形测试实验，具体数据如表 9-12 和表 9-13 所示。

表 9-12　载重 25t 时的膜厚和变形

运行时间 /h	冰箱温度 /℃	出油温度 /℃	浮升值/mm				油膜测厚示值/mA	
			测点 1	测点 2	测点 3	测点 4	静止	运行
0	16	13.0	0.120	0.118	0.115	0.140	115.6	115.6
1	16	16.0	0.120	0.120	0.110	0.120	103.7	99.6
2	16	17.5	0.120	0.110	0.104	0.114	96.7	95.0
3	16	18.0	0.120	0.110	0.105	0.120	94.3	93.0
4	16	18.2	0.122	0.100	0.100	0.115	98.1	92.5
5	16	18.4	0.120	0.100	0.100	0.120	91.4	92.0
6	16	18.6	0.120	0.110	0.105	0.120	96.9	94.0
7	16	19.0	0.120	0.106	0.105	0.115	99.8	91.5
8	16	19.0	0.121	0.102	0.105	0.120	99.3	92.0
9	16	19.2	0.120	0.108	0.100	0.120	95.0	91.5
10	16	19.0	0.120	0.110	0.103	0.119	93.8	92.0
11	16	19.4	0.120	0.110	0.105	0.120	103.1	94.0

表 9-13　载重 25t 不同转速下的膜厚和变形

运行时间 /h	浮升值/mm					油膜测厚示值/mA				
	10r/min	20r/min	30r/min	40r/min	50r/min	10r/min	20r/min	30r/min	40r/min	50r/min
0	0.135	0.134	0.120	0.120	0.120	0.1320	0.1332	0.115	0.1200	0.1187
1	0.125	0.140	0.125	0.120	0.110	0.1120	0.1138	0.100	0.1030	0.1019
2	0.122	0.128	0.120	0.120	0.110	0.1063	0.1046	0.101	0.0955	0.0990
3	0.124	0.130	0.130	0.118	0.110	0.1030	0.1010	0.980	0.0935	0.0915
4	0.125	0.120	0.120	0.110	0.110	0.1000	0.0975	0.960	0.0920	0.0930
5	0.125	0.123	0.125	0.106	0.104	0.0984	0.0937	0.972	0.0925	0.0940
6	0.120	0.120	0.120	0.105	0.090	0.0965	0.0924	0.980	0.0925	0.0947

　　承重时摩擦副间距、工作台热变形和油膜厚度随运行时间的变化曲线分别如图 9-28～图 9-30 所示。

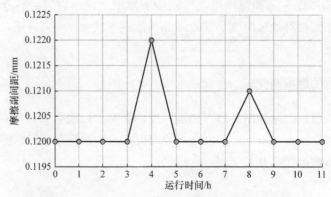

图 9-28　摩擦副间距随运行时间的变化曲线(载重时)

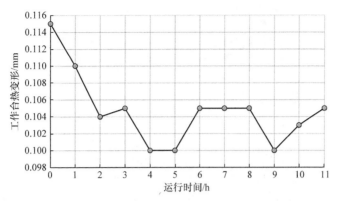

图 9-29　工作台热变形随运行时间的变化曲线(载重时)

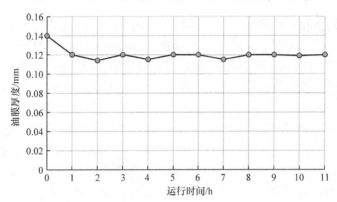

图 9-30　油膜厚度随运行时间的变化曲线(载重时)

载重时不同转速下摩擦副间距和油膜厚度随运行时间的变化曲线分别如图 9-31 和图 9-32 所示。

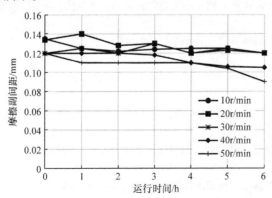

图 9-31　不同转速下摩擦副间距随运行时间的变化曲线(载重时)

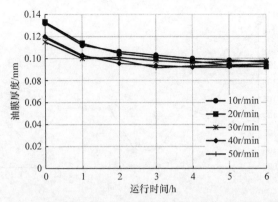

图 9-32　不同转速下油膜厚度随运行时间的变化曲线(载重时)

从实验数据和曲线可以看出，不同转速条件下工作台运转 3h 后基本达到稳定温度，随着工作台转速的增加，转速为 30r/min 之前温升变化不大，温升为 9℃，而转速为 40r/min 和 50r/min 时的温升分别为 10.3℃和 11.5℃，这主要是冰箱制冷控制进油温度的结果。工作台浮升值由 0.135mm 降至 0.12mm，最大浮升值变化为 0.03mm，这是因为加载后油膜刚度提高，导致油膜浮升值变化小。对于静压导轨内外侧的油膜厚度，变形和惯性甩油导致油膜厚度变化不均匀，靠近内侧的相对油膜厚度比外侧相对油膜厚度小 0.03mm，油膜形状为径向向外张口状，与理论分析结果一致。若工况恶劣，在高速重载工况下将局部产生干摩擦或边界润滑，导致静压轴承局部温升，油膜破裂，进而产生局部变形，产生摩擦学失效。

参 考 文 献

[1] 付旭. 极端工况下静压推力轴承动压效应研究[D]. 哈尔滨: 哈尔滨理工大学硕士学位论文, 2016.

[2] 高春丽. 高速重载静压推力轴承油垫结构效应研究[D]. 哈尔滨: 哈尔滨理工大学硕士学位论文, 2013.

[3] 吴晓刚. 计及摩擦副变形的静压推力轴承润滑性能预测[D]. 哈尔滨: 哈尔滨理工大学硕士学位论文, 2017.

[4] 李欢欢. 静压推力轴承高速重载效应研究[D]. 哈尔滨: 哈尔滨理工大学硕士学位论文, 2014.

[5] 邱志新. 高速重载静压推力轴承润滑性能预测研究[D]. 哈尔滨: 哈尔滨理工大学硕士学位论文, 2013.

[6] 孙丹丹. 双矩形腔静压支承润滑性能优化研究[D]. 哈尔滨: 哈尔滨理工大学硕士学位论文, 2017.

[7] 谭力. 高速重载静压推力轴承摩擦失效预测[D]. 哈尔滨: 哈尔滨理工大学硕士学位论文, 2014.

[8] 王志强. 高速动静压混合润滑推力轴承性能研究[D]. 哈尔滨: 哈尔滨理工大学硕士学位论文, 2015.

[9] 向洪君. 大尺度静压支承环隙油膜润滑性能研究[D]. 哈尔滨: 哈尔滨理工大学硕士学位论文, 2012.

[10] 周启慧. 超重型卧式镗车床静压中心架润滑性能研究[D]. 哈尔滨: 哈尔滨理工大学硕士学位论文, 2015.

[11] 刘丹. 高速重载静压支承动静压合理匹配关系研究[D]. 哈尔滨: 哈尔滨理工大学硕士学位论文, 2016.

[12] 隋甲龙. 自适应油垫可倾式静压推力轴承摩擦学行为研究[D]. 哈尔滨: 哈尔滨理工大学硕士学位论文, 2017.

[13] 于晓东. 重型静压推力轴承力学性能及油膜态数值模拟研究[D]. 哈尔滨: 东北林业大学博士学位论文, 2007.

[14] 杜军. 数控车床静压系统的研究[D]. 哈尔滨: 哈尔滨理工大学硕士学位论文, 2012.

[15] 耿振坤. 静压导轨实验研究[D]. 哈尔滨: 哈尔滨理工大学硕士学位论文, 2008.

[16] 贾文涛. 数控立式磨车的研制[D]. 哈尔滨: 哈尔滨理工大学硕士学位论文, 2011.

[17] 蔡祖恢. 工程力学[M]. 北京: 机械工业出版社, 1994.

[18] 张元祥. 基于 Workbench-Excel 平台开发的微电子封装自动化热-结构耦合分析系统[D]. 杭州: 浙江工业大学硕士学位论文, 2008.

[19] Iskierka S. Analysis of an induction bearing by the finite element method[J]. Archly für Elektrotechnik, 1984, 67(6): 375-380.

[20] 于晓东, 陆怀民. 圆形可倾瓦推力轴承润滑的计算机仿真[J]. 润滑与密封, 2006, (3): 84-87.

[21] 于晓东, 陆怀民, 郭秀荣, 等. 高速圆形可倾瓦推力轴承的润滑性能[J]. 农业机械学报, 2007, 38(12): 204-207.

[22] 陆怀民, 于晓东, 郭秀荣, 等. 复合材料瓦面推力轴承弹性模量的研究[J]. 机械设计, 2007, 24(2): 22-24.

[23] 于晓东, 陆怀民, 郭秀荣, 等. 扇形推力轴瓦润滑性能的数值分析[J]. 润滑与密封, 2007, (1): 123-125.

[24] 于晓东, 陆怀民, 李永海, 等. 速度对扇形可倾瓦推力轴承润滑性能的影响研究[J]. 润滑与密封, 2007, (3): 137-138.

[25] Yu X D, Zhang Y Q, Shao J P, et al. Numerical simulation of gap flow of sector recess multi-pad hydrostatic thrust bearing[C]. The 7th International Conference on System Simulation and Scientific Computing Asia Simulation Conference, 2008: 675-679.

[26] Yu X D, Meng X L, Wu B, et al. Simulation research on temperature field of circular cavity hydrostatic thrust bearing[J]. Key Engineering Materials, 2010, 419(420):141-144.

[27] Yu X D, Zhang Y Q, Shao J P, et al. Simulation research on gap flow of circular cavity multi-pad hydrostatic thrust bearing[C]. Proceedings of the International Conference on Intelligent Human-Machine Systems and Cybernetics, 2009: 41-44.

[28] Yu X D, Meng X L, Jiang H, et al. Numerical simulation on oil-flow-state of gap oil film in sector cavity multi-pad hydrostatic thrust bearing[J]. Advances in Engineering Design and Optimization, 2010, 37-38: 743-747.

[29] Yu X D, Jiang H, Meng X L, et al. Lubricating characteristics of circular tilting pad thrust bearing[J]. Manufacturing Processes and Systems, Advanced Materials Research, 2011, 148-149: 267-270.

[30] Yu X D, Xiang H J, Lou X Z, et al. Influence research of velocity on lubricating properties of sector cavity multi-pad hydrostatic thrust bearing[J]. Material and Manufacturing Technology, 2010, 129-131: 1104-1108.

[31] Yu X D, Meng X L, Jiang H, et al. Research on lubrication performance of super heavy constant flow hydrostatic thrust bearing[J]. Advanced Science Letters, 2011, 4: 2738-2741.

[32] Yu X D. Numerical simulation of the static interference fit for the spindle and chuck of high speed horizontal lathe[C]. International Conference on Electronic & Mechanicol Engineering and Information Technology, 2011:1574-1577.

[33] Yu X D. Research on temperature field of hydrostatic thrust bearing with annular cavity multi-pad[J]. Applied Mechanics & Materials, 2012,121-126:3477-3481.

[34] Yu X D, Li Z G, Zhou D F, et al. Influence research of recess shape on dynamic effect of hydrostatic thrust bearing[J]. Applied Mechanics & Materials, 2013, 274: 57-60.

[35] Yu X D, Meng X L, Li H H, et al. Research on pressure field of multi-pad annular recess hydrostatic thrust bearing[J]. Journal of Donghua University (English Edition), 2010, 30(3): 254-257.

[36] 于晓东, 高春丽, 邱志新, 等. 高速重载静压推力轴承润滑性能研究[J]. 中国机械工程, 2013, 24(23): 3230-3234.

[37] 于晓东, 邱志新, 高春丽, 等. 扇形腔多油垫静压推力轴承润滑性能速度特性[J]. 热能动力工程, 2013, 28(3): 296-300, 328.

[38] Yu X D, Geng L, Zheng X J, et al. Matching the relationship between rotational speed and load-carrying capacity on high-speed and heavy-load hydrostatic thrust bearing[J]. Industrial Lubrication and Tribology, 2018, 70(1): 8-14.

[39] 于晓东, 耿磊, 郑小军, 等. 恒流环形腔多油垫静压推力轴承油膜刚度特性[J]. 哈尔滨工程大学学报, 2017, 38(12): 1951-1956.

[40] 于晓东, 吴晓刚, 隋甲龙, 等. 静压支承摩擦副温度场模拟与实验[J]. 推进技术, 2016, 37(10): 1946-1951.

[41] 于晓东, 孙丹丹, 吴晓刚, 等. 环形腔多油垫静压推力轴承膜厚高速重载特性[J]. 推进技术, 2016, 37(7): 1350-1355.

[42] 于晓东, 刘丹, 吴晓刚, 等. 静压支承工作台主变速箱振动测试诊断[J]. 哈尔滨理工大学学报, 2016, 21(2): 66-70.

[43] 于晓东, 潘泽, 何宇, 等. 重型静压推力轴承间隙油膜流态的数值模拟[J]. 哈尔滨理工大学学报, 2015, 20(6): 42-46.

[44] Yu X D, Sui J L, Meng X L, et al. Influence of oil seal edge on lubrication characteristics of circular recess fluid film bearing[J]. Journal of Computational and Theoretical Nanoscience, 2015, 12(12): 5839-5845.

[45] Yu X D, Sun D D, Meng X L, et al. Velocity characteristic on oil film thickness of multi-pad hydrostatic thrust bearing with circular recess[J]. Journal of Computational and Theoretical Nanoscience, 2015, 12(10): 3155-3161.

[46] Yu X D, Fu X, Meng X L, et al. Experimental and numerical study on the temperature performance of high-speed circular hydrostatic thrust bearing[J]. Journal of Computational and Theoretical Nanoscience, 2015, 12(8): 1540-1545.

[47] 于晓东, 付旭, 刘丹, 等. 环形腔多油垫静压推力轴承热变形[J]. 吉林大学学报(工学版), 2015, 45(2): 460-465.

[48] Yu X D, Zhou Q H, Meng X L, et al. Influence research of cavity shapes on temperature field of multi-pad hydrostatic thrust bearing[J]. International Journal of Control and Automation, 2014, 7(4): 329-336.

[49] Yu X D, Wang Z Q, Meng X L, et al. Research on dynamic pressure of hydrostatic thrust bearing under the different recess depth and rotating velocity[J]. International Journal of Control and Automation, 2014, 7(2): 439-446.

[50] 于晓东, 周启慧, 王志强, 等. 高速重载静压推力轴承温度场速度特性[J]. 哈尔滨理工大学学报, 2014, 19(1): 1-4.

[51] 于晓东, 袁腾飞, 李代阁, 等. 极端工况双矩形腔静压推力轴承动态特性[J]. 力学学报, 2018, 50(4): 899-907.

[52] Yu X D, Tan L, Meng X L, et al. Influence of rotational speed on oil film temperature of multi-sector recess hydrostatic thrust bearing[J]. Journal of the Chinese Society of Mechanical Engineers, 2013, 34(5): 507-514.

[53] Li Y H, Yu X D. Simulation on temperature field of gap oil film in constant flow hydrostatic center frame[J]. Applied Mechanics & Materials, 2012, 121-126: 4706-4710.

[54] Wu B, Yu X D. Design of intelligent washout filtering algorithm for water and land tank simulation[J]. Proceedings of International Conference on Intelligent Human-Machine Systems and Cybernetics, 2009: 19-22.

[55] Li Y H, Yu X D, Li C, et al. Study of monitoring for oil film thickness of elastic metallic plastic pad thrust bearing[J]. Advanced Design and Manufacture III, 2011, 450: 239-242.

[56] Wu B, Yu X D, Chang, X M, et al. Influence of working parameters on dynamic pressure effect of heavy constant flow hydrostatic center rest[J]. Applied Mechanics & Materials, 2013, 274: 82-87.

[57] Zhou D F, Meng X L, Yu X D, et al. Experimental research on elastic modulus of composites pad thrust bearing[J]. International Journal of Advancements in Computing Technology, 2012, 4(22): 706-713.

[58] Shao J P, Zhang Y Q, Li Y H, et al. Influence of the load capacity for hydrostatic journal support deformation in finite element calculation[J]. Journal of Central South University, 2008, 15(s2): 245-249.

[59] 邵俊鹏, 张艳芹, 于晓东, 等. 重型静压轴承扇形腔和圆形腔温度场数值模拟与分析[J]. 水动力学研究与进展(A 辑), 2009, 24(1): 119-124.

[60] 张艳芹, 邵俊鹏, 韩桂华, 等. 大尺寸扇形静压推力轴承润滑性能数值分析[J]. 机床与液压, 2009, 37(1): 69-71.